TABLEAU

DE

LA CRÉATION

OU

DIEU MANIFESTÉ PAR SES ŒUVRES

PAR L.-F. JÉHAN (DE SAINT-CLAVIEN)

MEMBRE DE LA SOCIÉTÉ GÉOLOGIQUE DE FRANCE
DE L'ACADÉMIE ROYALE DES SCIENCES DE TURIN, ETC.
AUTEUR DE L'ESSAI SUR LE DÉVELOPPEMENT DE L'INTELLIGENCE HUMAINE
— DE LA CITÉ DU MAL, ETC.

NOUVELLE ÉDITION
REVUE ET AUGMENTÉE

TOME II

TOURS

ALFRED MAME ET FILS, ÉDITEURS

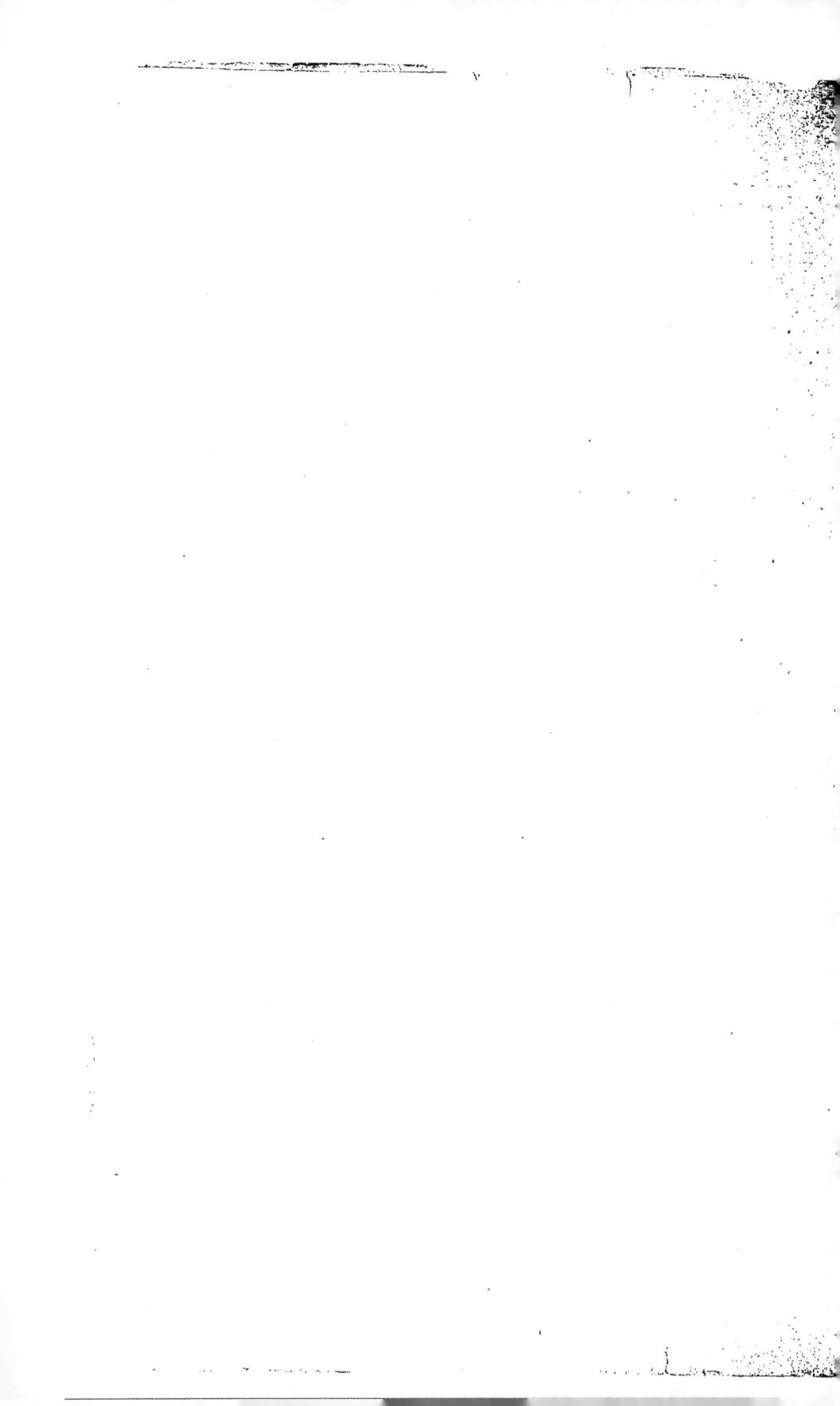

BIBLIOTHÈQUE

DE LA

JEUNESSE CHRÉTIENNE

APPROUVÉE

PAR Mgr L'ARCHEVÊQUE DE TOURS

—

1re SÉRIE IN-8°

Perspective de la nature entre les Tropiques.

TABLEAU DE LA CRÉATION

ou

Dieu manifesté par ses œuvres

PAR

L. F. JÉHAN

Membre de la Société Géologique de France

TOME 2e

Karl Girardet del.   J. Oudinumée sc.

Ad. Mame & Cie

ÉDITEURS

A TOURS

TABLEAU

DE

LA CRÉATION

OU

DIEU MANIFESTÉ PAR SES ŒUVRES

PAR L.-F. JÉHAN (DE SAINT-CLAVIEN)

MEMBRE DE LA SOCIÉTÉ GÉOLOGIQUE DE FRANCE
DE L'ACADÉMIE ROYALE DES SCIENCES DE TURIN, ETC.
AUTEUR DE L'ESSAI SUR LE DÉVELOPPEMENT DE L'INTELLIGENCE HUMAINE
— DE LA CITÉ DU MAL, ETC.

NOUVELLE ÉDITION
REVUE ET AUGMENTÉE

> Seigneur, je méditerai toutes vos œuvres, et je m'exercerai à connaître les merveilles de vos mains.   PS. LXXI, 12.
> Dieu veille sans cesse sur nous et régit immédiatement toutes les parties du monde; les êtres doivent leur conservation au bon plaisir du Créateur. Périssables de leur nature, ils sont soutenus par la main toute-puissante de l'Ouvrier qui les a construits.   SÉNÈQUE.

TOME II

TOURS

ALFRED MAME ET FILS, ÉDITEURS

M DCCC LXXII

A MONSIEUR

ÉDOUARD-PHILIPPE-ERNEST

DE LACOTARDIÈRE

CE VOLUME EST DÉDIÉ
COMME UN TÉMOIGNAGE D'ESTIME
ET D'AFFECTUEUX DÉVOUEMENT

L.-F. JEHAN (DE SAINT-CLAVIEN).

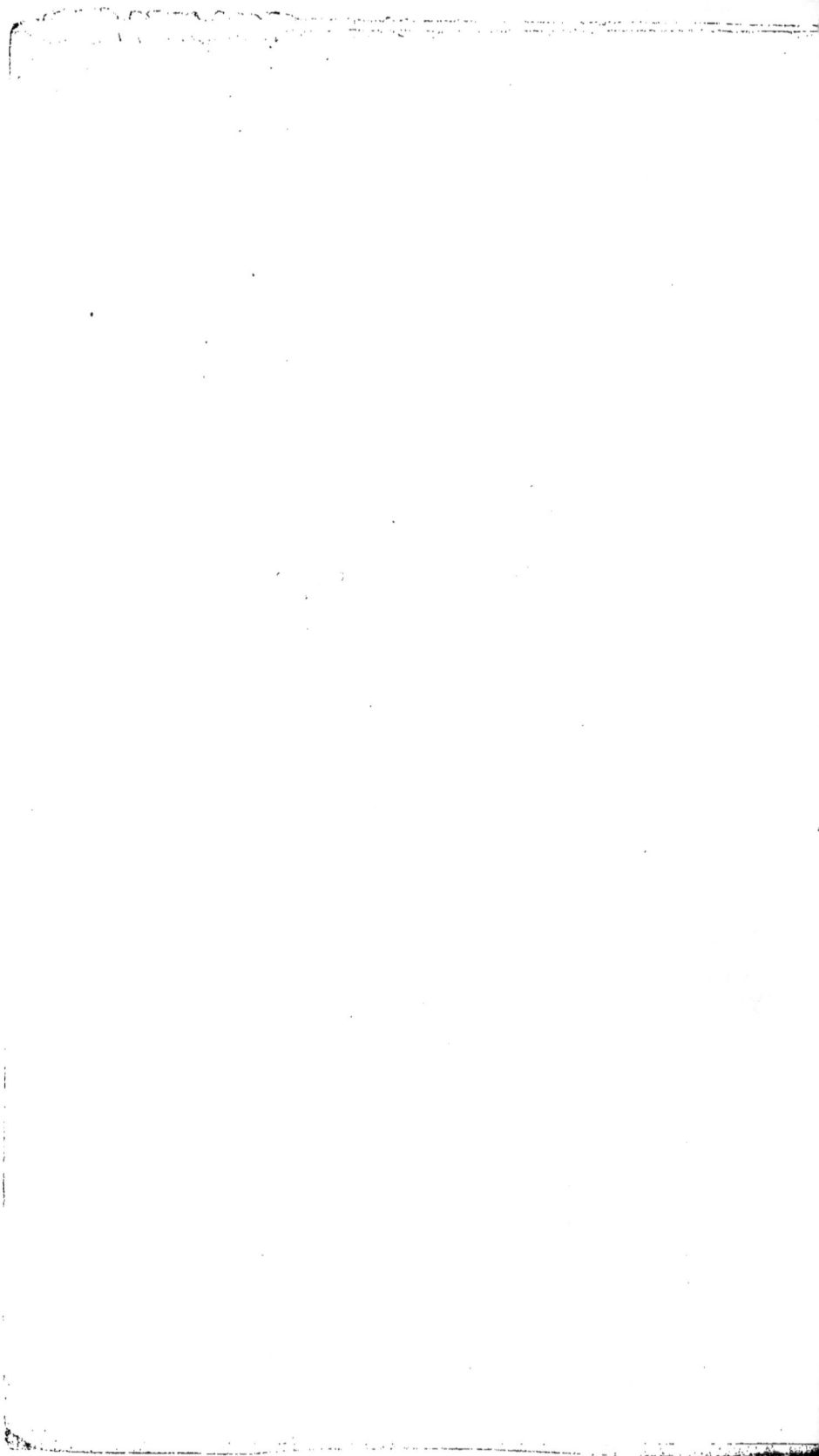

TROISIÈME PARTIE

Seigneur, toutes les créatures attendent de vous leur nourriture au jour marqué. Vous donnez, elles recueillent; vous ouvrez la main, elles sont rassasiées de vos dons.

Vous voilez votre visage, elles se troublent; vous retirez votre souffle, elles expirent et rentrent dans leur poussière.

Vous envoyez votre esprit, elles renaissent, et la face de la terre est renouvelée.

Ps. ciii, 27, 28, etc.

RÈGNE ANIMAL

—⁓⟨⟨∞⟩⟩⁓—

CHAPITRE I

> Arrête-toi, et considère les merveilles du Très-Haut.
> JOB, XXXVII, 14.

La zoologie est l'histoire raisonnée du règne animal. Elle constitue une vaste science, dans le domaine de laquelle rentrent nécessairement toutes les notions, de quelque genre qu'elles soient, que nos sens et notre raison nous procurent sur les animaux. Elle n'est point, comme tant d'auteurs semblent le croire encore aujourd'hui, une sèche classification plus ou moins naturelle, l'observation isolée, et par cela même stérile, des caractères. Ces classifications techniques rejettent au rang des considérations accessoires, dont le développement appartiendrait à une autre science, tout ce qui se rapporte aux mœurs des animaux, à ces mutuelles et multiples réactions du monde extérieur sur eux, et d'eux sur le monde extérieur. On ne cherche dans le spectacle de ces admirables manifestations de la création universelle et de la vie de la création que quelques motifs pour l'établissement ou la confirmation de genres nouveaux. N'est-il pas évident qu'on ne saurait arriver par cette voie qu'à des résultats également dénués de tout intérêt et de toute grandeur? On aura fait un long et aride catalogue au lieu d'un tableau vaste et animé; on aura représenté la nature, ses harmonies et ses lois, ses mouvements et sa vie, comme les chiffres de la chronologie représentent les scènes de l'histoire des nations, ou, mieux encore, comme les lignes et les points d'une carte de France figurent les aspects variés de nos coteaux, la magnificence de nos montagnes, la majesté de nos fleuves, et le luxe de nos villes.

D'autres veulent bien comprendre dans le domaine de la zoologie toutes les manifestations extérieures des animaux, tout ce qui peut être observé pendant la vie. Considérée sous ce point de vue, la zoologie échappe à cette désespérante aridité que nous signalions tout à l'heure; elle devient même pleine d'intérêt dans plusieurs de ses parties. L'étude des mouvements, des sensations, des instincts, des mœurs des animaux, lui est restituée en effet, mais seulement jusqu'au point où l'emploi du scalpel devient nécessaire pour changer en connaissances exactes et rigoureuses des notions jusque-là vagues et incomplètes. Par exemple, l'étude des conditions de la préhension chez un animal, faite au point de vue zoologique, sera seulement l'étude extérieure de la main, des doigts, des ongles. La connaissance des muscles qui meuvent ces doigts, celle des os qui forment la charpente de cette main et soutiennent ces ongles, n'appartiennent plus à la zoologie; elles sont du domaine de deux autres sciences auxiliaires, l'anatomie comparée ou zootomie, qui décrit la disposition et la structure de ces organes intérieurs ; la physiologie comparée, qui détermine leur jeu et leurs fonctions.

Il n'est, ce nous semble, qu'un seul moyen de rendre la science à la fois rigoureuse et intéressante : c'est de joindre à l'étude des organes extérieurs celle des organes intérieurs, les uns et les autres étant des parties indissolublement unies des mêmes appareils. Les uns, il est vrai, sont immédiatement perceptibles à nos sens ; les autres ne le deviennent que lorsque le scalpel nous ouvre un chemin vers eux ; mais cette différence, si importante relativement à nos moyens d'investigation, est de nulle valeur philosophique. L'étude des organes, soit extérieurs, soit intérieurs, et l'étude de leurs fonctions, sont pareillement indivisibles ; car l'étude des fonctions, c'est celle des organes en action, et réciproquement l'étude des organes, c'est celle des instruments des fonctions. L'étude des mœurs et des instincts des animaux rentre nécessairement dans l'étude de leurs fonctions : elle n'est en quelque sorte que la partie la plus intéressante, et l'on peut ajouter la plus obscure de cette dernière, déjà si mystérieuse dans son ensemble. Enfin l'étude de la distribution géographique des animaux ne peut être séparée de l'étude de leurs mœurs, ni de l'étude des modifications organiques par lesquelles ils se trouvent en si admirable concordance avec la disposition topographique et les conditions climatologiques des lieux qu'ils habitent. Ainsi tout se tient, tout s'enchaîne dans le règne animal, depuis le fait matériel le plus simple jusqu'aux admirables rapports par lesquels se maintient, de génération en génération, la vie des espèces.

La zoologie est donc une science essentiellement uni-
taire et indivisible dès qu'on aborde une question fonda-
mentale ou même quelque peu étendue et importante, et
dans ses généralités et ses théories; mais sous des points
de vue secondaires et relativement à l'étude particulière
des faits, elle admet de nombreuses divisions. Dans la
chaîne immense que compose l'ensemble des innombrables
variétés zoologiques, il est des chaînons moins étroitement
unis, des joints moins intimes, d'où résulte la possibilité,
sans rompre la chaîne, de la considérer à un point de
vue plus spécial, comme composée de plusieurs chaînes
secondaires. Diviser est donc utile, nécessaire, mais à la
condition de réunir après. Ne pouvant faire ployer le
faisceau entier, il faut bien le délier pour courber à notre
volonté, séparément et tour à tour, chacun des rameaux
qui le composent; mais ensuite, et c'est ce qu'on a trop
longtemps oublié, il faut relier le faisceau et le rétablir
dans sa primitive unité.

S'il fallait, pour mériter le nom de zoologiste, connaître
tous les faits particuliers et généraux qui appartiennent à
la zoologie, on peut affirmer qu'il n'existerait pas, qu'il
ne saurait exister, ni aujourd'hui ni jamais, un seul zoologiste. Le nombre seul des animaux est tel, qu'il doit
déjà effrayer au premier aspect celui qui veut se consacrer
à leur étude. Sans tenir compte de ceux qui sont encore à
découvrir dans toutes les parties du monde, et jusque dans
les pays le plus souvent et le plus soigneusement explo-
rés, la multitude des espèces déjà inscrites dans nos cata-
logues ou existantes dans nos collections est telle, que la
plus longue vie et la mémoire la plus heureuse ne suffi-
raient pas même à en connaître les noms, encore bien
moins à en retenir les caractères distinctifs. Parmi les

vingt classes qui composent le règne animal, les Mollusques acéphales, les Gastéropodes, les Polypes, remplissent de leurs innombrables genres les rivières, les
lacs, les mers. La classe des Oiseaux est riche à elle seule
de plus de quatre mille espèces; celle des Poissons, de
plusieurs milliers aussi; et ces nombres énormes, ces
nombres qui étonnent notre imagination, semblent devenir petits lorsqu'on les compare à l'immense multitude
des Insectes déjà connus. Pour cette classe, où chaque
année et sur tous les points du globe l'observation ajoute
sans cesse et paraît devoir ajouter longtemps encore à la
richesse, ou, si l'on veut, à l'inextricable difficulté de la
science pour cette seule classe, c'est à soixante-dix-huit
mille qu'il faut évaluer, d'après les calculs récents d'un
entomologiste distingué, M. Burmeister, le nombre des
espèces, ou déjà décrites, ou constatées par leur existence
actuelle dans une ou plusieurs collections.

Le nombre et la variété des êtres qui composent la série
animale, le nombre et la variété des problèmes à résoudre
pour chacun d'eux, placent sans nul doute la zoologie au
rang des sciences dont le domaine est le plus vaste, et
dont le sujet est le plus complexe. L'histoire des animaux
est un édifice immense dont le plan pouvait sembler d'a-
bord au-dessus des conceptions humaines.

Sans parler des questions théologiques que soulève la
présence sur la terre de ces hôtes mystérieux, ni des problèmes de psychologie qui se rattachent à l'analyse de
leur instinct et de leur intelligence; sans parler de nos
relations personnelles avec eux et des industries diverses
à l'aide desquelles nous tirons parti de notre domination
sur plusieurs d'entre eux; en laissant même de côté, pour
demeurer simplement dans l'ordre normal, le sujet des

monstruosités et des maladies, la seule étude des conditions particulières à chacun de ces êtres et des rapports
généraux qui les lient les uns aux autres et avec la terre,
fournit un faisceau d'une effrayante complexité et de proportion assurément trop vaste pour le génie d'un seul
homme. On peut, en effet, considérer les animaux sous
des points de vue très-divers, dans une seule de leurs
espèces, dans toutes les espèces ensemble, dans le temps,
dans le présent; et à ces diverses combinaisons se rapportent naturellement autant de branches distinctes.
Considère-t-on l'individu en vue de ses habitudes et de
ses instincts, voilà l'histoire naturelle proprement dite;
en vue de la structure de ses organes, voilà l'anatomie;
en vue de leurs fonctions, voilà la physiologie; en vue
des harmonies qui existent entre les divers éléments de
son organisation, ou entre son organisation, ses fonctions, ses mœurs, voilà deux grands horizons de la philosophie naturelle. Enfin, toujours en regard de l'individu, mais avec l'idée du temps, se propose-t-on l'histoire
des variations de ses organes et de leurs fonctions depuis
le premier instant de son incarnation jusqu'à sa mort,
plus encore la détermination des lois générales qui pré-
sident à ces changements, voilà l'embryologie et le long
cortége des développements qu'elle entraîne.

Si maintenant nous quittons le particulier pour le
collectif, il faut comparer toutes les espèces les unes avec
les autres, soit par rapport à leur instinct, soit par
rapport à la structure de leurs organes, soit par rapport
à leurs fonctions, soit par rapport à leurs variations dans
la série des phases de leur existence; rechercher les lois
théoriques qui résultent de ces divers systèmes de com-
paraisons, ainsi que les relations mêmes qui existent

entre ces lois de divers ordres, et cela dans les régions
les plus élevées de la philosophie naturelle. Il reste encore
à étudier les espèces selon leur distribution naturelle à la
surface de la terre, c'est la géographie zoologique ; selon
leur succession dans la chaîne des temps, c'est la paléon-
tologie ; enfin à déterminer les principes généraux sur
lesquels repose cette triple coordination des espèces par
rapport à leur organisation, à leur patrie, à leur ancien-
neté. A-t-on suffisamment aperçu, par ce simple dénom-
brement, toute l'étendue de la zoologie? Faut-il ajouter
que le nombre total des espèces, soit à étudier séparément, soit à comparer, s'élève certainement au delà
d'un million ; que ces espèces, même celles du monde
actuel, ne sont point toutes en notre possession ; que les
espèces éteintes ne nous sont connues qu'en très-petite
proportion, et d'après quelques restes seulement ; qu'en
laissant à part Aristote, la zoologie ne compte guère que
le produit de deux siècles d'étude, et en est précisément
à son début dans les directions les plus importantes?
Sans suivre ce sujet davantage, on comprendra qu'il y
aurait absurdité, folie, à prétendre à la connaissance,
même superficielle et élémentaire, de tous les animaux.
Le travail assidu d'un homme, continué à raison de dix
heures par jour, pendant quarante années, donnerait
pour produit total cent quarante-six mille heures ; ce
serait une heure environ pour l'analyse des caractères
distinctifs de chacune des espèces présentement connues.
Qui maintenant oserait calculer le nombre des années qui
deviendraient nécessaires s'il s'agissait d'études appro-
fondies et complètes sur les mœurs, sur la distribution
géographique, sur l'organisation? Qu'il nous suffise de
rappeler ici l'exemple de Lyonnet et son célèbre ouvrage

sur la Chenille du Saule, prodige de talent, d'adresse et
de patience. Suivre un Insecte, un seul, dans ses métamorphoses, le disséquer, et le comparer dans ses trois
états successifs, tel était le programme, en apparence
bien modeste, que Lyonnet s'était proposé, et dont il n'a
pu, au prix de ses longs travaux, remplir que la moitié.
Pour un seul Insecte, il eût fallu deux Lyonnet.

Parmi les naturalistes illustres de tous les pays, dont
il serait trop long de rappeler ici même le nom, il en est
quatre que leur génie et leurs travaux recommandent surtout à la reconnaissance et à l'admiration de la postérité :
ce sont, parmi les anciens, Aristote et Pline; parmi les
modernes, Linné et Buffon. Chacun d'eux excelle dans
son genre, et nous montre la nature sous un aspect différent ◄ Aristote nous fait voir la profonde combinaison de
ses lois; Pline, ses inépuisables richesses; Linné, ses détails admirables; Buffon, sa puissance et sa majesté.
Telles sont les quatre colonnes fondamentales de l'histoire
naturelle. Et, pour nous borner à quelques mots sur
Linné et Buffon, on peut dire que ces deux puissants génies ont apparu au milieu de nous comme ces météores
éclatants qui traversent tout à coup le ciel aux acclama-
tions des peuples, et dont le magnifique spectacle ne doit
se renouveler ni pour les hommes qui l'ont une fois con-
templé, ni après eux pour plusieurs générations.

Linné[1], homme aussi patient, aussi sagace dans la

---

1 Faible enfant, on le vit dans le fond des campagnes,
Sur le flanc des rochers, au penchant des montagnes,
Braver la ronce aiguë et les cailloux tranchants,
Et rentrer tout chargé des dépouilles des champs.
Aussi quel lieu désert n'est plein de sa mémoire!
Il fit de chaque plante un monument de gloire.
                                    DELILLE.

recherche des faits et l'appréciation des rapports les plus
déliés des êtres, qu'ingénieux à les coordonner; précis et
rigoureux dans son exposition, et n'y recherchant d'autre
élégance que celle qui résulte de la simplicité des moyens
et de l'élévation des idées; ne s'avançant jamais qu'appuyé
sur des faits positifs et des raisonnements logiquement
rigoureux, il pénétrait d'un coup d'œil juste les causes les
plus petites en apparence, et se signalait par des aperçus
qui avaient échappé aux observateurs les plus habiles. Il
excellait à apprécier chaque fait, chaque idée, chaque gé-
néralité, à son juste degré d'importance, ne dédaignant
pas de se tenir longtemps terre à terre, perdu en apparence au milieu d'innombrables détails, pour s'élever
ensuite avec plus de sûreté vers les hautes régions de la
science; car personne mieux que Linné ne fit jamais
sentir les beautés des détails dont le Créateur a enrichi
avec profusion tous les ouvrages de ses mains. Né pauvre
dans un petit village de la Suède, et contraint d'abord de
se faire apprenti cordonnier, Linné eut à soutenir une
longue et pénible lutte contre l'adversité. Ce fut du sein
de l'infortune que son génie l'appela à la science de la nature, et l'initia à ses plus profonds mystères. Il débrouilla
le premier ce chaos informe qui subsistait avant lui parmi
les productions de la terre; il entreprit de décrire toutes
celles qui étaient connues de son temps, et de les classer
suivant une méthode simple qui pût les faire retrouver
au besoin. Au lieu d'une description complète de chaque
être, il se contenta des traits les plus saillants, des caractères les plus essentiels; il les coordonna suivant leurs
analogies, pour en tracer un tableau raccourci des trois
règnes de la nature.

A côté de Linné s'élevait un autre homme, non moins

sagace et ingénieux, mais dans un autre ordre d'idées,
d'un génie vaste et profond, d'un esprit sublime, d'une
éloquence solennelle comme la nature : c'était Buffon.
Plein des hautes pensées qu'elle inspire aux grandes
âmes, il représente partout la majesté de l'univers. Il
dédaigne de descendre aux détails techniques, aux divisions systématiques, et plane au-dessus d'eux dans ses
conceptions grandioses. Passionné pour tout ce qui est
beau, pour tout ce qui est grand; avide de contempler la
nature dans son ensemble, il appelle à son aide, pour en
peindre dignement les grandes scènes, tous les trésors
d'une éloquence harmonieuse, grave et forte, qui entraîne l'imagination et que nulle autre n'a surpassée.
Tantôt il embrasse dans ses plans l'immense univers;
tantôt, prenant un vol supérieur, il contemple de son
coup d'œil d'aigle les rapports les plus éloignés, il combine les résultats les plus féconds, les principes les plus
lumineux. On dirait que son génie lutte avec la grandeur
de la nature. S'il s'élève à la voûte des cieux pour nous
entretenir de la création des mondes, il prend un essor
sublime, un caractère de magnificence qui impose le
respect. Dans la description des animaux, vous croyez
apercevoir les actions, les mœurs, l'allure propre de
chaque être; partout ses tableaux respirent la chaleur et
la vie; riches, imposants, variés, ils frappent, ils étonnent. L'âme de Buffon semble empreinte dans ses écrits,
avec cette énergie, cette conscience de ses propres forces,
qui n'appartient qu'aux grands hommes. A sa voix, la
science de la nature est cultivée de toutes parts et prend
un nouvel essor; Buffon donne aux esprits une pente
universelle vers cette étude. C'est l'Homère de l'histoire
naturelle; ses œuvres sont des hymnes à la nature; per-

sonne ne peignit jamais avec autant de noblesse et de
vigueur la majesté de la création et la grandeur imposante
des lois auxquelles elle est assujettie [1].

CHAPITRE II

CONSIDÉRATIONS GÉNÉRALES SUR LA PERFECTION DES MACHINES ORGANIQUES.

De toutes les modifications dont la matière est susceptible, la plus noble est sans doute l'organisation. C'est
dans la structure de l'animal que la souveraine Intelligence se peint à nos yeux par les traits les plus frappants,
et qu'elle nous révèle en quelque sorte ce qu'elle est.
Le corps d'un animal est un petit système particulier,
plus ou moins composé, et qui, comme le grand système
de l'univers, résulte de la combinaison et de l'enchaînement d'une multitude de pièces diverses, dont chacune
produit son effet propre, et qui conspirent toutes ensemble à produire cet effet général que nous nommons
la vie. Nous ne suffisons point à admirer cet étonnant
appareil de ressorts, de leviers, de contre-poids, de
tuyaux différemment calibrés, repliés, contournés, qui
entrent dans la construction des machines organiques.
L'intérieur de l'Insecte le plus vil en apparence absorbe
toutes les conceptions de l'anatomiste le plus profond. Il

[1] Malgré l'incontestable supériorité de Buffon, ce n'est jamais que poéti-
quement qu'on a pu dire de lui : *Majestati naturæ par ingenium*.

se perd dans ce dédale dès qu'il entreprend d'en parcourir tous les détours [1].

Je viens de comparer le corps de l'animal à une machine : la plus petite fibre, la moindre fibrille, peuvent
être envisagées elles-mêmes comme des machines infiniment petites, qui ont leurs fonctions propres. La machine
entière, la grande machine, résulte ainsi de l'ensemble
d'un nombre prodigieux de petites machines, dont toutes
les actions convergent vers un but commun. Combien
ces machines organiques sont-elles supérieures à celles
que l'art sait inventer et auxquelles nous les comparons !
Combien la structure de l'Insecte le moins élevé dans l'é-
chelle l'emporte-t-elle sur la construction du plus beau
chef-d'œuvre de mécanique !

Un seul trait suffirait pour faire sentir la grande prééminence des machines animales sur celles de l'art : les
unes et les autres s'usent par le mouvement ; elles souf-
frent des déperditions journalières ; mais telle est l'admirable construction des premières, qu'elles réparent sans
cesse les pertes que le mouvement perpétuel de leurs divers ressorts leur occasionne. Chaque pièce s'assimile les
molécules qu'elle reçoit du dehors, les assujettit, les dispose, les arrange de manière à lui conserver la forme, la
structure, les proportions et le jeu qui lui sont propres, et
qu'exige la place qu'elle tient dans le tout organique.

Non-seulement chaque pièce d'une machine animale
répare les pertes que les mouvements intestins lui occasionnent, elle s'étend encore en tout sens par l'incorpo-

---

[1] Pour s'en convaincre il n'y a qu'à parcourir les ouvrages de MM. Léon
Dufour, Strauss, Marcel de Serres, Audouin, etc.; ceux des anatomistes alle-
mands, Herold, Sprengel, Muller, Ramdhor, etc., et surtout l'admirable *Traité
de la Chenille du Saule*, par Lyonnet, ouvrage qui n'a pas encore été égalé.

ration des molécules étrangères que la nutrition lui fournit; cette extension, qui s'opère graduellement, est ce
qu'on nomme *évolution* ou *développement*. Ce développement suppose dans le tout organique une certaine mécanique secrète et fort savante. En s'étendant graduellement en tout sens, chaque pièce demeure essentiellement
en grand ce qu'elle était auparavant en très-petit. Il faut
donc que ses parties intégrantes soient façonnées et disposées les unes à l'égard des autres avec un tel art qu'elles
conservent constamment entre elles les mêmes rapports,
les mêmes proportions, le même jeu, en même temps que
de nouvelles particules intégrantes soient associées aux
anciennes.

La plus fine anatomie ne pénètre point dans ces profondeurs. Les injections, le microscope, et moins encore
le scalpel, ne sauraient nous dévoiler les merveilles que
recèle le secret de la nutrition et du développement.
Nous ne pouvons juger ici de l'inconnu que par ce petit
nombre de choses connues dont nous sommes redevables
aux derniers progrès de la physiologie.

Cette science, la plus belle, la plus profonde de toutes
les sciences naturelles, produit à nos yeux le surprenant
assemblage des organes relatifs au grand ouvrage de la
nutrition, et nous fait entrevoir l'assemblage bien plus
surprenant encore des organes qui exécutent les sécrétions de différents genres. Nous ne revenons point de
l'étonnement où nous jette cet amas immense de très-
petits tuyaux blancs, cylindriques, groupés et repliés
de mille manières différentes, dont toute la substance du
foie, de la rate, des reins, est formée. Nous sommes
presque effrayés quand nous venons à apprendre que
les tubules qui entrent dans la composition d'un seul

rein, mis bout à bout, formeraient une longueur de plusieurs milliers de toises. Quel intéressant, quel magnifique spectacle ne nous offrirait point cet assemblage si merveilleux de tant de millions, que dis-je! de tant de milliards de tubules ou de filtres plus ou moins diversifiés, si nos sens et nos instruments étaient assez parfaits pour nous dévoiler en entier le mécanisme et le jeu de chacun d'eux, et les rapports qui les enchaînent tous à une fin commune!

Quelles idées cette seule découverte anatomique ne nous donne-t-elle point de l'organisation de l'animal, de l'Intelligence qui en a conçu le dessin, et de la Puissance qui l'a exécuté! Qu'est donc l'animal lui-même si une de ses parties, qui ne paraît pas néanmoins tenir le premier rang dans son intérieur, est déjà un abîme de merveilles! J'ai de si grandes idées de l'organisation de l'animal, que je me persuade sans peine que, s'il nous était donné de pénétrer dans la structure intime, je ne dis pas d'un de ses organes, je dis seulement d'une de ses fibres, nous la trouverions un petit tout organique très-composé, et qui nous étonnerait d'autant plus que nous l'étudierions davantage. Quel ne serait point surtout notre étonnement si nous pouvions observer aussi distinctement les éléments d'une fibre sensible, leur arrangement respectif, l'art avec lequel ils jouent les uns sur les autres, que nous observons les différentes pièces d'une horloge, leur engrènement et leur jeu[1]!

---

[1] Si une intelligence céleste nous dévoilait en entier le mécanisme d'une simple fibre et tous les résultats immédiats et médiats de ce mécanisme, nous acquerrions, par ce seul trait, des connaissances plus relevées de l'organisation de l'animal que par toutes les découvertes de la physiologie moderne. La tête d'un Moucheron deviendrait ainsi pour nous une bibliothèque où nous lirions infiniment plus de choses et des choses incomparablement plus inté-

Que serait-ce donc encore si nous pouvions saisir d'une seule vue le système entier des fibres sensibles, et contempler, pour ainsi dire à nu, la mécanique profonde et les opérations secrètes de cet organe universel auquel l'âme est immédiatement présente, et par lequel elle est unie au monde corporel!

Un autre trait qui relève beaucoup aux yeux de la raison l'excellence des machines organiques, c'est qu'elles produisent de leur propre fonds des machines semblables à elles, qui perpétuent le modèle et lui procurent l'immortalité. Ce qui a été refusé à l'individu a été accordé ainsi à l'espèce : elle est une sorte d'unité toujours subsistante, toujours renaissante, et qui offre sans altération aux siècles suivants ce qu'elle avait offert aux siècles précédents, et ce qu'elle offrira encore aux siècles les plus reculés.

Quelle que soit la manière dont s'opère cette reproduction des êtres vivants, quelque système qu'on embrasse pour tâcher de l'expliquer, elle n'en paraîtra pas moins admirable à ceux qui entrevoient au moins l'art prodigieux qu'elle suppose dans l'organisation et dans les divers moyens qui l'exécutent chez le végétal et chez l'animal, et dans les différentes espèces de l'un et de l'autre. Ainsi, soit que cette reproduction dépende de germes préexistants, soit qu'on veuille qu'il se forme journellement, dans l'individu procréateur, de petits touts semblables à lui, la conservation de l'espèce dans l'une et l'autre hypothèse n'en sera pas moins un des plus beaux traits de la perfection du mécanisme organique. Et s'il était possible que les seules lois de ce mécanisme

ressantes et plus relevées que tout ce que renferment les plus riches collections d'histoire naturelle.

pussent suffire à former de nouveaux touts individuels, il
ne m'en paraîtrait que plus admirable encore.

Je ferais un traité d'anatomie si j'entreprenais ici de
déduire cette partie du mécanisme organique qui a pour
dernière fin la reproduction des êtres vivants : j'étonne-
rais le lecteur en mettant sous ses yeux ce grand appareil
d'organes si composés, si multipliés, si variés, si harmoniques entre eux, qui, conspirant tous au vœu principal
de la nature, réparent ses pertes, renouvellent ses plus
chères productions, et la rajeunissent sans cesse.

CHAPITRE III

RAPPORTS HARMONIEUX ENTRE TOUS LES ÊTRES.
PRINCIPES DE LEUR CLASSIFICATION. — TABLEAU SYNOPTIQUE DU RÈGNE ANIMAL
ET DES RACES HUMAINES.

L'harmonie de l'univers, ou les rapports qu'ont entre
elles les diverses parties de ce vaste édifice, prouvent que
la Cause Première est une, et que l'univers, qui est son
ouvrage, est un également. Si tout, ou si même un seul
être était isolé, cette harmonie n'aurait pu exister. C'est
de l'enchaînement universel que devaient résulter la
subordination des êtres et leurs relations à l'espace et au
temps. Oh! qui pourra découvrir tous les rapports qui
font de la chaîne immense des êtres un seul tout! Nous
ne pouvons sans doute en considérer que quelques
chaînons. Il nous a été donné d'entrevoir cette magnifique échelle des êtres, mais nous ne pouvons en embrasser ni en fixer les gradations infinies; nous sommes
parvenus à découvrir quelques-unes de ces gradations,

il est vrai, et à les caractériser suffisamment; mais l'espèce, l'ordre et l'enchaînement de ces mêmes gradations
ne peuvent nous être connus que d'une manière très-
imparfaite.

Tout est systématique dans la nature, tout y est combinaison, rapport, liaison, enchaînement; il n'est rien
qui ne soit l'effet immédiat de quelque chose qui a pré-
cédé, et qui ne détermine à son tour l'existence de quelque chose qui doit suivre. L'Intelligence ordonnatrice a
lié si étroitement toutes les parties de son ouvrage, qu'il
n'en est aucune qui n'ait des rapports avec tout le système :
un Champignon, une Mite, devaient y entrer aussi essentiellement que le Cèdre ou l'Éléphant. Chaque être a dès
lors la perfection qui convenait à sa fin. En changeant
de nature, il aurait changé de place dans la hiérarchie
universelle. Pour bien juger des êtres, il ne faut donc pas
les considérer en eux-mêmes d'une manière absolue, mais
les apprécier dans leurs rapports et à la place qu'ils devaient occuper dans le grand système dont ils font partie.
Il n'est rien d'isolé : chaque être a son activité propre,
dont la sphère a été déterminée par le rang qu'il devait
tenir dans le monde où il se trouve. Ainsi une Mite est
un très-petit mobile qui conspire avec des mobiles dont
l'activité s'étend à de plus grandes distances. Un principe
également reconnu, c'est qu'il n'est point de sauts dans
la nature; tout y est gradué, nuancé. Il n'est point d'être
au-dessus ou au-dessous duquel il n'y en ait qui s'en
rapprochent par quelques caractères ou qui s'en éloignent
par d'autres. Entre ces caractères nous en découvrons de
plus ou moins généraux; de là nos distributions en
classes, ordres, genres, espèces. Mais puisque rien ne
tranche dans la nature, il est évident que nos distribu-

tiens ne sont pas les siennes. Celles que nous formons
sont purement nominales, et nous ne devons les regarder
que comme des moyens relatifs à nos connaissances. Un
nuage épais nous dérobe les plus belles parties de la
chaîne universelle des êtres, et ne nous en laisse entrevoir que quelques chaînons mal liés, interrompus, et
dans un ordre différent sans doute de celui de la nature ;
mais si nos connaissances sur la chaîne des êtres sont si
imparfaites, elles suffisent au moins pour nous la dé-
signer et pour nous donner les plus hautes idées de cette
magnifique progression et de la variété qui règne dans
l'univers.

Les êtres, avons-nous dit, sont tous unis les uns aux
autres par des transitions insensibles ; il n'y a pas un
atome dans le monde qui soit indépendant ; cet atome tient
nécessairement à d'autres atomes, et, par ces atomes, de
proche en proche, à tout le reste du monde. Mais on
conçoit que cette chaîne, qui lie toutes les parties de
l'univers, puisse éprouver les contournements et les
entrelacements les plus compliqués et les plus multipliés,
sans que la loi de continuité soit en aucune manière
violée. Rien n'établit que les êtres, depuis le plus inférieur jusqu'au plus élevé, soient nécessairement distri-
bués suivant la loi d'une échelle droite dont chacun occu-
perait un degré. Il n'est pas dit qu'un être ne puisse pas
avoir simultanément des voisins dans plusieurs directions
différentes. Ainsi, dans sa belle étude sur la classification
des corps simples, M. Ampère a montré que le grou-
pement naturel de ces corps se faisait suivant une courbe
nouée. Le règne animal est comme un fleuve qui tantôt se
bifurque, et tantôt se réunit en un seul courant : il a des
ordres qui marchent en lignes plus ou moins parallèles,

mais qui ne sauraient être liés bout à bout sur une seule colonne.

Lorsque l'on cherche à ranger les animaux d'après les divers degrés de ressemblance qu'ils ont entre eux, et d'après les différences plus ou moins considérables qui les distinguent, on remarque d'abord qu'il existe dans le règne animal quatre types principaux, d'après lesquels la nature semble avoir construit tous ces êtres; aussi les classe-t-on en quatre grandes divisions ou embranchements, dont le tableau suivant peut donner un aperçu.

Iᵉʳ EMBRANCHEMENT

ZOOPHYTES

Classes.

Globuleux.	Sans appendices;	SPONGIAIRES. .	Éponge. Alcyon - crible, etc.
	Des cils vibratiles pour la natation;	INFUSOIRES. . .	Monades. Volvoce. Vibrion
Rayonnés.	Presque toujours fixés au sol; individus agrégés et revêtus d'une coque cornée ou calcaire;	POLYPES. . . .	Hydre Fistulaire. Actinie. Corail.
	Conformés pour la nage; le corps élargi en disque;	ACALÈPHES. . .	Béroés. Méduses.
	Conformés pour la reptation; armés d'épines.	ÉCHINODERMES.	Oursin. Astérie.

IIᵉ EMBRANCHEMENT

MOLLUSQUES

Tuniciers.	Respiration par des branchies servant de tentacules ciliés;	BRYOZOAIRES .	Flustres. Plumatelle.
	Branchies intérieures; point de tentacules; un cœur;	TUNICIERS. . .	Biphores. Ascidies.

Classes.

Mollusques proprement dits.	Point de tête ; une coquille bivalve ;	ACÉPHALES...	Solen. Moules. Huître.
	Organes de locomotion en forme de disque charnu ;	GASTÉROPODES	Porcelaine. Buccin. Colimaçon.
	Organes de locomotion en forme de rames natatoires ;	PTÉROPODES..	Clio. Hyale.
	Organes de locomotion en forme de tentacules ou de bras ;	CÉPHALOPODES	Seiche. Poulpe.

IIIe EMBRANCHEMENT

ARTICULÉS

Vers annelés.	Presque toujours parasites ; point d'organes spéciaux pour la locomotion ;	HELMINTHES..	Tænia. Linguatule. Ascaride.
	Organes vibratiles en roue ; des organes de locomotion ;	ROTATEURS...	Brachions. Rotifères.
	Respiration branchiale ; sang ordinairement coloré ; des tubercules sétifères servant de pattes ;	ANNÉLIDES...	Sangsue. Lombric. Serpule. Néréide.
Articulés proprement dits.	A l'âge adulte, vivant fixés sur des corps étrangers ;	CIRRHIPÈDES..	Balane. Anatife.
	Cinq ou sept paires de pattes ; jamais fixés, à moins d'être parasites ; sexes distincts ; respiration aquatique ;	CRUSTACÉS...	Crevette. Squille. Écrevisse. Crabe.
	Tête confondue avec le thorax ; quatre paires de pattes ; respiration aérienne par des trachées ou par des sacs pulmonaires ;	ARACHNIDES..	Mite. Faucheur. Scorpion. Araignée.
	Vingt-quatre paires de pattes ou davantage ; longue série d'anneaux ; respiration aérienne ;	MYRIAPODES..	Iule. Scolopendre.

Classes.

| Articulés proprement dits. | Corps composé d'une tête, d'un thorax et d'un abdomen distincts; trois paires de pattes; respiration aérienne par des trachées. — Douze ordres et plus de 80,000 espèces connues. | INSECTES.... | Mouche.
Papillon.
Abeille.
Sauterelle.
Hanneton. |

IVᵉ EMBRANCHEMENT

VERTÉBRÉS

Vertébrés ovipares.	Sang froid; respiration branchiale; circulation complète; corps garni d'écailles ou nu; machoire inférieure réunie au crâne par un ou deux os intermédiaires; 8,000 espèces.	POISSONS....	Requin. Raie. Carpe. Perche. Anguille.
	Sang froid; respiration pulmonaire; circulation incomplète; corps garni d'écailles ou nu; mâchoire inférieure réunie au crâne par un ou deux os intermédiaires;	REPTILES....	Grenouille. Couleuvre. Lézard. Crocodile. Tortue.
	Sang chaud; circulation complète et cœur à quatre cavités; respiration pulmonaire et double; corps garni de plumes; mâchoire inférieure réunie au crâne par un ou deux os intermédiaires; environ 6,000 esp.	OISEAUX....	Canard. Autruche. Poule. Moineau. Aigle.
Vertébrés à mamelles.	Sang chaud; circulation complète et cœur à quatre cavités; respiration pulmonaire; corps garni de poils; excepté chez les Cétacés; des mamelles; 2,000 espèces environ.	MAMMIFÈRES.	Baleine. Cheval. Chien. Lion. Singe.

L'HOMME

(*Homo sapiens* , LINN.)

CINQ RACES

Fig. 1ᵉ.

I. RACE JAPÉTIQUE

Tête ovale; front large, nez proéminent; os des joues peu
saillants; oreilles petites; mâchoires moyennes; cheveux longs,
jamais laineux; barbe épaisse; teint variable.

Européens. . .	Famille celtiq.	Les anciens habitants de la Gaule, de la Germanie, de l'Italie, de l'Espagne, des îles Britanniques.
	Pélasgique. . .	Les Grecs et leurs colonies.
	Teutonique. .	Goths, Allemands, Francs, Angles, etc.
	Slave	Russes, Polonais, Illyriens, Bohémes, etc.
Asiatiques. . .	Tartare	Scythes, Tartares, Parthes, etc.
	Caucasique. .	Géorgiens, Mingréliens, Circassiens.
	Semitique. . .	Arabes, Hébreux, Phéniciens, etc.
	Sanscrite . . .	Les nations de l'Inde.
Africains	Mizraïmique .	Les anciens Égyptiens, Éthiopiens, Abyssiniens, etc.

Fig. 2.

II. RACE NEPTUNIENNE

Tête arrondie ou subovale, avec les os des joues saillants; yeux éloignés les uns des autres et élevés aux angles temporaux; iris noir; bouche moyenne et lèvres relevées; cheveux longs, mais droits et noirs; barbe rare; membres bien formés; plante des pieds étroite; teint basané ou brun jaunâtre.

Malais . . . . | Presqu'île de Malacca, Storas de Madagascar.

Polynésiens. . . . . . { Nouvelle-Zélande, îles Sandwich et de la Société, etc.; peut-être les émigrants qui fondèrent l'empire du Pérou et celui du Mexique.

Fig. 3.

III. RACE MONGOLE

Tête grosse et haute; visage aplati; pommettes relevées, proéminentes; yeux étroits, obliques; paupières saillantes; sourcils arqués; nez écrasé; narines très-ouvertes; point de barbe; oreilles larges; bouche très-fendue; teint jaune très-basané.

Mongols . . . . { Mongols, Tartares, Mandchous, Kalmouks, Chinois, Japonais, Thibétains, Siamois, etc.

Hyperboréens. . . . . { Ostiages, Tongouses, Samoyèdes, Lapons, Esquimaux, etc.

Fig. 4.

IV. RACE PROGNATIQUE

Mâchoires grandes et proéminentes; front étroit; tête comprimée des deux côtés; pommettes saillantes; lèvres épaisses; nez épaté; narines très-ouvertes; cheveux laineux et embrouillés, quelquefois crépus, quelquefois roides et longs; barbe clairsemée et roide; couleur noire foncée ou basanée jaunâtre.

Afro-Nègres. . . . . . | Tous les Nègres d'Afrique, les Cafres.

Hottentots . . . . . . | Namaquois, Coras, Gonaquois, Saabes.

Papous . . . . { Noirs aux cheveux laineux de la Nouvelle-Guinée, de la Terre de Van-Diemen, les Papous de Madagascar.

Alfourous. . . . . . . { Noirs aux cheveux droits ou crépus de la Nouvelle-Guinée, Nouvelle-Hollande, Virzembirs de Madagascar.

Fig. 5.

V. RACE OCCIDENTALE

Front aplati; pommettes très-saillantes; ouverture des yeux linéaire, oblique; nez peu saillant, quelquefois écrasé; bouche très-fendue; cheveux longs, roides, noirs; barbe très-clair-semée; couleur variable, brune, jaunâtre ou cuivrée.

Colombiens.	Indigènes de l'Amérique du Nord, du Mexique, de la Floride, du Yucatan, de la Colombie.
Américains du Sud.	Indigènes des bords de l'Amazone et des sources supérieures de l'Orinoco, du Brésil, du Paraguay, de l'intérieur du Chili, etc.
Patagons.	Les indigènes de la Patagonie.

CHAPITRE IV

ZOOPHYTES

§ Iᵉʳ

Infiniment petits. — Vibrion du blé. — Rotifère ¹, etc.

> Ici commence un autre univers dont nos Colombs
> et nos Vespuces n'ont entrevu que les bords.
> BONNET.

Entre une multitude de grains pris au hasard dans un tas de blé, il s'en rencontre quelquefois d'un brun obscur, qui semblent avortés et comme rachitiques. Ces grains difformes renferment une des plus grandes merveilles de la nature. Si, après les avoir partagés, on les humecte avec une goutte d'eau, on y contemplera au microscope un spectacle étonnant. Tout leur intérieur paraît s'animer, et l'on y aperçoit bientôt une multitude de filaments déliés, qui se plient et se replient en sens divers, à la manière des serpents. Dans les premiers moments de la surprise, on pourrait douter si ces êtres microscopiques sont des créatures vivantes; car on a peine à se persuader que des êtres qui, quelque temps auparavant, ne donnaient aucun signe de vie et étaient ensevelis dans le grain comme des cadavres dans la terre, prennent tout d'un coup la vie et le mouvement au seul contact de l'eau. Mais si

---

¹ Quoique les Rotifères appartiennent à l'embranchement des Articulés, classe des Rotateurs, nous les plaçons ici avec les animaux microscopiques, à cause de leur extrême petitesse.

l'on continue d'observer, tous les doutes se dissiperont, et l'on se convaincra enfin que ces êtres si étranges sont bien réellement vivants. On parviendra même à y distinguer des mâles et des femelles, à reconnaître dans l'intérieur de leur corps des œufs rangés à la file, et dans ces œufs le petit vivant. Les mâles et les femelles, les petits de toute grandeur, et les œufs disséminés dans la substance glaireuse et blanchâtre des grains de blé, offrent au microscope solaire un spectacle magnifique qu'on ne se lasse point d'admirer. Que de richesses dans un grain de blé avorté!

L'admiration et l'étonnement redoublent quand on vient à apprendre qu'il est rigoureusement prouvé que ces animalcules peuvent se conserver dans le grain desséché au moins pendant vingt-sept ans. Après l'évaporation du liquide, ils demeurent immobiles, et laissent suinter de leurs corps une espèce de vernis qui les recouvre et empêche leur dessèchement ultérieur; ils se déforment alors complétement, et dans cet état ils ne ressemblent en rien à des êtres vivants; cependant, si on les replonge de nouveau dans l'eau, ils reprennent bientôt leurs formes et reviennent à la vie. On a nommé *Vibrions du blé* ces singuliers petits êtres dont les plus grands ont quatre à six millimètres de long et environ un cinquième de millimètre de largeur.

Le Vibrion du blé n'est pas le seul Infusoire qui jouisse d'une sorte d'immortalité; on connaît un autre animalcule microscopique qui possède le même privilége : je veux parler du Rotifère, si célébré par Leuwenhoeck. Les eaux douces sont sa vraie patrie, et pourtant ce n'est point comme animalcule aquatique qu'il est le plus connu, mais comme animalcule terrestre; car c'est dans la pous-

sière des toits qu'on l'a d'abord rencontré. Il y demeure
enseveli, comme les Vibrions dans le grain de blé rachi-
tique, et c'est là qu'il brave les plus grandes ardeurs de
la canicule et les hivers les plus rigoureux. Gélatineux,
transparent et fort agile, il revêt comme un petit Protée
toutes sortes de formes. Son ventre est renflé, et l'on découvre dans son intérieur un petit organe dont les mouvements continuels imitent ceux du cœur, et qui cependant n'est point un cœur.

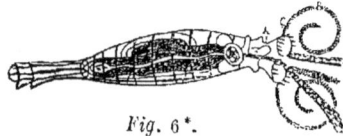

Fig. 6 *.*

L'organe rotatoire d'où cet animalcule a tiré son nom
est situé sur le bord évasé d'une sorte d'entonnoir membraneux que l'animal ploie à volonté en deux ou quatre
lobes. La bouche est située au fond de cet entonnoir, dans
lequel se précipitent les globules de matière verte flottants
dans l'eau, et cela par l'effet du tourbillon que produit
dans ce liquide le mouvement de l'organe qui couronne
l'entonnoir. Lorsqu'on observe cet organe rotatoire avec
un grossissement médiocre, il paraît composé de petites
boules placées d'une manière alterne sur le bord de l'entonnoir. Ces petites boules, animées d'un mouvement qui
n'est pas rapide et que l'œil suit avec facilité, parcourent
les unes à la suite des autres toute la circonférence du
bord de l'entonnoir, lequel est bilobé ou quadrilobé. Il est

---

* Rotifère vulgaire. — Sa grosseur naturelle est d'un demi-millimètre à un
millimètre. — *a* Jeune individu très-développé. — *b* Les spirales des matières
colorées qui se trouvent dans l'eau, remuées par l'action des organes rotatoires. — *c* Les organes rotatoires ou les *roues.*

évident que c'est leur progression simultanée et sinueu-
sement circulaire qui imprime le mouvement de tourbillon à l'eau environnante.

Un grossissement de trois cents fois le diamètre fait
apercevoir la véritable structure de ce curieux organe.
Tout le monde connaît ces *fraises* qui servaient de cole-
rettes du temps de Henri IV, et qui se reproduisent sous
d'autres formes dans la toilette de nos dames : une bande
de tissu, plus longue que le tissu sur lequel elle est fixée
par l'un de ses bords longitudinaux, est disposée en plis
arrondis qui alternent dans leur direction. Telle est, d'une
manière exacte, la structure de l'organe rotatoire; c'est
une véritable fraise à plis ou à festons arrondis et alternes.
Or chacun de ces festons change continuellement la portion de la fraise qui sert à le former, empruntant, par
exemple, sans cesse à son voisin de droite la portion de
fraise qui le forme actuellement et se l'appropriant, tandis que ce feston voisin en fait autant relativement au
feston qui l'avoisine à droite; et cela a lieu de même et
en même temps par rapport à tous les autres festons. Il
résulte de là qu'en attachant l'œil à l'un de ces festons,
on le voit marcher de gauche à droite et parcourir ainsi
le pourtour de l'entonnoir. Or, comme tous les festons
en font autant, on croit voir tourner une roue dentée ou
plutôt composée de petites boules alternes; car, par une
illusion d'optique, les sommets des plis arrondis ou des
festons alternes sont pris pour de petites boules alternes,
et le mouvement ondulatoire de ces plis arrondis est pris
pour une progression de la matière qui compose ces
mêmes plis; mais, dans le fait, c'est la forme seulement
qui se déploie ici, et non sa matière. Ce mouvement est exactement semblable à celui des flots que la chute d'une

pierre produit dans l'eau : chacun de ces flots s'avance en employant successivement pour sa formation les parties successives de la surface de l'eau ; la même eau fait partie successivement de l'intervalle concave ou déprimé des flots et de leur partie convexe ou saillante. Or, comme ce mécanisme n'est point perceptible à l'œil, il y a ici une illusion d'optique qui porte de prime abord à croire que l'eau qui constitue le flot se déplace par un mouvement de progression. C'est très-exactement la même chose qui a lieu dans les plis arrondis ou anguleux de la fraise qui constitue l'organe rotatoire des Rotifères. Ces plis représentent des ondes solides qui ont un mouvement de progression circulaire, lequel, par une illusion d'optique qui est complète, fait croire à l'existence d'un véritable mouvement de rotation. Ces *ondes solides,* par leur progression circulaire, poussent devant elles l'eau ambiante et lui impriment un mouvement de tourbillon, exactement comme le ferait une roue munie de palettes qui tournerait horizontalement dans une eau tranquille.

Pour jouir du spectacle que présente le jeu de l'organe cordiforme et de l'organe rotatoire dont nous venons de parler, il faut mettre le Rotifère dans une goutte d'eau. Là, comme dans son élément naturel, il déploie toutes ses facultés; mais, à mesure que l'eau s'évapore, il se contracte de plus en plus, se ride, se déforme, et ne paraît plus enfin que sous l'aspect d'un fragment de parchemin desséché. On le croirait mort : il ne l'est pas néanmoins, et, gardé des années entières dans cet état, il reprend la vie et le mouvement dès qu'on l'humecte de nouveau. Il peut ressusciter bien des fois, et l'on a vu jusqu'à onze résurrections consécutives dans le même individu. Les temps des résurrections varient suivant certaines circonstances. Il est des Rotifères qui ressuscitent au bout de quelques minutes, et d'autres qui ne ressuscitent qu'au bout de quelques heures. Il ne paraît pas même y avoir de différence sensible à cet égard entre les Rotifères ensevelis depuis des mois et des années et les Rotifères ensevelis depuis peu de jours. La chaleur surtout favorise beaucoup cette espèce de résurrection.

Transportés par les vents sur les toits de nos maisons et ensevelis dans la poussière des gouttières, les Rotifères y sont exposés à toutes les vicissitudes du chaud et du froid et à toutes les intempéries des saisons; et ces rudes épreuves ne sont rien pour ces animalcules en apparence si délicats. Ils soutiennent sans périr une chaleur artificielle de cinquante-six degrés et un froid artificiel de dix-neuf. Mais ce n'est que dans l'état de desséchement que les Rotifères peuvent résister à de si fortes épreuves. Cependant les odeurs fétides ou pénétrantes, les liqueurs huileuses, spiritueuses ou salines, tuent les Rotifères, comme elles tuent généralement tous les Infusoires.

Un petit Infusoire, découvert par de Saussure, a présenté dans son mode de multiplication une singularité qui a fortement excité l'attention de cet excellent observateur. Cet animalcule se trouve dans l'infusion de la graine de Chanvre. Il est du nombre de ceux dont la partie antérieure est façonnée en manière de bec crochu. Il est oblong et fort agile. Quand il est sur le point de multiplier, il se fixe au fond de l'infusion, fait disparaître son bec crochu, et revêt la figure d'une petite sphère. Immédiatement après, il commence peu à peu à tourner sur lui-même, de manière que le centre de son mouvement demeure fixe et que la sphérule ne change point de place. Ce mouvement s'exécute avec la plus parfaite régularité, mais non constamment dans le même sens, car la direction de la rotation change continuellement : on voit l'animalcule tourner d'abord de droite à gauche, puis d'avant en arrière, ensuite de gauche à droite, puis d'arrière en avant, etc. Tous ces mouvements s'accélèrent par degrés, et l'on n'en démêle pas d'abord le but; mais, au bout d'un certain temps, on commence à apercevoir sur la surface unie de la sphérule deux petits traits qui y tracent la figure d'une croix. La sphérule ne ressemble pas mal alors à une coque de marron qui va s'ouvrir. Le moment est en effet venu où l'animalcule va se partager. Il s'agite, se trémousse, et se divise en quatre animalcules parfaitement semblables à celui dont ils faisaient partie, mais seulement plus petits. Ils croissent rapidement, se divisent de même en quatre, et il n'y a point de fin à ces sous-divisions.

Quoique le monde microscopique ne nous soit pas plus connu que les terres australes de notre globe, nous en connaissons cependant assez pour concevoir les plus grandes idées des merveilles qu'il recèle, et pour être profondément étonnés de la variété presque infinie des modèles sur lesquels l'animalité a été travaillée. Les voyageurs qui ont côtoyé les rives de ce monde microscopique y ont découvert des habitants dont les figures, les habillements et les procédés ne ressemblent à rien de tout ce qui nous était connu. Ils n'ont pas même toujours trouvé des termes pour expliquer clairement ce qu'ils apercevaient au bout de leurs lunettes. Il leur est arrivé, en quelque sorte, ce qui arriverait à un habitant de la terre qui serait transporté dans la lune : comme il manquerait d'idées analogues, il serait privé de ces termes de comparaison qui aident à peindre les objets [1].

Les corpuscules vivants que nous découvrons, à l'aide de nos microscopes, dans différentes sortes d'infusions, sont les Patagons de ce monde d'infiniment petits, que leur effroyable petitesse dérobe à nos sens et à nos meilleurs instruments. C'est beaucoup que nous soyons parvenus à apercevoir de loin les promontoires de ce nouveau monde, et à entrevoir au bout de nos lunettes quelques-uns des peuples qui l'habitent. Parmi ces atomes animés, il en est probablement que nous trouverions bien plus étranges encore que ceux que nous avions découverts, si nous pouvions pénétrer dans le secret de leur structure et y contempler l'art infini avec lequel l'Auteur de la nature a su dégrader de plus en plus l'animalité sans la détruire.

§ II

Polypes et Polypiers, etc.

A mesure que l'on étudie la nature, on s'étonne toujours davantage de la faiblesse apparente des moyens qu'elle emploie de préférence pour produire les plus grands phénomènes. Disposant du temps et de l'espace,

---

[1] Dans les mers glaciales, là où les eaux offrent une transparence parfaite, on rencontre souvent de vastes espaces de vingt à trente milles marins carrés, et d'une profondeur de plus de cinq cents mètres, tout remplis d'une foule d'animalcules; et le capitaine Scoresby, voulant donner une idée de leur nombre prodigieux, estimait qu'il ne faudrait pas moins de quatre-vingt mille personnes, travaillant environ pendant cinq mille ans, pour compter les animaux que renferment environ deux kilomètres cinquante décamètres de cette eau en quelque sorte vivante. Ainsi vers les pôles, tandis que la vie abandonne les continents, elle semble se réfugier au sein des mers.

ce n'est toutefois qu'avec une admirable économie qu'elle
distribue l'emploi de ses forces, comme si ces dernières
n'étaient pas inépuisables. Des vapeurs invisibles, que le
soleil élève du fond des vallées humides et que le froid
condense au sommet des montagnes, elle forme d'impo-
santes cataractes et des fleuves immenses; un Insecte lui
suffit pour frapper de mort et réduire en poussière les
plus gros arbres de nos forêts. C'est par un simple Polype
placé au dernier degré de l'échelle scientifique des êtres
que la nature travaille à la construction gigantesque de
nouveaux continents.

Les Madrépores sont un exemple remarquable de ce
que peuvent, en s'associant, les créatures les plus faibles.
Les matériaux qu'ils emploient sont les débris épars des
terres anciennes détachés des montagnes par la violence
des torrents, dissous par les pluies, charriés par les
rivières et mêlés aux eaux de l'Océan. Là où l'homme
superficiel ne voit qu'un spectacle de désordre et de destruction, le savant contemple la magnificence des plans
de la nature et l'harmonie de ses vues. En même temps
que les marées ébranlent les falaises, que l'effort des
vagues en réduit les cailloux en sables impalpables, la
mer est le grand réceptacle où viennent se réunir et s'élaborer tous les débris du sol que nous habitons, et c'est là
que, sans relâche, la nature prépare et reconstruit un
monde avec les restes de l'ancien. Ces débris n'y sont pas
livrés au hasard d'un mélange arbitraire; c'est avec un
ordre admirable que, suivant leur pesanteur spécifique,
leur degré plus ou moins grand de solubilité, leurs affi-
nités diverses, ils se séparent ou se rassemblent pour
former des combinaisons nouvelles. Les uns, lentement
amenés dans les cavités profondes, vont s'amasser en

dépôts que le temps rend compactes, et forment de nouveaux bancs de pierres, comparables à ceux que nous exploitons aujourd'hui; d'autres sont absorbés par les Mollusques testacés, qui en construisent leurs élégantes coquilles; quelques-uns entrent dans les tissus de certaines plantes, d'où l'industrie humaine les extrait ensuite sous d'autres formes par l'incinération, tandis qu'une grande partie sert aux merveilleux travaux des Polypes.

Ces Zoophites sont de petits animaux gélatineux, munis de tentacules au moyen desquels ils retiennent leur nourriture. Réunis en grand nombre par une membrane commune, et fixés dans leurs cases de pierre sans pouvoir les quitter, ils ne vivent jamais solitaires, et se construisent des demeures solides dans lesquelles chacun a sa loge à peu près comme les larves des Abeilles dans les alvéoles d'une ruche. Néanmoins ils communiquent ensemble de façon que la nourriture de l'un profite aux autres. Il y en a de beaucoup d'espèces; presque toutes sont remarquables par l'élégance et la symétrie qui pré-

Fig. 7.

sident à l'architecture de leurs demeures, auxquelles on donne le nom de Polypiers. La plus anciennement connue est celle qui construit le Corail, et il n'est pas un naturaliste qui ne possède des fragments de ce Polypier, que l'on reconnaît à sa belle couleur de pourpre ou à sa forme d'arbre sans feuilles.

* Corail chargé de Polypes.

Transportons-nous par la pensée au fond des mers tropicales, sous ces latitudes chaudes, favorables au développement de ces petites créatures qui se groupent en une société si fraternelle : là, pas une roche, pas une chaîne sous-marine qui ne présente quelque colonie de ces ouvriers actifs, telles que les nombreuses tribus de Madrépores, de Méandrines, d'Astrées, de Caryophyllies, etc., travaillant sans cesse à leurs élégants édifices, au milieu d'un calme que ne trouble jamais la tempête. Voyez se dérouler, dans le cristal des eaux, sur le flanc des coteaux sous-marins, ces bocages étranges, tout chargés de rosettes aux pétales animés, sensibles, oscillant continuellement, et formant par leur agglomération de magnifiques bouquets, ornés des plus riches couleurs pendant le jour, brillant la nuit d'un éclat phosphorique. Les uns ressemblent à des tuyaux d'orgues de diverses longueurs et du plus beau pourpre, rangés parallèlement côte à côte (le Tubipore *musique*) ; les autres figurent des séries symétriques d'étoiles lamelleuses, de pores, d'alvéoles pareils à ceux d'un gâteau de cire (les Flustres et tous les Polypes à cellules), ou représentent des réseaux, des méandres, des vallons sillonnés, festonnés (les Méandrines, les Pavonies, etc.), et mille circonvolutions les

Fig. 8*.

plus capricieuses. Vous prendriez celui-ci pour une manchette de la plus fine dentelle (les Rétépores, les Millépores, etc.), celui-là pour une tête de Chou-Fleur, ou pour une Laitue, ou pour un Ananas; un autre pour un

---

* Madrépore cespiteux.

Agaric, pour un ruban contourné sur lui-même, pour un disque couronné de rayons, pour un éventail en

treillis, pour une Anémone parée des couleurs les plus vives (les Actinies, etc.); d'autres ont des formes arborescentes et figurent des panaches, des aigrettes, des expansions foliacées de la plus agréable variété.

*Fig. 9 ***

Pouvez-vous imaginer quelque chose de plus gracieux que ces petites anfractuosités de rochers toutes tapissées de Mousses purpurines, toutes festonnées de Fucus verdoyants, cachant à demi, dans leurs guirlandes légères, une autre végétation toute vivante, quelquefois de la plus éclatante blancheur, plus souvent ornée aussi de toutes les nuances du rouge et du vert, et se déployant en tissus de gaze, en mailles d'une finesse extrême, en dentelles de la plus exquise délicatesse? Quels charmants modèles pour les broderies, pour les arabesques et autres ornements employés par les arts! quelle inépuisable source d'alliances gracieuses pour les compositions du peintre et du sculpteur, que toutes ces formes si harmonieuses, que toutes ces ramifications si variées!

C'est dans les mers équatoriales, sous l'influence du calme et d'une chaude température, que les Polypes coralligènes se livrent à des travaux gigantesques[1]. C'est là

---

* Millépore celluleux.

[1] Dans sa description de l'île d'Amboine, Lesson s'exprime ainsi en parlant des bancs de Coralligènes : « Jamais nous n'avions vu de points aussi riches en Zoophytes ; ils pullulaient dans cet espace resserré, abrité des vagues du large qui déchirent et mettent à nu les rochers de la côte méridionale, où

qu'en absorbant les sels calcaires tenus en suspension dans les eaux marines, ils forment des bancs solides qui souvent n'ont pas moins de trois cents à trois cent cinquante myriamètres d'étendue, et dont la plupart sont presque à fleur d'eau. Ne pouvant vivre sous une trop forte pression, ils établissent de préférence leurs demeures sur les plateaux élevés et les sommets des montagnes

s'arrêtent leurs efforts. Ces plateaux de Coraux sont, au contraire, recouverts d'une petite masse d'eau dont la surface est toujours paisible et réchauffée par l'influence directe du soleil. La lumière, pénétrant avec force sous cette couche, y fait développer un luxe de vie que nous n'avions encore observé nulle part; aussi nous arriva-t-il fréquemment de passer des heures entières en ces lieux, ayant de l'eau jusqu'au-dessus des genoux, pour y dessiner des Zoophytes et saisir leur éclat fugace, leur forme, qui, sans cette précaution, eussent échappé à notre étude. Des Serpules ou Tuyaux-de-mer, dont les animaux à tentacules étaient d'un azur doré, brillaient de teintes vraiment fantastiques, étaient entrelacés au milieu des Coraux, et le Zoophyte sortait de son tube pour s'épanouir comme une belle fleur, et s'y cachait avec vivacité, au contraire, lorsque l'eau, agitée par quelque mouvement lointain, lui donnait, par ses ondulations même légères, la conscience d'un danger quelconque. Des Holothuries, des Étoiles-de-mer à six rayons droits et linéaires, le Fongie avec ses larges polypes en ventouses, une Actinie verte à tentacules rouges, une Actinie du pourpre le plus vif, couvraient cette partie de la baie. Sur le rivage, attachés aux troncs couchés des arbres abattus par vétusté, adhéraient de larges Huîtres minces, très délicates. De nombreux fragments de Nautiles jonchaient les sables des grèves. A ces objets se joignaient des Cônes, des Porcelaines, des Trochus, etc. »

« Devant la ville d'Agagna, capitale de l'île de Guam et de toutes les Mariannes, est un récif très-étendu, en dedans duquel le peu de profondeur et la tranquillité de l'eau ont permis aux Coralligènes de se multiplier paisiblement. Chaque fois que la marée était basse dans le jour, avant que la brise se fît sentir et vînt rider la surface des ondes, c'était là que nous nous rendions tout habillés, munis d'instruments et de vases, pour extraire et recevoir les Polypiers. Nous parcourions avec ravissement cette solitude sousmarine, semblable à un parterre orné des fleurs les plus belles et les plus variées; mais, il faut le dire, les végétaux n'atteignent point à ce velouté si doux, si suave, sur lequel le regard se fixe longtemps sans se fatiguer. Outre l'objet qui nous attirait, ces dédales enchanteurs offraient à notre vue une sorte de microcosme peuplé de petits Poissons, de Coquilles, de Crustacés, de Vers, enfin d'êtres de toute espèce, qui y trouvaient l'existence et l'abri. » *Voyage aux contrées équatoriales.* par MM. QUOY et GAYMARD.

sous-marines; ils construisent d'abord un premier rang
de cellules, qu'une génération suivante recouvre d'une
seconde assise qui sert de base à son tour aux constructions futures, jusqu'à ce que tout l'édifice ait atteint le
niveau de la mer. Alors le travail des Madrépores est terminé, une série d'actions nouvelles complètera l'œuvre
et élèvera le sol au-dessus des eaux. Les vagues rongent
incessamment les bords de ces nouveaux récifs; elles en
transportent les débris vers les parties moyennes, qui s'y
augmentent à leurs dépens.

Les plantes marines que les marées arrachent aux côtes,
les branches et les troncs d'arbres que les grands fleuves
déracinent et entraînent dans leur cours, tout ce qui
peut flotter à la surface de la mer, s'embarrasse et s'arrête
dans ce vaste réseau de pierre, pour former, en se cor-
rompant, les premières traces d'une terre favorable à la
végétation. De toutes parts viennent échouer sur ce sol
nouveau les graines que la mer y apporte; des Fougères,
des Graminées, des Mousses, des Lichens, recouvrent de
verdure les parois des rochers; puis des baies d'arbres à
fruit, quelques noix de Cocotiers, jetées peut-être par
un enfant du haut d'une falaise à deux cents myriamètres de là, germent tout à coup au milieu des herbes;
bientôt, comme une fraîche oasis au milieu de l'Océan,
s'élève une île nouvelle où les oiseaux de mer construisent
leurs nids, où les Phoques viennent dormir au soleil, et
qui n'attend plus que l'homme pour s'animer tout à fait,
lui livrer ses trésors et en recevoir un nom. Depuis la
côte occidentale de l'Amérique jusqu'au cap de Bonne-
Espérance, les Polypes construisent sur toutes les chaînes
de montagnes des myriades de petites îles qui sont déjà
presque à fleur d'eau. Ils entourent la Nouvelle-Hollande

d'un gigantesque rempart, formant sur la côte orientale de ce continent un formidable récif, qui, sur une étendue de soixante myriamètres, ne laisse déjà plus aucun passage aux navires, et menace même de s'étendre beaucoup plus loin.

Un travail plus considérable encore, commençant dans la mer des Indes, vers le milieu de la côte de Malabar, forme le banc de Cherbanian, les îles Laquedives, le long archipel des Maldives, et descend au delà de l'équateur jusque vers le groupe de Paros-Banhos. Mais c'est surtout au milieu du grand océan Pacifique que les Madrépores semblent travailler avec persévérance à la construction d'un véritable continent : des milliers d'îles, les sommets les plus élevés des grandes chaînes de montagnes sous-marines, leur doivent tous leur origine, et chaque jour l'espace qui les sépare se rétrécit un peu. Déjà, des parties extrêmes de ces nombreux archipels, les naturels peuvent voyager en suivant les récifs de Madrépores, qui forment en beaucoup d'endroits comme de larges chaussées à fleur d'eau. En explorant ces mers curieuses, le capitaine Bérard a souvent rencontré, émigrant d'une île à l'autre, des caravanes de sauvages qui cheminaient à pied au milieu de la mer avec aussi peu de crainte que s'ils eussent été sur la terre ferme.

Pour édifier ces continents nouveaux aux dépens des anciens, la nature ne se borne pas au seul secours des Madrépores ; les commotions violentes qui agitent si souvent les profondeurs de la mer viennent mettre la dernière main à l'œuvre si bien commencée. La terre tremble au fond de la mer beaucoup plus fréquemment encore que sur les côtes, et quelquefois des îles nouvelles apparaissent, tandis que d'autres sont tout à coup submergées.

Quand de semblables secousses ont lieu sous le sol des Madrépores, elles en ondulent la surface, la relèvent en collines, en véritables chaînes de montagnes. Les couches horizontales se redressent brusquement jusqu'à devenir perpendiculaires, dessinent alors de pittoresques reliefs qui se couvrent de verdure, brisent l'action des vents, arrêtent les nuages et préparent la source des torrents dont les eaux, réunies plus tard en rivières, vont creuser leur lit au milieu des vallées qu'elles fertilisent, en four-nissant aux hommes une eau douce et salutaire. Les Mal-dives, les Marquises, les Palaos et une foule d'autres îles, n'ont pas d'autre origine que des constructions madré-poriques accidentées par des convulsions de la terre.

Un savant anglais du siècle dernier, auquel on doit un ouvrage plein de belles et curieuses recherches sur l'histoire des Polypes, termine son livre par ces pieuses réflexions :

« Et maintenant, tout cela une fois posé comme vrai, à quelle conclusion tous ces travaux doivent-ils nous con-duire? Tout ce que je puis répondre, c'est que dans ces recherches auxquelles je viens de me livrer, des scènes toutes nouvelles se sont déroulées sous mes yeux, qui ont ravi mon esprit d'admiration et d'étonnement à la con-templation de cette diversité, de cette étendue avec la-quelle la vie est distribuée dans l'univers. Or, si tels ont été les sentiments qu'ont excités en moi les faits que je viens de rapporter, et ces merveilles de la nature animée sur des points dont on n'avait pas même jusqu'ici soup-çonné l'existence, sans doute ils exciteront dans d'autres esprits que le mien des idées agréables; sans doute des esprits plus savants et d'une pénétration plus irrésistible y trouveront plus tard encore de nouveaux faits à reconnaître et de nouvelles preuves à découvrir, s'il en était besoin, d'une volonté unique, infinie, d'une Toute-Puissance qui a créé, et qui maintenant conserve ce Grand Tout dans sa beauté et dans sa perfection. De là nous conclurons que, si des créatures d'un degré aussi inférieur dans la grande échelle de la nature ont été ainsi douées de facultés qui leur permettent de remplir leur sphère d'action d'une manière aussi complète, nous pareillement, qui avons été placés à tant de degrés plus haut, nous nous devons, et à LUI qui nous a faits, nous et tout ce qui existe, de tendre sans cesse et de tous nos efforts vers ce degré de rectitude et de perfection auquel nos facultés nous donnent le pouvoir d'atteindre [1]. »

CHAPITRE V

MOLLUSQUES

Variété des Mollusques. — L'Argonaute. — Les Mitres, les Olives, les Tellines, les Cônes, etc. — Beauté des Coquillages. — La pêche des Perles, etc.

L'Océan voit naître et se multiplier, dans ses profondeurs comme sur ses rivages, d'innombrables tribus de Mollusques, les animaux les plus mous, les plus délicats de la nature; mais les uns, flexibles en tous sens, cèdent, par cela même, sans danger à tous les chocs; les autres se cramponnent aux rochers, ou s'enfouissent sous le sable, ou, renfermés dans leurs solides coquilles, ils

---

[1] ELLIS, ou Corallines, p. 103.

bravent impunément le fracas des tempêtes. Il en est qui
s'attachent ensemble, comme les Biphores, et forment
des sociétés voyageuses qui ont plus de trente lieues
d'étendue, et qui, étant phosphorescentes, brillent la
nuit à la surface des mers chaudes, comme des traînées
immenses d'une lumière pâle et bleuâtre. D'autres espèces, qui sont d'un blanc d'opale, présentent souvent
entre les îles Célèbes ou les Moluques une mer toute lai-
teuse, qui étonne le navigateur; si ces Mollusques fraient
et conduisent leurs œufs en vastes convois, l'Océan paraît
couvert d'une sorte de poussière grisâtre dans une large
étendue; enfin, jusque sous les glaces polaires, il s'amasse
d'incalculables quantités de Clios et d'autres Mollusques
nus, pourvus d'ailerons, et c'est la manne journalière, la
nourriture inépuisable des Baleines qui fréquentent ces
climats.

Le fond des mers est tapissé, comme une prairie, de
Coquillages de diverses couleurs et de Mollusques séden-
taires, dont les uns se filent des câbles de soie qu'ils attachent aux rochers, comme les Pernes et les Jambon-
neaux; dont les autres s'agglutinent en masses, comme
les Huîtres; ceux-ci fouillent la vase ou le sable et s'y pratiquent des demeures, comme les Peignes, les Conques-
de-Vénus, etc.; ceux-là s'assemblent sur les bancs de
sable, comme les Tellines, les Pétoncles, les Arches-de-
Noé, les Glycymères. Il y en a qui rampent parmi les
Fucus et les Algues marines, comme les Buccins à pourpre, les Murex épineux, ou qui grimpent sur les flancs
des rochers, comme les Lepas coniques et les beaux Or-
miers nacrés ou Oreilles-de-Neptune. Plusieurs s'attachent, comme les Moules, aux branches et aux racines
des Mangliers et des autres arbres qui plongent dans la

mer aux embouchures des fleuves de l'Amérique ou de
l'Inde. On voit encore, sur leurs grèves sablonneuses,
d'énormes Casques, des
Trompettes-de-mer, des
Tridacnes gigantesques,
comme celles qui forment
les bénitiers de Saint-
Sulpice à Paris : on en
trouve qui peuvent con-

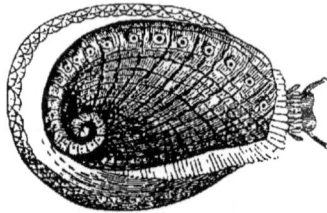

Fig. 10 *.

tenir un Mollusque pesant au moins cinquante kilogrammes et capable de nourrir tout un jour l'équipage d'un
navire; il faut pour les ouvrir de forts leviers de fer, tant
l'animal est robuste et tant son test est solide.

On voit quelquefois nager à la surface de la mer des
Argonautes papyracés, à coquille mince, formée en nacelle, contenant un Poulpe à plu-
sieurs bras ou rames, avec une
sorte de voile et de membrane
transparente semée d'étoiles
de couleur pourpre. Ces petits
navigateurs, s'élevant sur les
flots à l'aspect du soleil, tournent leur poupe au vent et déploient gaiement leur voile pour
atteindre leur proie, qui est
tantôt un autre Mollusque d'un

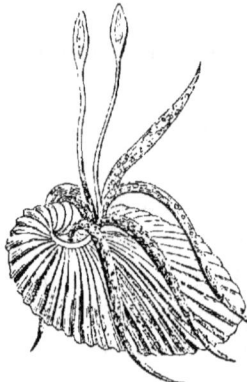

Fig. 11 **.

bleu de saphir et d'un rouge de rubis, tantôt divers
Crustacés; puis reployant leurs agrès et se renfermant
dans leur navire, ils redescendent avec les Aphrodites,
les Néréides, les Amphitrites, et d'autres brillantes Anné-

---

* Haliotide ormier.
** Argonaute.

lides de la mer, au fond de quelque grotte caverneuse, ornée de guirlandes de Fucus, tantôt verdoyants, tantôt empourprés[1].

Il n'est pas jusqu'aux rochers qui ne soient perforés par des Mollusques, soit au moyen de l'acide phosphorique, soit à l'aide de leurs coquilles raboteuses comme des râpes : c'est ainsi que les Dails ou Pholades se creusent des habitations dans les pierres les plus dures, ainsi que la Moule lithophage, et l'on brise les roches sur quelques rivages de la Méditerranée pour en retirer ces animaux, excellents à manger; ils décèlent leur asile par la lueur phosphorique qu'ils répandent, surtout dans l'obscurité. De même des Tarets destructeurs percent les poutres de bois les plus massives; ils ouvrent ainsi passage à l'eau dans les vaisseaux, et, détruisant les digues de la Hol-

[1] La coquille des Argonautes a une seule cavité large et profonde, et n'est composée que de deux ou trois tours de spire contigus, formés dans le même plan, et dont le dernier est beaucoup plus grand que tous les autres : la carène, cette espèce de saillie plus ou moins large qui règne sur le dos de la coquille, depuis le sommet de la spire jusqu'à la bouche, est cannelée ou bordée de dentelures ou de tubercules plus ou moins saillants, d'où s'étendent en travers, sur les côtés, un nombre égal de rides. La substance de cette coquille est mince et flexible, d'un blanc mat ou laiteux, quelquefois grisâtre, jaunâtre ou roussâtre, du moins dans certaines parties; elle est transparente, et si délicate, qu'elle semble devoir se briser au moindre choc: aussi observe-t-on dans les mœurs de l'Argonaute qu'il évite avec grand soin les récifs; il préfère les hautes mers à fond sablonneux. Il se promène sur leur sable mouvant au moyen de ses huit membres : les suçoirs dont ils sont garnis lui servent à s'attacher aux corps solides. C'est de la profondeur des mers qu'il s'élève sur les ondes, lorsque le temps est calme. On prétend que pour le faire avec facilité il renverse sa nacelle et la vide d'eau. Arrivé à la surface des ondes, il la redresse, déploie aussitôt ses huit bras : il en abaisse six sur les flancs de la nacelle; ceux-ci lui servent de rames et de gouvernail : les deux palmés s'élèvent; leur membrane se déroule, se détend, se gonfle comme une voile par le souffle du vent : et l'Argonaute vogue tranquillement sur la plaine azurée. Doit-elle être agitée par la tempête, ou conçoit-il la moindre crainte, aussi prompt que l'éclair, il replie ses voiles, rentre ses rames, fait chavirer sa nacelle et se précipite dans l'abîme.

lande, menacent sans cesse ce pays de sa submersion sous l'Océan.

C'est principalement dans les mers des tropiques que naissent les plus éclatantes espèces de coquillages, comme on voit le soleil de l'équateur y peindre aussi les fleurs de couleurs plus vives et les empreindre de parfums plus suaves que sous nos latitudes froides et brumeuses. C'est là que l'on trouve ces Mitres qui offrent des coquilles dont

Fig. 12 *.

les formes sont si agréables et les couleurs si vives et si bien distribuées : la Mitre *cardinale,* qui présente sur un fond blanc, quelquefois un peu nébuleux de violâtre, douze à quatorze séries de ponctuations quadrangulaires; la Mitre *fleurie ;* la Mitre *épiscopale,* avec des séries de taches d'un rouge vif sur un fond blanc; la Mitre *papale,* et la Mitre *pontificale,* ornée également de taches d'un rouge vif, disposées par zones transverses; la Mitre *orangée,* la Mitre *tricotée,* la Mitre *en lyre,* toutes si élégantes; la Mitre *patriarcale,* jolie petite coquille fort extraordinaire par sa forme, etc. etc.

Les Olives, qui présentent sur leur surface extérieure, lisse et polie, les couleurs les plus variées et les plus éclatantes, abondent dans les mers équatoriales. L'olive *ivoire,* d'un blanc pur; l'Olive *porphyre,* grande et belle coquille, recherchée de tous les collectionneurs, ornée, sur un fond rose violacé, d'un grand nombre de lignes

---

* Mitre rubanée.

en zigzags triangulaires, nettement arrêtées, qui partent du sommet d'un grand nombre de faisceaux de lignes

Fig. 13*.

onduleuses très-rapprochées; l'Olive *flammulée*, couverte, sur un fond brunâtre, de ponctuations éparses, au milieu desquelles on voit des flammules triangulaires, plus ou moins nombreuses, blanches et bordées de brun, etc.

Là brillent ces Porcelaines aussi remarquables par leur belle coloration que par le poli vitreux et l'éclat de leur surface, qui les a fait comparer à des vases de porcelaine; les Pourpres, les Rochers, les Buccins, où la beauté des

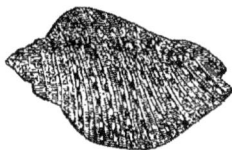

Fig. 14**.

ornements le dispute à la variété et à l'élégance des formes.

Tout le monde connaît les Tellines, remarquables par la richesse de leurs couleurs : la Telline *soleil-levant*, sur un fond blanc éclatant se dessinent un grand nombre de larges rayons d'un rose pourpré; la Telline *vergetée*, dont la coloration consiste en rayons d'un blanc pur sur un

* Olive marbrée.
** Pourpre persique.

fond rose; la Telline *langue d'or*; la Telline *gentille*; la Telline *donacée*, l'une des plus jolies que l'on trouve dans nos mers : elle est ornée, sur un fond d'un blanc jaunâtre, d'un grand nombre de rayons d'un beau rose pourpré vif, souvent interrompus par des zones blanchâtres transverses; la Telline *doigt-d'aurore*, d'une belle couleur aurore pourprée sur un fond blanc jaune, etc.

Mais rien n'égale, pour la somptuosité des ornements, les Cônes des mers chaudes, ces rois de la mer, drapés d'or et de pourpre. C'est sur les rivages brûlants des tropiques que l'on doit faire la recherche de ces coquilles précieuses; elles vivent sous dix à douze brasses de profondeur près des côtes sablonneuses, et l'on n'en trouve que rarement sur celles qui sont bordées de rochers. On n'en rencontre qu'une seule espèce dans la Méditerranée; on n'en connaît point encore sur nos côtes de l'Océan, et cependant les couches calcaires de la France et des autres contrées de l'Europe en renferment plusieurs espèces fossiles, ce qui fournit une nouvelle preuve pour établir qu'à l'époque où elles ont été déposées dans nos terrains, la température de l'Europe était bien différente de celle qui y règne aujourd'hui. Nous ne pouvons nous arrêter à décrire tous ces superbes Coquillages, qui présentent des nuances, des broderies, des ornements d'une infinie variété : les Cônes *cedonulli*, dont la gravure même ne peut parvenir à donner une représentation exacte; le Cône *impérial*, qui offre dans les nuances de ses couleurs et dans leur arrangement des variations indes-

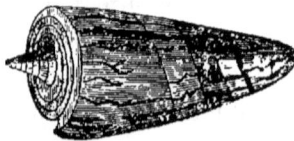

Fig. 15 *.

* Cône flamboyant.

criptibles ; le Cône *aile-de-papillon*, qui, sur un fond d'une teinte blanche, nué d'un rose très-délicat et quelquefois d'un fauve légèrement rubicond, présente des zones cir-

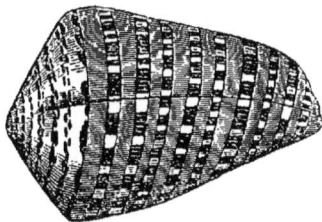

Fig. 16 *.

culaires inégales, au nombre de vingt environ, blanches et mouchetées régulièrement de petites taches brunes ; le Cône *drap d'or ;* le Cône *amiral ;* le Cône *pluie-d'or ;* le Cône *pluie-d'argent ;* le Cône *mosaïque ;* le Cône *gloire-de-la-mer* : ce dernier mérite cette dénomination pompeuse par la beauté de sa forme, par l'élégance extraordinaire de sa spire, par la finesse et la délicatesse du réseau orangé dont la superficie est ornée, encore plus que par son extrême rareté. Les cabinets Lyonnet, Moltke, Colonne et Hwass, sont les seuls connus en Europe pour la posséder.

Cette magnifique coquille offre à l'extérieur, sur un fond blanc veiné de jaune, un réseau à mailles fines, inégales, triangulaires ou rhomboïdales, qui occupe toute sa superficie. Les mailles de ce réseau, tantôt d'un jaune orangé, tantôt d'un brun plus ou moins foncé, qui y forme autant de fascines distinctes, sont entremêlées d'autres mailles beaucoup plus petites. Les fascies dont elle est ornée sont étroites, inégalement distantes et

* Cône aile-de-papillon.

composées de taches interrompues d'un jaune orangé
vif, sur lesquelles on distingue quelques lignes longitudinales, onduleuses, d'un marron rouge. La spire, outre
un réseau à mailles brunes ou orangées dont elle est
ornée, présente encore sur ses spirales des taches d'un
jaune vif; les trois ou quatre dernières spirales du
sommet sont ordinairement nuées de rose ou de violet
clair. Ce Cône appartient aux mers des Indes orientales.

« L'imagination du plus habile sculpteur ne pourrait
inventer une si extraordinaire variété de formes, toutes
dérivées cependant d'un type unique, le Cône roulé en
spire; le peintre le plus ingénieux ne pourrait trouver
dans sa palette toutes les nuances dont elles brillent,
ni dans son talent assez de ressources pour distribuer ces
nuances avec autant de grâce, d'élégance et de richesses.
Qu'on se représente, sur les grèves des mers intertropicales, sur le flanc des rochers, au sein des eaux, ces
superbes coquillages, semés çà et là et resplendissant au
soleil de l'équateur des couleurs les plus vives; ces Cônes,
avec leur écharpe d'azur, leurs draperies d'or ou de
pourpre, leurs *gloires* éblouissantes, et toutes ces somp-

Fig. 17 *.

tueuses peintures, qui leur donnent tant de prix et qui les
ont fait payer quelquefois, par des amateurs, jusques à
quatre mille francs; et ces Porcelaines si agréablement

* Cône ceinture-bleue.

tigrées, zébrées, bariolées, ou avec des zigzags jaunes, rouges, blancs, sur un fond infiniment varié; et ces Janthines diaphanes et d'un bleu céleste; et ces Mitres, brillantes comme des améthystes; ces Volutes si variées, ces Turbans d'or, ces Casques d'argent, ces Harpes d'i-

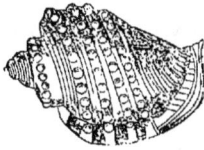

Fig. 18*.

voire, ces Conques innombrables, d'où jaillissent mille reflets étincelants et les plus merveilleuses nuances qui soient dans la nature. Ils rivalisent sans peine, à cet égard, avec les oiseaux, les poissons, les insectes et les fleurs les plus splendides de la création. Où ces petits êtres ont-ils trempé leurs pinceaux? où ont-ils appris à préparer les couleurs métalliques, l'or et l'argent, qu'ils appliquent sur leurs mobiles demeures avec tant de prodigalité et de magnificence? Quelques glandes, cachées sous les bords de leur manteau, voilà la palette toujours chargée où ils puisent ces teintes admirables qui les font étinceler de tous les feux de l'arc-en-ciel ou des pierreries. Où trouver la raison de tant de beauté, sinon dans CELUI qui est le type de toute beauté, et la beauté par essence [1]? »

Que de productions naturelles paraissent à un regard ignorant de purs objets de curiosité, et que pourtant la Providence donne à l'industrie humaine pour être uti-

* Cassidaire échinophore.

[1] *Esquisses des Harmonies de la Création*, etc., p. 98.

lisées de mille manières! Que de richesses ont été semées
dans le sein du vaste Océan! que d'aliments utiles! que
d'objets agréables à la vue, précieux pour l'industrie! et
cependant nous sommes loin d'avoir épuisé les trésors
que le Créateur a voulu y déposer pour le bien-être et
même pour le plaisir de l'homme. La mer a aussi dans
ses abîmes ses mines vivantes de pierreries, que depuis
longtemps on sait exploiter, et qui produisent d'immenses
revenus. Un Mollusque analogue à l'Huître, la Pintadine
margaritifère ou Huître *à perles*, produit la plus belle
nacre, et les perles à la couleur si pure et si douce, aux
reflets si chatoyants et si tendres, qu'on admire dans les
plus brillantes parures.

C'est principalement sous le soleil toujours éclatant
de la torride que se forme la plus riche nacre et les
perles précieuses, de même que les diamants, les rubis,
les émeraudes et les mines d'or sont répandus avec profusion sous les mêmes climats équatoriaux : comme si
les rayons de l'astre du jour y versaient leurs éblouissantes richesses et imprégnaient de leur magnificence
toutes les productions de la nature. Les bancs de Moules
qui produisent les perles sont surtout nombreux au cap
Comorin et au golfe de Manaar, dans l'île de Ceylan, où
la pêche des perles est la plus célèbre et la plus produc-
tive. Cette pêche, affermée par les gouvernements de ces
contrées, n'a lieu que du commencement de février à la
fin d'avril, pour ne pas épuiser la race de ces belles
Moules, à qui tant de splendeur coûte si souvent la vie.
A dix heures du soir, au signal donné par le canon, les
barques, ornées de banderoles peintes, et montées chacune par vingt hommes, partent ensemble, de manière
à se trouver sur le banc de Moules perlières à la pointe

du jour. Les plongeurs, habitués à ce métier dès l'enfance, sont pourvus chacun d'un filet en forme de sac pour
y mettre les perlières; d'une corde, à laquelle est attachée une pierre pour faciliter la descente; et enfin d'une
autre corde, dont une extrémité reste dans la barque,
et dont le plongeur se sert pour indiquer quand il veut
remonter. Au moment où il va plonger, il prend entre
les doigts du pied droit la corde de sa pierre, entre les
autres son filet, saisit sa corde d'appel de la main droite,
en même temps qu'il se bouche les narines avec la gauche :
arrivé promptement au fond de l'eau, quelquefois à la
profondeur de quatre à dix brasses, il accroche son filet
à son cou, et travaille avec la main droite à arracher les
coquilles dont il le remplit. Au bout de deux et quelquefois de quatre, cinq et même six minutes, ce qui est fort
rare et dépend de l'habileté du plongeur, il se fait remonter, en tirant sa corde d'appel, par les hommes qui
sont restés dans la barque. Chaque plongeur peut répéter
jusqu'à cinquante fois par jour la même opération, en
rapportant chaque fois une cinquantaine de coquilles,
mais quelquefois en rendant le sang par le nez et les
oreilles. Les coquilles sont déposées sur le rivage, dans
des espèces de puits de trente à soixante centimètres de
profondeur, ou sur des nattes dans des espaces carrés en-
tourés de palissades : car on ne les ouvre point par force,
de peur de les briser; il faudrait l'effort de cinquante
kilogrammes pour détacher leurs valves. Au bout de
quelque temps, quand les animaux sont morts, ce qu'on
juge à l'ouverture de la coquille, on cherche attentivement dans celle-ci et dans l'animal lui-même, c'est-à-dire
dans les lobes de son manteau, quelquefois même en le
faisant bouillir, les perles libres qui pourraient s'y trou-

ver; on choisit en outre les plus belles coquilles propres
à fournir la nacre, et on laisse le reste. Malgré les exha-
laisons pestilentielles qui résultent d'un amas aussi considérable de Mollusques, les pauvres du pays viennent
ensuite glaner ce que les riches ont laissé par hasard.
Ainsi c'est du sein d'une horrible infection, qui coûte
souvent la vie aux nègres plongeurs, qu'on extrait ces
nobles joyaux de la nature, qui doivent reluire un jour
sur la couronne des rois. La perle est, comme la fleur,
l'amour des poëtes, le symbole de la perfection morale,
l'emblème de l'épouse accomplie et de la vierge chrétienne; et la plus précieuse de toutes les possessions, le
règne de la grâce divine dans notre cœur, est figurée,
dans l'Écriture, par une perle de grand prix. La perle du
plus bel orient, avec toutes ses flammes, n'est pourtant
qu'un peu de carbonate calcaire et de gluten animal,
comme le diamant, avec tous ses feux, n'est qu'un peu
de carbone. D'où naissent donc ces mystiques harmonies
entre les plus hautes idées de beauté morale et ces produits du règne organique? C'est que, outre leurs qualités et leurs fonctions, les créatures ont encore un sens intérieur, une signification transcendante, qui contient les
plus utiles enseignements.

CHAPITRE VI

ARTICULÉS

§ Ier

Les Arachnides. — L'Apoclyse. — L'Argyronète. — La Cténize
maçonne.

Les Arachnides sont doués d'instincts variés et extrêmement remarquables. Plusieurs ont recours à des ruses
particulières pour s'emparer de leur proie; d'autres déploient dans la construction de leur demeure une industrie
merveilleuse. Qui n'a admiré les toiles tendues avec une
si parfaite régularité par les Araignées de nos jardins?
La soie avec laquelle ces animaux se construisent des
retraites, tendent des piéges à leur proie et forment des
cocons pour leurs œufs, est sécrétée par un appareil logé
dans la partie postérieure de l'abdomen. Cet appareil
consiste en plusieurs paquets de vaisseaux contournés
sur eux-mêmes et aboutissant à des pores percés au
sommet de quatre ou six mamelons coniques ou cylindriques appelés filières. Ces filières sont garnies d'innombrables petites canules percées au bout et unies par des
muscles qui peuvent les diriger en tous sens, les ouvrir
et les fermer, les épanouir ou les rapprocher au gré de
l'animal.

Mais il ne suffisait pas de pourvoir l'Araignée de ces
réservoirs de matière glutineuse, dont la sécrétion est un
procédé qui échappe à toutes nos observations, de lui
donner des filières construites avec un art infini; il fallait

de plus lui apprendre à faire usage de ses ressources : les Araignées ont donc été douées de la faculté de fabriquer avec ces fils, les unes des réseaux circulaires où l'on remarque une disposition géométrique qui étonne; les autres des tissus plus serrés, des trames plus fortes, façonnées en cônes, en nasses, en hamacs, en courbes paraboliques; d'autres encore savent se tisser des pavillons de soie, des galeries de blanc satin, etc. [1].

Une des plus grosses et des plus jolies Araignées de notre pays est l'Araignée *apoclyse,* dont l'abdomen est brun, bordé d'un élégant feston blanchâtre, et traversé par deux bandes de la même couleur. Elle construit dans les lieux humides une toile verticale, et, immédiatement au-dessous, un petit nid qui lui sert de retraite habituelle. Ce nid ressemble à une bourse, dont l'Araignée tient les cordons à l'intérieur. Tant que rien ne l'inquiète, elle la laisse ouverte, pour mieux observer ce qui se passe alentour. Mais un oiseau s'approche-t-il, quelque ennemi se présente-t-il pour saisir l'Araignée, à l'instant elle fait jouer son petit ressort, tire ses fils, et se trouve enfermée de toutes parts dans un réseau assez épais pour qu'il soit difficile de l'apercevoir au travers. Cette Araignée a une grande tendresse pour ses petits; elle surveille ses œufs avec soin, et les enveloppe dans une couche épaisse de bourre soyeuse. Elle ne meurt pas toujours à l'automne; mais, avertie à temps par son instinct de l'approche de l'hiver, elle travaille avec beaucoup d'activité à se faire une provision de couvertures et de vêtements :

1 Le nombre des Araignées fileuses est tel aux îles de la Sonde, que l'accumulation de leurs toiles crée souvent à la marche du voyageur un véritable obstacle. C'est là qu'on trouve l'*Acrosome,* si remarquable par l'étrangeté de ses formes.

elle agglutine autour de son lit du duvet, de petits débris de feuilles et d'herbes, jusqu'à ce qu'elle ait formé une enveloppe impénétrable à la pluie et capable de conserver quelque chaleur dans l'intérieur du nid. L'Apoclyse s'engourdit bientôt après, et ne se réveille au printemps que lorsque l'influence du soleil a fait reparaître les petits insectes qui doivent la nourrir.

Parmi les animaux qui savent se loger ou se vêtir, on connait une Araignée dont les procédés en ce genre ont bien de quoi nous surprendre par leur extrême singularité. L'Argyronète (c'est le nom de ce curieux Aranéide) est déjà très-remarquable par l'élément dans lequel elle vit. Les Araignées les plus généralement connues sont terrestres; celle-ci vit au milieu des eaux dormantes : elle en sort néanmoins de temps en temps pour chasser sur leurs bords; c'est donc une espèce d'amphibie, mais plus aquatique que terrestre. Elle nage avec une merveilleuse célérité, tantôt sur le dos, tantôt sur le ventre. C'est une admirable plongeuse; elle poursuit sa proie jusqu'au fond de l'eau avec une agilité surprenante. D'autres fois elle la poursuit sur terre, et, après l'avoir saisie, elle la transporte au fond de l'eau. C'est là qu'elle se pratique un logement, qui est unique en son genre. Elle en pose les fondements sur quelques brins d'herbe, et ce fondement est de pure soie. Elle s'enlève ensuite à la surface de l'eau, expose à l'air l'extrémité de son abdomen, et comme celui-ci est toujours enduit d'une sorte de vernis, l'eau ne saurait s'y attacher, mais l'air s'y attache; un instant après elle le retire brusquement sous l'eau, chargé d'une lame d'air qui y est demeurée adhérente et qu'elle va placer adroitement dans sa tente de soie. Elle répète aussitôt la même manœuvre, et revient déposer une seconde bulle d'air à côté de la première. Elle multiplie ses courses, continue son travail, et se trouve enfin en possession d'un petit édifice tout aérien, j'ai presque dit d'un palais enchanté, qui lui procure une retraite assurée et commode, où elle loge à sec au milieu de l'eau. Pour

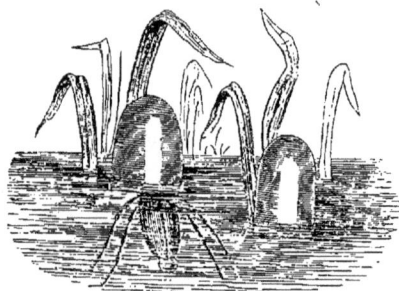

Fig. 19*.

donner plus de solidité à son petit édifice et pour empêcher les bulles d'air qui en sont les matériaux de s'en échapper, elle le recouvre extérieurement de soie dont les fils sont très-fins et très-rapprochés. Dès que l'Argyronète est sortie, son palais se resserre de lui-même, sa capacité diminue; dès qu'elle y rentre chargée d'une proie, il s'élargit aussitôt, l'Araignée s'y trouve logée à l'aise, et y dévore sa proie en sûreté.

Comment cette petite Araignée peut-elle envelopper dans le creux de son abdomen une bulle d'air, et l'y retenir jusqu'a ce qu'elle l'ait déposée dans sa cellule? C'est là un mystère que la science n'a point encore expliqué.

La tribu des Mygales nous offre dans la Cténize *maçonne* une autre espèce d'Araignée, fort semblable

---

* L'Argyronète et son nid.

par son extérieur à celle des caves, mais qui en diffère
beaucoup par son genre de vie et son industrie. Elle s'é-
tablit sur la pente plus ou moins rapide d'une glaise
franche et pelée, où l'eau des pluies puisse s'écouler
facilement. Elle y creuse avec ses fortes pinces une mine
ou galerie d'environ soixante-cinq centimètres de longueur, et dont la largeur, partout à peu près égale et
proportionnée à sa grosseur, lui permet de monter et de
descendre commodément dans le souterrain. Elle en
tapisse tout l'intérieur d'une feuille de soie qui facilite encore sa marche, retient les grains de terre qui pourraient
se détacher de la mine, et l'avertit de ce qui se passe à
l'entrée. Là est un ouvrage étonnant, qu'on serait même
tenté de révoquer en doute, s'il n'avait été bien vu et
bien décrit par des naturalistes exacts et habiles. Cet
ouvrage, unique dans son genre, est une porte ou plutôt
une vraie trappe, formée de plusieurs couches d'une
terre détrempée liée avec de la soie, et dont les contours sont si parfaitement cir-
culaires qu'ils semblent tracés
au compas. Le dessous de la
trappe ou la face qui regarde
l'intérieur de la mine est convexe et unie ; la face extérieure,
qui est à fleur de terre, est, au
contraire, plate et raboteuse, et
se confond si bien avec le terrain

Fig. 20 *.

voisin, qu'on ne saurait l'en distinguer ; et l'on juge facilement que l'adroite mineuse l'a voulu ainsi pour mieux
dérober le lieu de sa retraite.

* Nid de la Cténize maçonne.

Nous n'avons point dit encore tout ce que le travail de cette ingénieuse trappe renferme de plus admirable; ce qui nous reste à en rapporter paraîtra fabuleux. Sa face postérieure est doublée d'une toile dont les fils, très-forts et très-serrés, se prolongent de manière qu'ils forment une sorte de penture qui suspend artistement la trappe à la partie la plus élevée de l'ouverture de la galerie. Au moyen de cette penture, comme à l'aide d'une charnière, la trappe peut s'élever et s'abaisser, soit parce que la galerie est fort inclinée à l'horizon, soit parce que la Cténize a eu l'adresse de la suspendre à la partie supérieure de l'ouverture, comme si elle connaissait l'effet de la pesanteur. Cette ouverture est façonnée en entonnoir, et son évasement forme une espèce de feuillure contre laquelle la trappe va battre quand elle s'abaisse. Elle s'ajuste alors avec tant de précision dans la feuillure, qu'elle ne laisse par dehors aucune prise pour la soulever, et qu'elle semble faire corps avec la feuillure. Si pourtant on introduit adroitement la pointe d'une épingle dans le joint, on parvient à soulever un peu la trappe; mais alors on éprouve une résistance dont on est étonné : elle augmente à mesure qu'on tente de soulever davantage le merveilleux opercule. Voici ce qui produit cette résis-tance. L'Araignée, avertie par l'ébranlement léger que l'épingle occasionne dans les fils qui se prolongent le long de la galerie, accourt promptement à la porte, cramponne ses pattes d'un côté aux parois de la galerie, de l'autre à la porte, et, se renversant en arrière, elle fait effort pour la tirer à elle. Pour cet effet, elle a ménagé sur la surface intérieure, et au côté opposé à la charnière, une série de petits trous, rangés en demi-cercle, et au nombre d'environ une trentaine, qui servent à l'animal pour accrocher

ses pattes lorsqu'il s'agit de lutter contre quelque force
extérieure qui ébranle ou cherche à soulever sa porte.
Ainsi la porte s'ouvre et se ferme alternativement, suivant que l'observateur l'emporte dans ce petit combat sur
l'Araignée ou l'Araignée sur l'observateur. On sent bien
de quel côté la victoire doit pencher; mais l'on n'en est
pas moins étonné qu'un si petit animal puisse faire une
si grande résistance. Lorsque la Cténize *maçonne* voit sa
porte forcée ou soulevée entièrement, elle se hâte de fuir
au fond de son terrier. On peut répéter bien des fois les
mêmes procédés avec l'industrieuse petite bête, et éprouver chaque fois de sa part la même résistance. Toujours
elle accourt à sa porte, et fait les plus grands efforts pour
empêcher qu'on ne l'ouvre.

Appelée à vivre dans la retraite la plus obscure, cette
Araignée semble ne pouvoir supporter l'éclat du grand
jour. Quand on la retire de sa galerie, son agilité naturelle l'abandonne; elle paraît languissante et comme
engourdie, et, si elle fait quelques pas, ce n'est qu'en
chancelant.

§ II

LES INSECTES

Considérations générales sur l'étude des insectes.

> L'Insecte vaut un monde... Ils ont autant coûté.
> LAMARTINE.

Dans l'appréciation des choses, les hommes sont ordinairement la dupe des idées de grandeur et de petitesse.
Ceux mêmes qui savent le mieux que le grand et le petit
ne sont que de simples rapports cèdent souvent, à leur
insu, aux impressions que le grand fait sur eux. La dis-

position des grands corps dont le ciel est orné, leur circulation, et la régularité avec laquelle ils décrivent certaines courbes, les lois de leur mouvement, les temps de leurs révolutions, leur vitesse relative à leur distance du soleil, sont des objets de spéculation bien dignes des esprits méditatifs. Un homme qui aurait passé sa vie à méditer sur les mouvements de ce grand corps, à en analyser les lois, paraîtrait s'être occupé d'objets bien plus nobles, bien plus relevés, que le naturaliste qui se serait appliqué à l'étude de quelques parties, de quelques organes des Insectes, comme leur cœur, leurs poumons, leurs trompes, leurs yeux, si composés, et qui auraient cherché les causes des mouvements et des actions de ces différentes parties : ce dernier paraîtrait au commun, même des savants, s'être occupé de trop peu de chose, tant les grandes étendues en imposent. Cependant il y a peut-être plus de difficulté à expliquer les causes du mouvement des liqueurs dans les Insectes, les préparations et les filtrations de celle qui devient de la soie dans les organes de quelques-uns, l'action de leur estomac, le jeu de leurs admirables poumons, les accroissements, les dépouillements, les transformations de ces petits êtres; il y a peut-être plus de difficulté à trouver la cause du mouvement du moindre muscle, qu'à trouver celle des mouvements des corps célestes; les premiers sont des connaissances qui ont des rapports plus prochains avec notre propre individu, avec cette machine dont notre bien-être actuel dépend essentiellement. Le plus difficile, et peut-être le plus utile, ne nous paraît ici le moins estimable que parce qu'il roule sur des objets incapables de frapper notre imagination par leur grandeur.

Combien de mouvements plus variés et plus admirables que ceux des astres ne découvrons-nous pas dans le corps des plus petits Insectes! Combien de millions de globules y passent et repassent par des chemins dont les courbures sont autrement tortueuses que celles des routes que suivent les corps célestes! Combien d'autres mouvements dans ces machines animées, outre ceux de la circulation! Combien de mouvements sont nécessaires pour leur accroissement, pour qu'elles puissent prendre des matières étrangères, se les assimiler, et augmenter ainsi leur extension en tout sens! Faisons attention à tout

Fig. 21 *.

ce qui se passe dans l'intérieur de cette machine pour qu'elle donne naissance à une multitude d'autres ma-

* Ensemble des organes qui servent à la production des œufs dans le Papillon du Chou. — Cette figure, d'après M. Hérold, suffira pour démontrer que nous n'avançons rien ici qui soit exagéré, et que ces petites machines si dédaignées du vulgaire sont réellement des chefs d'œuvre d'une perfection qui surpasse tout ce qu'on pourrait imaginer. — AA Ovaires. — B Trompes. c Oviducte. — E Vésicule sécrétant un fluide particulier destiné à lubrifier l'oviducte. — FF Vésicule double sécrétant le vernis qui enduit les œufs. — G Portion de l'intestin.

chines qui lui sont semblables en petit, et qui l'égaleront
par la suite en grandeur. Enfin les machines animales
nous offrent une infinité d'objets dont chacun est capable
d'épuiser notre admiration, et notre esprit ne doit rien
voir d'aussi surprenant, d'aussi véritablement grand,
dans le jeu constant des planètes, quelque grandes
qu'elles soient, ni même dans les mouvements constants
et réguliers d'une infinité de globes.

La partie de l'étude des Insectes la plus intéressante,
celle aussi à laquelle on est généralement le plus sensible, est celle qui embrasse tout ce qui a rapport aux
mœurs, aux habitudes, à l'industrie de tant de petits
animaux. On ne peut jamais se lasser d'observer leurs
différentes façons de vivre et de se procurer les aliments
convenables; les ruses dont plusieurs usent pour se saisir
de ceux qui doivent être leur proie; les précautions que
d'autres emploient pour se mettre en sûreté contre leurs
ennemis; leur prévoyance pour se défendre contre les injures de l'air; leurs soins pour se perpétuer; le choix des
endroits où ils déposent leurs œufs pour qu'ils ne courent
aucun risque, et pour que les petits qui en éclôront trouvent à leur portée une nourriture propre dès l'instant de
leur naissance; les soins que d'autres prennent de nourrir
eux-mêmes et d'élever leurs petits. Combien de faits
toujours nouveaux, toujours admirables à qui sait le
moins admirer, l'étude des Insectes doit-elle sans cesse
fournir à tous ceux qui voudront en faire l'objet de leurs
recherches! Quel charme ne doit-on pas éprouver en
voyant en détail une partie des merveilles que CELUI
qui seul en sait opérer de véritables a prodiguées pour
varier si prodigieusement les espèces d'Insectes et pour
les perpétuer! N'est-ce pas un nouvel agrément encore

de mettre à portée de jouir des mêmes plaisirs ceux qui
peuvent y être sensibles, de leur procurer de ces jouissances douces et tranquilles qui valent à celui qui les
goûte d'excellentes leçons de morale, qui élèvent l'esprit
vers les plus hautes contemplations, et peuvent le conduire à ce qu'on appelle plus spécialement des découvertes utiles?

Dès que l'Auteur de tous les êtres a pris soin de faire
croître tant de petits Insectes, dès qu'ils semblent lui
avoir paru si précieux, qu'il s'est plu à les multiplier, à
en varier les espèces à l'infini, nous est-il permis de
rester à leur égard dans une parfaite indifférence? Ne
devons-nous pas avoir quelque désir de les connaître?
Ne nous rendons-nous point indignes d'être les habitants
d'une terre où tant de merveilles ont été rassemblées,
quand nous ne daignons pas même ouvrir les yeux pour
les considérer? Quelle idée aurions-nous d'un homme
qui, assez riche pour satisfaire le désir qu'il a d'acquérir
tout ce que l'art a su faire de plus parfait en tableaux
et en statues, préférerait les statues les plus mal propor-
tionnées à de petites statues propres d'ailleurs à montrer tout ce que savent et peuvent le génie et le ciseau
des plus grands maîtres? Plus les animaux sont petits,
plus ils nous fournissent de preuves de cette Puissance
de l'immensité de laquelle nous n'aurons toujours que
des idées trop faibles et trop bornées, mais que nous
devons travailler à étendre autant qu'il est en nous. Ce
n'est même que dans les petits êtres que l'immensité de
cette Puissance adorable a pu, pour ainsi dire, se déployer
dans cette portion de l'univers qui a été accordée aux
hommes. Toute grande que nous paraît notre terre, elle
n'est qu'un atome par rapport à l'étendue du monde

entier. Sur ce petit globe, les espèces des grands animaux
utiles, des Éléphants, des Chameaux, des Bœufs, des
Chevaux, etc.; celles des grands animaux nuisibles, des
Tigres, des Lions, des Ours, etc., ne pouvaient être
variées que jusqu'à un certain point; la surface de la terre
ne suffirait ni à nourrir ni à contenir seulement autant
d'espèces et autant d'individus de Chevaux qu'il y a d'espèces et d'individus de Pucerons. Plus les animaux sont
petits, plus la Puissance sans bornes a pu en placer
d'espèces sur notre terre. On peut dire aussi que le
nombre des espèces des animaux a été multiplié en raison
de leur petitesse, et il semble que, dans chaque classe
d'Insectes, c'est aux plus petites espèces qu'ont été accordées les singularités les plus propres à leur attirer
notre admiration. Les plus petites espèces de Chenilles,
comme les Teignes seules, le prouvent assez; les plus
petites espèces de larves sont celles qui nous montrent
les procédés les plus industrieux. Nous avons trop de
disposition à méconnaître l'origine de tant de petits êtres
organisés; nous avons peine à penser qu'elle est la même
que celle des animaux que nous jugeons les plus nobles :
pour que des machines prêtes à nous échapper par leur
petitesse nous parussent venir de la main qui a formé
les plus grandes, et qu'elles en étaient aussi dignes, il
fallait qu'elles eussent à nous faire voir qu'elles savaient
faire des opérations plus difficiles et plus ingénieuses que
celles des plus grandes machines animées; il fallait que,
malgré leur petitesse, elles eussent de quoi nous frapper.
En un mot, elles avaient besoin d'avoir plus de ces traits
que l'esprit le plus grossier ne saurait voir sans reconnaître qu'ils partent de la main du plus grand de tous les
maîtres.

Il n'est point d'étude plus propre que celle des Insectes à élever l'âme, par le sentiment de l'admiration, vers l'Auteur de tant de prodiges. Devons-nous rougir de mettre au nombre de nos occupations les observations et les recherches qui ont pour objet des ouvrages où l'Être suprême semble s'être plu à renfermer tant de merveilles et à les varier au delà de toute conception? L'histoire naturelle est l'histoire de ses ouvrages, et l'on a dit avec raison qu'il n'est point de démonstration de son existence plus à la portée de tout le monde que celle qu'elle nous fournit.

Sans doute nous ne devons pas borner nos regards aux seuls Insectes, puisque nous sommes capables de les porter bien au delà, et le désir de connaître ces êtres ne doit pas nous faire sacrifier les notions que nous pouvons acquérir sur les astres, sur les plantes, sur tant d'animaux divers. Mais les objets que le ciel, la terre et les eaux offrent à notre méditation, sont en trop grand nombre pour espérer de les connaître tous également. Chacun doit donc choisir parmi la variété infinie des œuvres de la création quelque sujet particulier pour en faire l'objet principal ou plus constant de son étude; et la connaissance des Insectes a toutes sortes de droits pour être admise au nombre des connaissances humaines [1].

---

[1] Combien de témoignages extraits des auteurs de tous les temps et de tous les pays ne pourrions-nous pas produire en faveur du sentiment que nous venons de soutenir! « Il n'est pas d'un homme raisonnable, dit Aristote, de blâmer par caprice l'étude des Insectes, ni de s'en dégoûter par la considération des peines qu'elle donne. La nature ne renferme rien de bas; tout y est digne d'admiration. » Et Pline parlant des Insectes : « C'est ici, dit-il, que l'on découvre des abîmes de sagesse, de puissance et de perfection. Comment s'est-il pu trouver assez d'espace dans le corps d'un Moucheron, sans parler d'animaux encore plus petits, pour y placer des organes capables de tant de sensations différentes? La masse des Éléphants nous étonne; nous voyons

§ III

Beauté et variété des couleurs dont la nature a paré les Insectes. — Leurs armes; leur industrie.

Si rien n'est plus digne de flatter agréablement la vue et de donner de douces jouissances que l'aspect des couleurs dont la richesse et la variété s'unissent par le mélange le plus convenable, assurément la plupart des

avec admiration bâtir des tours sur le dos de ces animaux; nous sommes surpris de la force des Taureaux et des fardeaux qu'ils soulèvent avec leurs cornes; la voracité des Tigres nous effraie, et nous regardons la crinière du Lion comme une merveille; cependant ce n'est pas par ces endroits que la nature brille le plus. La sagesse ne se remarque nulle part avec plus de grandeur que dans ce qui est petit. Elle s'y réunit comme dans un seul point, et elle s'y retranche tout entière. Je prie donc ceux qui ont du mépris pour ces sortes de choses de ne point dédaigner ce que j'en dis; qu'ils se souviennent que dans la nature il n'y a rien d'indigne de l'attention de ceux qui s'attachent à la connaître. »

Emprunterons-nous jusqu'au langage des théologiens et des plus éloquents Pères de l'Église? Tous ont reconnu dans les Insectes des marques visibles de la Toute-Puissance et de la Sagesse infinie qui préside à l'univers. « C'est sans raison, dit Tertullien, que vous méprisez ces animaux, dont le grand Ouvrier de la nature a pris soin de relever la petitesse en les douant d'industrie et de force. Il a montré par là que la grandeur peut se trouver dans les petites choses aussi bien que la force dans la faiblesse, selon l'expression d'un apôtre. Imitez, si vous pouvez, les édifices des Abeilles, les greniers des Fourmis, les filets des Araignées, le tissu des Vers-à-soie... Apprenez à respecter le Créateur jusque dans les ouvrages qui vous paraissent les plus vils. »

« Ce n'est pas uniquement dans la création du ciel, de la terre, du soleil, de la mer, des Éléphants, des Chameaux, des Chevaux, des Bœufs, des Lions, etc., que le Créateur s'est rendu admirable; il ne paraît pas moins grand dans la production des plus petits animaux, comme une Fourmi, une Mouche, un Vermisseau, etc. » — S. JÉRÔME.

« Chaque espèce a ses beautés naturelles, dit saint Augustin : plus l'homme les considère, plus elles excitent son admiration, et plus elles l'engagent à louer l'Auteur de la nature. Les Insectes sont petits, il est vrai; mais la délicatesse, l'arrangement de leurs parties sont admirables. Si nous examinons avec attention une Mouche qui vole, son agilité nous paraîtra plus surpre-

Insectes ont bien le droit de servir d'objet à une espèce de
culte. Il n'est point d'êtres dont le vêtement puisse à cet
égard le disputer à celui de ces petits animaux. On dirait
que la nature a voulu manifester plus spécialement sur
eux toute la fécondité de sa puissance et toute la pompe
de ses merveilles, en renfermant dans un cadre si étroit
le fond des couleurs le plus diversifié par l'éclat, le
nombre, la délicatesse, le mélange et l'art de leurs
nuances.

La vivacité des couleurs se fait plus particulièrement
remarquer sur le corps et sur les ailes, ainsi que sur les
élytres des Insectes. On n'aperçoit souvent qu'une seule
couleur sur leur corps; mais dans quelques-uns elle est
si belle et si vive, qu'elle surpasse le vernis le plus brillant, et que seule elle forme un spectacle superbe. Chaque
partie du corps a quelquefois sa couleur particulière, et
toutes sont également belles : ici, c'est l'acier bruni; là,
le cuivre poli; ailleurs, un vert ou un brun doré; c'est
le feu et l'or qui changent et dominent tour à tour, avec
un si grand éclat, que l'art le plus fini ne saurait jamais
le rendre. Pour donner une idée de la richesse et de la
variété des couleurs qui règnent parmi les Insectes, nous
n'aurions pas même besoin de les considérer dans leur
état parfait; mais seulement sous cette première forme
qu'on appelle imparfaite, et qui les a, pour ainsi dire,
dévoués au rebut de tout le monde. Le corps de la plupart

nante que la grandeur d'une bête de somme qui marche; et avec la même
attention, la force d'un Chameau vous paraîtra moins admirable que le travail
d'une Fourmi. »

« Si vous parlez d'une Fourmi, d'un Moucheron, d'une Abeille, votre discours est une espèce de démonstration de la puissance de Celui qui les a formés; car la sagesse de l'ouvrier se manifeste davantage pour l'ordinaire
dans ce qui est le plus petit. » — S. BASILE.

des Chenilles offre un mélange de diverses couleurs, souvent si bien nuancées, que l'artiste le plus habile ne par-
viendrait jamais à les imiter. On en voit dont le corps est
marqueté de points de diverses couleurs, ou de taches
qui surpassent les points en grandeur, ou enfin de points
et de taches tout à la fois, dont le mélange et la variété
produisent l'effet le plus agréable à la vue. Le corps de

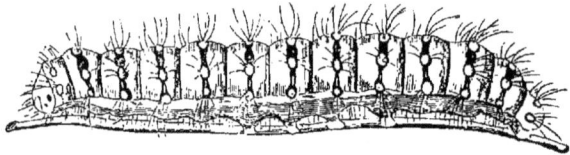

Fig. 22.

quelques autres Chenilles est orné de traits et de raies
fines de différentes couleurs et de différentes figures;
les unes sont parallèles à la longueur du corps, et sont
égales ou inégales; les autres sont transversales. Ces traits
sont quelquefois continus, et quelquefois interrompus,
comme s'ils étaient coupés en différents endroits : il y en
a encore qui sont un mélange de lignes parallèles et
transversales. Dans quelques Chenilles, ce sont des losanges et des rhomboïdes; dans d'autres, ce sont des
rubans parallèles ou des bandes transversales; souvent
c'est un mélange agréable de tous ces différents dessins
ensemble et diversement colorés. Les petits tubercules,
de la figure d'un grain de Millet ou de Pavot, que l'on
trouve sur le corps de plusieurs Chenilles, ne sont pas
pour elles un mince ornement; ces petites élévations sont
si polies et si lisses, qu'en voyant l'animal qui les porte,
on dirait qu'il est couvert de pierres précieuses. La res-

* Chenille du petit Paon de nuit.

semblance est d'autant plus grande, que ces tubercules sont de différentes couleurs. Les uns ont la blancheur du diamant; d'autres sont couleur de chair, d'un jaune de chrysolithe, d'un bleu de turquoise, d'un violet d'améthyste, d'un vert d'émeraude, d'un rouge de rubis, et de bien d'autres couleurs. Si l'or et l'argent ne se font pas apercevoir sur la robe des Chenilles, on trouve ces couleurs dans tout leur éclat métallique sur l'enveloppe des Chrysalides.

En attachant maintenant un instant nos regards sur d'autres parties des Insectes les plus apparentes après le corps, et en présentant d'abord les Coléoptères, combien leurs élytres ont de beautés qui leur sont propres! Dans quelques Insectes, on ne remarque sur ces élytres qu'une seule couleur : c'est un jaune de cire ou un rouge de tuile, de carmin, de sang; c'est un vert pâle, un bleu de violette, ou un brun plus ou moins foncé. Ces couleurs n'ont pas toutes le même lustre. Les unes sont faibles, les autres sont vives et éclatantes, semblables à un beau vernis transparent. C'est quelquefois l'émeraude et l'or qui se disputent le prix. D'autres Insectes ont leurs élytres ornées de diverses couleurs. Les unes sont peintes alternativement de raies transversales et ondées, noires et d'un rouge jaunâtre; le fond de quelques autres est jaune mais armé de taches noires, carrées et assez semblables aux cases d'un échiquier. Celles-ci ont leur fond d'un brun foncé, et sur chaque moitié de l'élytre il y a deux taches carrées, d'un jaune de bois, et placées à la file l'une de l'autre; celles-là sont veloutées de noir, et ont dans la partie supérieure des taches jaunes, et dans la partie inférieure des barres d'une même couleur, en forme de faucille. On voit, sur le bord intérieur de cette

élytre, des ornements dentelés, et dans les endroits où
les élytres se touchent, ils ressemblent assez à un point
d'Espagne. Enfin on trouve des élytres revêtues de petites
barres, les unes vertes, les autres couleur de feu, ou d'un
cuivre poli, ou d'un bleu foncé comme celui d'un acier
bruni.

Les ailes membraneuses des Insectes ont aussi des
beautés particulières : quelques-unes offrent à la vue un
assemblage de couleurs semblables à celles de l'arc-en-ciel,
ou à celles que forment les rayons du soleil en passant
à travers un prisme. Elles varient selon l'incidence de la
lumière, et ce qui paraît d'abord rouge paraît ensuite
vert et bleu, à peu près comme la gorge des Pigeons. On
trouve souvent de petites taches entre les nervures des
ailes de quelques Insectes : ces taches sont tout autant
d'ornements, comme tissus dans un crêpe fin.

Mais la magnificence et la diversité des couleurs se re-
marquent surtout dans les ailes des Lépidoptères[1]. On y
découvre d'abord des points, des taches, de toutes sortes
de couleurs. Quelques-unes de ces taches sont rondes
comme la prunelle de l'œil, et, comme elle aussi, environ-
nées d'un cercle, ce qui leur a fait donner le nom d'yeux.
Il y a de ces Insectes dont les ailes sont marquées de lignes
ou droites ou ondées; d'autres ont des bandes larges;
quelques-uns ont aux extrémités des ailes des figures
triangulaires ou d'autres ornements de ce genre. Voyez

---

[1] L'Europe entière et la Sibérie ne possèdent guère que deux cent soixante
Lépidoptères ou papillons diurnes, tandis que les parties explorées du Brésil,
qui ne les égalent pas, à beaucoup près, en étendue, en ont déjà fourni plus
de six cents. Le même pays est une mine inépuisable pour les Hyménoptères
et les Hémiptères. Dans la Polynésie, un groupe de Lépidoptères, les Nympha-
lides, présente un si grand nombre d'espèces spéciales, qu'il peut être considéré comme un des traits caractéristiques de la famille de cette région.

tel Papillon dont les ailes couleur de soufre sont tracées
de plusieurs lignes transversales d'un noir peu foncé;
tel autre dont les ailes couleur de cannelle sont traversées de trois raies noires ondées; tel autre dont les
ailes sont empreintes de raies qui vont en zigzag, à peu
près comme les peintres représentent l'éclair. Il est cer-

Fig. 23*.

taine Phalène dont les couleurs des ailes supérieures ne
sont point vives; mais elles sont si bien mêlées, qu'il est
difficile d'en faire la description. Au sommet de ces ailes,
on voit une ligne transversale d'un brun rougeâtre; après
celle-là il en vient une autre d'un brun clair, et ensuite
une troisième d'un brun foncé, ce qui, continuant ainsi
jusqu'au bas de l'aile, produit un très-bel effet. Il ne
serait pas possible sans doute de faire la description de
toutes les couleurs que l'on peut trouver sur les ailes des
Lépidoptères, à cause de leur variété prodigieuse, du
mélange et de la finesse de leurs traits. Le dessous et le
dessus ne sont pas toujours ornés des mêmes couleurs,
et le dessous surpasse quelquefois le dessus en beauté et
en magnificence. On dirait que quelques Papillons en
sont instruits, si l'on en jugeait par la manière dont
ils tiennent leurs ailes, lorsqu'ils se reposent; ils les
relèvent, comme pour inviter le spectateur à les con-

* Phalène plumistère.

sidérer. Il y a tel Papillon dont les ailes supérieures sont d'un beau velours noir, chargées de taches oblongues ou rondes d'un jaune fort clair, et dont les ailes inférieures sont couleur d'orange et chargées de taches d'un noir velouté.

On peut avancer sans doute que, de tous les animaux connus, il n'y en a point qui, pour la beauté, l'arrangement agréable des couleurs, puisse surpasser les Papillons, ces légers enfants des zéphyrs, ces êtres tout aériens, l'ornement de nos campagnes, le brillant emblème de l'inconstance et des folâtres caprices. Il y en a qu'on ne saurait regarder sans être forcé de les admirer, et, comme s'il ne suffisait pas que la nature leur eût prodigué tout ce qu'il y a de plus beau et de plus parfait en ce genre, on en voit encore sur lesquels l'or, l'argent et la nacre brillent avec un éclat vraiment merveilleux. Ni la somptueuse parure des oiseaux les plus vantés, ni l'éclatant coloris des plus belles fleurs, ni l'or et la nacre des plus superbes coquillages, ne peuvent rivaliser de magnificence avec les Papillons des contrées équinoxiales. Le plumage du colibri, paré de si riches nuances et le désespoir des plus habiles pinceaux, est loin d'offrir cette variété de teintes, cette harmonieuse disposition de peintures qu'on admire sur l'aile des Lépidoptères de la Chine et de la rivière des Amazones. La splendeur et la fécondité de ces climats ajoutent plus d'étendue à la taille de ces vivants joyaux de la nature, plus de fraîcheur et de vivacité à l'éclat de leur parure. Mille reflets inimitables se jouent sur leurs ailes de gaze lorsqu'elles s'étalent aux rayons du soleil, toutes couvertes de broderies d'une infinie délicatesse, toutes semées de perles et de pierreries, figurant des bandes les plus richement colorées, des séries d'yeux comme sur la queue du Paon, les dessins les plus élégants et les plus variés.

Fig. 24 *.

Les Insectes sont donc des races privilégiées pour la beauté entre toutes celles qui se meuvent sous le soleil et bénissent le Seigneur. « Rien n'égale la pompe de leurs accoutrements, disions-nous dans un autre ouvrage[1] : il y a des tribus qui sont vêtues de robes flottantes que l'on dirait brodées par la main des fées, tant la trame en est richement nuancée, tant les broderies en sont délicates ; il y a des légions qui portent des cuirasses d'un poli plus brillant que l'armure de nos anciens chevaliers. Les uns sont couverts de tuniques d'azur relevées de camails de velours améthyste; les autres sont drapés dans un manteau de pourpre et coiffés de superbes turbans de soie. Il y en a qui composent leurs parures de mosaïques chatoyantes d'une inimitable beauté, où le corail, le lapis et l'or, confondant leurs reflets, s'harmonisent en nuances qu'aucune parole humaine ne saurait décrire. On en trouve dont le

---

* Papillon Io ou Paon-du-jour.

[1] *Esquisses des Harmonies de la Création*, p. 232.

faste surpasse tout ce que l'imagination pourrait inventer de plus magnifique, et dont la robe, tout émaillée de rubis, de saphirs, de topazes, d'émeraudes et de diamants, resplendit d'un éclat comparable aux rayons du soleil, qui semble y avoir concentré tous les trésors de sa lumière.

« Que dire des franges, des aigrettes, des panaches ondoyants qui ombragent le diadème de ces favoris de la nature, et qui viennent ajouter encore à l'élégance de leurs formes, à la splendeur de leurs atours?

« Mais ce n'est pas là tout ce que le Créateur a fait pour ces petits êtres : la même sagesse qui s'est jouée dans leurs ajustements et leur a prodigué les plus brillantes couleurs, les a munis encore des armes nécessaires pour l'attaque et pour la défense. Elle leur a donné des casques, des cuirasses, des boucliers, des lances, des épées, des stylets, des poignards hérissés de pointes, des scies, des tarières, des tenailles acérées, etc., pour couper, déchirer, percer, broyer, creuser, pomper... Qui pourrait décrire tout ce qu'ils savent déployer de savantes économies dans leurs constructions, de génie dans l'ordonnance de leurs fortifications, de ressources dans les combats qu'ils se livrent, de ruses et d'artifices dans leur chasse ou dans leur pêche, de légèreté dans leurs tissus, de délicatesse dans leurs ciselures, d'habileté et de perfection dans leurs moindres ouvrages? Les uns construisent en bois, et ont reçu des serpes pour faire leurs abatis; les autres bâtissent en cire, et sont pourvus de brosses et de palette, pour en recueillir la matière dans la corolle des fleurs; ceux-ci ont des quenouilles dont ils tirent des écheveaux de soie; ceux-là ont un alambic de cristal pour distiller un nectar que tout l'art des Lavoisiers ne saurait imiter...

Mais il vaut mieux aller les contempler à l'œuvre, et pour cela vous n'avez point à entreprendre de longs voyages. Ce merveilleux petit peuple est répandu partout; vous le voyez partout sous vos pas; il creuse le sol, se tapit sous la glèbe durcie, ou court sur les gazons; il nage dans le ruisseau voisin, il voltige dans l'air que vous respirez, ou s'enivre de sucs odorants dans le calice des fleurs de votre parterre; il vit blotti sous la pierre du chemin; il frémit dans le sable, murmure sous l'herbe, bourdonne parmi la feuillée, et, aux heures chaudes du jour, il danse de plaisir dans un rayon de soleil. »

§ IV

Moyens de défense accordés par la nature aux Insectes.

On reconnaît partout l'empreinte indélébile de cette intelligence adorable qui crayonna de la même main l'Homme et la Mouche.   BONNET.

La nature, toujours prévoyante et habile conservatrice de ses œuvres, n'ayant pas accordé aux Insectes la force nécessaire pour résister à la rapacité de leurs nombreux ennemis, y a suppléé par une variété de moyens qui attestent, là comme partout, la fécondité de ses ressources.

La célérité dans la fuite, l'astuce qui produit une illusion trompeuse ou une aversion momentanée, garantissent le plus souvent ceux de ces animaux que les circonstances obligées de leurs mœurs mettent dans l'impossibilité de la défense. C'est ainsi qu'en établissant un ordre de dépendance nécessaire entre le plus fort et le plus faible ou le moins adroit, le juste rapport dans la propagation de tout ce qui est doué de la vie est assuré de la manière la plus admirable.

Nous ne pouvons mieux faire connaître ces moyens de défense que mettent en usage les Insectes, qu'en parcourant, dans chacune des classes, les genres et les espèces qui nous offrent à cet égard des particularités remarquables.

Les premiers qui s'offrent à notre observation parmi les Coléoptères sont les Ténébrions. Les deux espèces qu'on appelle *gris* et *sablonneux* se trouvent dans les lieux arides couverts de sable terreux, d'argile ou de poussière; elles sont garanties par des élytres dures, qui, en se repliant sous l'abdomen, l'embrassent et le défendent. Leur corselet est échancré en devant, pour recevoir la tête; il est en outre rebordé sur les côtés, ce qui lui donne une plus grande solidité. Cette conformation, cette sorte de bouclier, de cuirasse protectrice, paraîtrait devoir suffire à l'Insecte comme moyen de défense. Cependant il y joint la ruse, et rien ne pourrait alors le déceler que ses mouvements, qu'il sait suspendre et arrêter brusquement au moindre danger. Voici l'astuce dont il fait usage : il jouit de la faculté de faire adhérer sur ses élytres les particules les plus déliées du sol qu'il habite; couverte ainsi de poussière, dont la teinte varie suivant les localités, la masse de son corps se confond et se perd par l'uniformité de la coloration. C'est une sorte de déguisement sous lequel il vit en sûreté.

Deux autres espèces de Coléoptères, le *Crépitant* et le *Pétard*, doivent leur nom spécifique au son qu'ils font entendre par une propriété que nous allons indiquer. Quand l'Insecte est saisi ou lorsqu'il se croit en danger de l'être, il fait entendre un petit bruit, et l'on voit sortir

au même instant de dessous les élytres une vapeur blanchâtre d'une odeur acide. Souvent cet effet, produit par
un seul individu de la famille pénétré d'une crainte salutaire, détermine tous les Insectes de la même tribu à en
faire autant; alors toutes les crevasses de la terre qui les
recèle fument, ét représentent autant de petits volcans.

Sous le point de vue de leur conservation, la plupart
des Coléoptères aquatiques, comme les Dytiques, les
Hydrophiles, les Tourniquets, ont été singulièrement
favorisés par la nature, puisqu'ils sont doués tout à la
fois des mouvements propres à la plupart des Quadrupèdes, des Oiseaux et des Poissons. Ces facultés sont de
véritables moyens de défense, puisque tous leur servent,
au moins successivement, à fuir les ennemis qui les poursuivent sur la terre, dans l'air ou sous l'eau. Ils évitent
la poursuite des animaux terrestres en se confiant à l'air
à l'aide de leurs ailes, qu'ils déploient dans l'atmosphère;
ils se dérobent à la voracité des Volatiles en s'enfonçant
dans l'eau par la disposition de leurs pattes postérieures,
dont la forme et les mouvements sont ceux des meilleures
rames; enfin ils s'échappent aux habitants des eaux en se
retirant sur la terre.

Les Ptines ou Bruches se nourrissent pour la plupart
des dépouilles des animaux dont les corps ont été des-
séchés, et n'ont pu, par cela même, être soumis à une décomposition putride. Le Ptine cherche pendant la nuit les
débris d'animaux dans lesquels il doit déposer ses œufs.
Les antennes et les pattes de l'Insecte sont très-allongées,
de sorte que, lorsqu'il marche, il occupe un espace près de
trois fois aussi étendu que son tronc. S'il se croit aperçu,
aussitôt, par un acte de paralysie volontaire, il quitte le
plan sur lequel il marchait, il se pelotonne, il tombe, les

antennes et les pattes resserrées contre le corps, et il ne produit plus aucun mouvement. C'est en vain que vous cherchez l'Insecte que vous aviez vu courir avec agilité; vous ne trouverez plus qu'une masse sphéroïde, allongée, ressemblant à toute autre chose qu'à un être vivant. Quelques espèces de ce genre se laisseraient plutôt mettre en pièces que de donner signe de vie. Telle est, entre autres, celle que l'on appelle, pour cette raison, *obstinée*, sur laquelle on a fait la cruelle expérience de brûler quelques parties de son corps traversé par une épingle, sans qu'elle manifestât le moindre mouvement.

Préposé au maintien de la salubrité et d'une partie de la police générale de la nature, le genre des *Boucliers* est destiné à faire disparaître les tristes restes des animaux privés de la vie, et à opérer un versement plus prompt de leurs éléments dans la masse où tous vont puiser. Remplissant des fonctions aussi utiles, la conservation de ces espèces devait être favorisée d'une manière spéciale, et c'est ce qui a lieu. L'Insecte peut, au besoin, rendre par les deux extrémités du tube intestinal une humeur d'une odeur extrêmement fétide, qui éloigne au même moment, par la répugnance qu'elle provoque, tout être qui voudrait attenter à l'existence de ces agents subalternes de la grande économie de la nature.

Qui n'a connu, dès l'enfance, ces jolis Insectes que l'on désigne sous le nom de *Vaches* ou de *Bêtes-à-Dieu*, dont le véritable nom est Coccinelle? La forme hémisphérique de leur corps, le poli de leur surface, le peu de saillie que font ces petits Coléoptères sur le plan qui les supporte, paraîtraient, au premier aspect, des moyens suffisants pour les soustraire à la pointe du bec des Oiseaux. Cependant la nature, fidèle conservatrice de ses productions, ajoutant encore à ces précautions salutaires, les a organisés de manière qu'au moment même où la Coccinelle se sent saisie, elle laisse échapper des parties latérales de son corselet une liqueur fétide qui a de l'analogie avec celle qui lubrifie le canal auditif de plusieurs animaux.

Les Cassides nous offrent des moyens de défense également intéressants à connaître sous les deux périodes de leur courte existence. Sous l'état parfait, le nom de Casside leur avait été donné à cause de la conformation du corselet et des élytres, qui débordent et recouvrent par conséquent toutes les parties de l'Insecte. Les membres sont étendus parallèlement à la surface inférieure, et leur longueur n'excède pas celle de l'espèce de test corné sous lequel la Casside vit à couvert et paisible, comme les Tortues lorsqu'elles sont retirées dans leur carapace.

A cette configuration quelques Cassides ajoutent une particularité plus avantageuses encore. Dans quelques espèces, les élytres, d'une couleur verte plus ou moins foncée, présentent une teinte analogue par la couleur à celle des tiges ou des feuilles de la plante sur lesquelles ces insectes vivent; de sorte que l'œil de leur ennemi, trompé par la ressemblance, croit voir, dans la saillie que forment leurs élytres bombées, une sorte d'excroissance ou de production végétale.

C'est ainsi que, sous les rapports des formes, les êtres, modifiés de mille manières, nous peignent la nature produisant des illusions continuelles, se trompant elle-même et paraissant se faire un jeu de ses productions.

La Chrysomèle du Peuplier se nourrit des feuilles du Tremble, du Saule, etc., sous les deux états de Larve et d'Insecte parfait. Les Larves vivent en société, ordinairement sur la page ou face supérieure des jeunes feuilles, dont elles n'attaquent que le parenchyme, craignant de détruire les nervures. Leur forme est oblongue; les saillies charnues que présente leur abdomen exsudent au moindre danger, et supportent chacune une gouttelette de liqueur blanchâtre, vaporisable, manifestement acide, et d'une odeur très-désagréable; mais aussitôt que l'Insecte croit le péril cessé, la liqueur préservatrice est au même moment résorbée pour être employée de nouveau en semblable circonstance.

Les Altises, ainsi nommées pour indiquer la prestesse de leur saut, sont de petits Coléoptères ornés de riches couleurs, qui vivent le plus ordinairement en familles, et dont la plupart sont privés d'ailes. Leurs pattes postérieures, longues, toujours fléchies, à cuisses renflées, sont des espèces de ressorts continuellement bandés et prêts à lâcher leur détente; aussi les Altises échappent-elles à la poursuite des Oiseaux par un saut aussi prompt que l'éclair, et disparaissent ainsi avant même que leurs ennemis se soient doutés de la route qu'elles ont choisie pour leur échapper. C'est ainsi que, privés de la marche rapide et souvent même de la faculté de voler, la nature a compensé cette privation en accordant à ces Insectes un autre moyen plus certain, celui de se déplacer subitement, afin de se soustraire à une mort presque certaine.

La forme bizarre sous laquelle s'offre souvent la Trichie hémiptère; le mouvement, pour ainsi dire, convulsif par lequel l'Insecte se transporte d'un endroit à l'autre; son attitude chancelante, suite de l'allongement excessif des pattes postérieures; le port vertical de celles-ci, qui, par cette étonnante direction, favorisent la marche que gê-

nerait toute autre position, tout dans cet Insecte est digne
de l'attention et des réflexions de l'observateur. Mais ce
qui l'intéresse davantage, c'est l'artifice, l'adresse, avec
lesquels l'Insecte essaie d'échapper à la mort en la feignant
lui-même. Aussitôt qu'il se sent enlevé, ses membres se
roidissent, l'immobilité est complète. Le corps, abandonné à lui-même, obéit aux lois de la pesanteur, il
tombe. Si l'on essaie de fléchir les articulations des pattes,
elles cèdent et conservent l'inflexion qu'on leur a donnée.
Rien ne trahit la Trichie astucieuse : ses dehors, des-
séchés, tendent encore à faire penser que l'animal, ainsi
immobile, est un véritable cadavre. Quel Oiseau assez
vorace serait tenté de prendre une nourriture aussi peu
succulente?

La conservation des êtres est le but auquel il semble
que la nature se soit le plus efforcée d'atteindre; partout, dans son étude, nous lui voyons manifester à cet
effet la prévoyance la plus attentive. Tout est mis en
jeu; tantôt l'animal oppose la force à la force, tantôt il
s'esquive par son adresse. Il inspire le dégoût, fait naître
l'illusion, et le plus souvent c'est à son instinct qu'il est
redevable de sa conservation.

Il est des Sauterelles qu'on appelle *Locustes* qui, au
premier aspect, à cause de la forme et de la coloration de
leurs élytres, représentent les feuilles d'arbres et de plantes étrangères à notre climat : telles sont la *Laurifeuille,*
la *Citrifeuille,* l'*Oléifeuille.*

Qui ne connaît la vélocité avec laquelle se soustrait au
danger l'Insecte que l'on nomme *Lingère,* la *Lépisme du
sucre,* cet Insecte oblong, argenté, au corps écailleux,
que l'on croit apporté en Europe avec le sucre, et qui
s'est fixé maintenant dans nos habitations avec nos meu-

bles, nos livres, nos vêtements? La dispositions de ses
pattes, raccourcies, comprimées, conniventes, accélère

Fig. 25 *.

le mouvement de son corps avec tant d'avantage, que
l'Insecte paraît glisser sur le plan qui le supporte, comme
le Poisson, auquel il ressemble, fend l'onde dans laquelle
il se meut.

Fig. 26 **.

Une espèce de Phrygane se développe à
l'état de Larve parmi les roseaux des étangs :
elle se file un fourreau d'une matière imper-
méable à l'eau; elle coupe des tranches des
feuilles de plantes aquatiques ou des brins
d'herbes ténues; elle les colle, suivant leur
longueur, sur le cylindre creux dans lequel
elle habite, et ressemble ainsi, par la forme
et la couleur de son enveloppe, à une tige
rompue de la plante dont elle se nourrit.

---

* Phyllie feuille-sèche.

** Larve de Phrygane avec son fourreau. — A Partie antérieure du corps
de la larve avec ses quatre pattes antérieures. — B Fourreau formé de débris
de feuilles roulées en spirale.

Une autre, qui se repaît de feuilles de *Lemnas* et de *Callitriches*, fixe aussi sur son étui des fragments de ces feuilles, qui ne cessent pas de croître; la Larve de la Phrygane paraît douer ces petits végétaux d'une nouvelle vie qui contraste singulièrement avec l'immobilité des eaux dans lesquelles elle séjourne.

Une autre espèce, non moins adroite et curieuse à observer, se rencontre dans les eaux vives et rapides : pour ne point être entraînée par le courant, elle colle à son fourreau les petites coquilles qu'elle rencontre, en dégorgeant sur elles une humeur visqueuse et tenace, lors même qu'elles renferment encore leurs habitants, qu'elle semble ainsi forcer à devenir ses satellites et ses protecteurs obligés.

Telles sont les ruses au moyen desquelles ces Larves, qu'on nomme vulgairement des *Casets,* échappent à la voracité des Poissons, qui en sont fort friands.

Les *Demoiselles* ou *Libellules* échappent aisément à la poursuite des Oiseaux par la grande surface que présentent leurs ailes au fluide dans lequel elles se meuvent. Mais sous l'état de Larves elles n'ont pas cette même vivacité de mouvements, et bientôt elles seraient dévorées par les Poissons, si, par un instinct singulier, elles n'employaient un artifice qui leur sert tout à la fois de moyen de se procurer plus facilement les petits animaux aquatiques dont elles se nourrissent, et à tromper en même temps les recherches de leurs ennemis. Ces Larves appliquent sur leur ventre et sur toutes les autres parties du corps les particules les plus ténues de la vase et des débris de plantes décomposées par leur séjour dans l'eau : ainsi à l'abri sous ce manteau trompeur, elles pourvoient en sûreté à leur nourriture. Quelquefois cependant, quit-

tant le masque, elles osent paraître à nu ; mais alors, par
un mécanisme bien intéressant à reconnaître, elles se
meuvent à travers les eaux avec une rapidité extrême.
Pour cet effet, l'Insecte dilate la terminaison de son canal
digestif, qui forme un sac musculeux garni d'une valvule ; et il entre-bâille l'orifice extérieur pour y faire parvenir l'eau, qu'il en chasse aussitôt par une contraction
subite, de manière à profiter de l'impression de la résistance qu'il sait trouver dans le sens contre lequel il veut
se diriger.

L'ordre des Hyménoptères comprend des Insectes qui,
quoique faibles et luttant constamment à forces inégales
avec leurs ennemis, sont organisés de manière à se défendre avec énergie et à remporter le plus souvent la victoire. La nature a renfermé dans leur abdomen un irritant,
tout à la fois physique et chimique, à l'aide duquel ils
maintiennent et conservent leur existence ; des muscles
propres à faire successivement rentrer et sortir une pointe
acérée, creusée intérieurement par un canal qui sert de
conduit à une liqueur venimeuse, sécrétée par un organe
spécial. Les anneaux de l'abdomen, dans ces Insectes,
sont généralement emboîtés les uns dans les autres, mais
d'une manière lâche qui permet tous les mouvements,
surtout vers l'extrémité libre, qui se porte rapidement
partout où le danger se manifeste, afin d'introduire dans
les parois de l'animal qui veut arrêter l'Insecte l'aiguillon
dont il est armé. C'est à l'aide de la douleur excessive
produite par cette piqûre qu'échappent souvent à la mort
les Abeilles, les Guêpes, les Bembèces, les Mutiles, les
Scolies, et beaucoup d'autres Insectes du même ordre.
Mais les Fourmis neutres ont une autre manière de faire
lâcher prise aux animaux qui tentent de les dévorer.

Aussitôt qu'elles se sentent saisies, elles mordent et fixent sur la partie qui les retient leurs mâchoires saillantes et cornées, et elles dégorgent au même instant dans la blessure une gouttelette d'un acide particulier, très-odorant et très-caustique, qui produit une douleur vive et momentanée, dant elles profitent pour s'échapper. Parmi les Lépidoptères, la Chrysalide du Bombyce *disparate* ou *zigzag* s'attache par l'extrémité de son abdomen, où se trouvent deux crochets, qui sont fortement adhérents à une sorte de tissu que la Chenille a filé avant sa métamorphose. Aussitôt qu'on la touche, cette Nymphe imprime à la totalité de son corps un mouvement de rotation très-rapide ; elle échappe par ce procédé aux piqûres des Ichneumons. Mais comme les fils sur lesquels elle adhère pourraient se rompre par l'effet de la torsion, l'Insecte, après avoir fait un certain nombre de tours rapides dans un sens, revient tout à coup sur lui-même, et roule son corps dans le sens opposé.

Lorsque la Cercope *écumeuse* n'a point encore ses ailes, elle ne jouit point de la faculté de s'élancer dans l'espace et d'échapper aux dangers par cette vélocité de saut qu'on lui connaît ; aussi, sous l'état de Larve ou de Nymphe, est-elle forcée de rester fixée sur la plante dont la sève lui sert de nourriture ; mais alors cet Insecte sans défense, extrêmement délicat et gorgé de sucs dans toutes ses parties, serait bientôt découvert, et deviendrait inévitablement la proie des animaux qui l'aperçoivent, si la Puissance protectrice de tout ce qui a vie, subvenant à sa faiblesse, ne lui avait accordé, suggéré, pour ainsi dire, un artifice bien propre à mettre son corps à l'abri jusqu'à ce qu'il ait acquis plus de consistance. Par l'acte même de la succion au moyen de laquelle l'Insecte

pourvoit à sa nourriture en pompant la séve des végétaux, il laisse échapper une certaine quantité de la
liqueur, qui s'unit avec l'air au moyen du mouvement
imprimé : cet air emprisonné forme de petites vésicules ;
il en résulte une nourriture abondante, au-dessous et au
centre de laquelle il se trouve caché et parfaitement à
l'abri.

Voici le moyen singulier que l'instinct a suggéré aux
Larves des Punaises-Mouches ou Reduves pour se soustraire à la vue de leurs ennemis : l'Insecte fait adhérer,
sur les poils dont toute la surface de son corps est recouverte, de petites portions des substances au milieu desquelles on l'observe le plus ordinairement ; c'est un véritable habit de masque qu'il emprunte. L'espèce connue
sous le nom d'*Annelée,* par exemple, habite le tronc carié
des vieux Chênes, et l'on a beaucoup de peine à distinguer les formes d'un Insecte dans la masse de vermoulure
jaunâtre dont elle s'enveloppe.

Une autre espèce se recouvre de substances étrangères
qu'elle ramasse de toutes parts. C'est tantôt de la farine,
du mortier, des cheveux, des balayures, et quelquefois
du sable, des fils d'Araignée, des particules terreuses,
enfin de tout ce qu'elle peut coller à son enveloppe et
employer à son travestissement ; elle augmente ainsi
quelquefois son volume de près des deux tiers de sa grosseur. De plus sa marche est ambiguë, par soubresauts
et comme convulsive. Ainsi déguisé, l'Insecte est parfaitement à l'abri ; mais il n'emploie cette ruse que pour un
temps et à la seule époque de sa vie où il est privé d'ailes ;
car, dès qu'il les a acquises, et que par la rapidité du vol
il sait échapper aux dangers et subvenir à ses besoins, il
quitte ce manège, il dépose son masque, et on ne l'observe

alors que tout à fait nettoyé et débarrassé de ces ordures qui lui ont été si utiles.

Tels sont les principaux moyens que les Insectes mettent en usage pour conserver et défendre leur existence. On peut voir par les faits que nous venons de rapporter, et nous aurions pu en citer un bien plus grand nombre, combien offre d'intérêt l'étude des mœurs dans cette classe d'animaux. Ici tout est en mouvement, tout se ressent de l'action de la vie, tout manifeste le désir de la prolonger. Cette lutte continuelle de destruction, dans laquelle les Insectes doivent se défendre sous leurs divers états, est cependant nécessaire pour conserver un juste rapport et maintenir une proportion déterminée entre toutes les espèces d'animaux. C'est une discordance apparente qui prouve la prévoyance infinie de l'Auteur de toutes choses; et l'ordre dans lequel les particularités conservatrices ont été accordées aux Insectes paraît avoir été spécialement déterminé. Nous ne pouvons, en effet, observer des armes, comme moyens de défense, que dans le plus petit nombre; mais nous reconnaissons, dans plusieurs, des moyens évasifs par la rapidité du vol, l'agilité de la natation, la prestesse du saut, la vélocité de la course. Cependant la majorité des modes conservateurs sont répulsifs, comme l'exsudation d'humeurs âcres, caustiques, huileuses, amères, odorantes; ou fictifs, comme les simulacres trompeurs, la mort feinte, et autres moyens astucieux.

Sous quelque aspect que l'on considère ces petits êtres, on admire en eux la variété des formes, la diversité des emplois, le grand rôle qu'ils sont appelés à remplir sur la scène terrestre, et l'on ne s'étonne plus que la nature ait employé tous ses soins pour leur conservation; c'est

II   7

ainsi que les retits rouages de cette belle machine se développent, se mettent en mouvement sous l'œil de l'observateur, et lui découvrent quelques-uns des ressorts du
mécanisme le plus merveilleux.

§ V

Le Pou.

> Swammerdam a fait un *in-folio* sur le Pou, et il
> pensait ne l'avoir qu'esquissé. L'Auteur de la nature
> a marqué du sceau de son immensité toutes ses
> œuvres.   BONNET.

Il n'est rien dans la nature, quelque abject qu'il paraisse, qui ne soit une merveille aux yeux de celui qui
s'attache à la connaître. Cependant la plupart des hommes
daignent à peine jeter les yeux sur ceux d'entre ces objets
qu'il leur a plu d'appeler vils. Ils les regardent comme
des minuties ou tout au plus comme des objets de curiosité
dont la découverte serait moins avantageuse que pénible.
Cependant, si le Créateur n'a pas trouvé qu'il fût au-dessous de lui de créer le plus petit vermisseau, pourquoi
serait-ce une faiblesse à un homme raisonnable d'en faire
l'objet de ses recherches? C'est à nous à répondre aux
vues du Créateur et à contempler ses perfections dans le
moindre de ses ouvrages; entre tous les êtres qu'il a
placés sur la terre, nous sommes les seuls qui en soient
capables. « La sagesse de l'ouvrier, dit saint Basile, se
manifeste davantage pour l'ordinaire dans ce qui est le
plus petit. Celui qui a étendu les cieux et qui a creusé le
lit de la mer n'est point différent de celui qui a percé
l'aiguillon d'une Abeille afin de donner passage à son
venin. »

Ces préliminaires ne sont peut-être pas inutiles au moment où nous nous disposons à décrire l'admirable fabrique d'un Insecte dont le nom seul repousse le lecteur, et dont un grand naturaliste, Swammerdam, n'a pas dédaigné d'étudier la structure, pour nous convaincre que ce petit animal si vil et si dégoûtant n'est pas moins un trésor de puissance et de sagesse que les animaux les plus nobles ou les plus élevés dans l'échelle des êtres.

Le Pou est ovipare. Son œuf, appelé *Lente,* qu'il colle adroitement aux cheveux, est une petite chose fort curieuse. Sa figure est cylindrique; son bout inférieur est arrondi; le supérieur est, au contraire, très - aplati et façonné en manière de couvercle; car la Lente est une sorte de très-petite boîte qui renferme un animalcule vivant. Lorsqu'il est sur le point de venir au jour, la boîte s'ouvre pour le laisser sortir, et l'on voit le couvercle se mouvoir comme par une charnière. Cette boîte a la transparence du cristal; on y démêle très-bien le petit animal : on découvre ses yeux, et l'on aperçoit dans son intérieur des mouvements alternatifs de contraction et de dilatation qui fixent avec intérêt l'attention de l'observateur.

Comme la plupart des Insectes, le Pou change plusieurs fois de peau avant de parvenir à l'état d'Insecte parfait, et c'est lorsqu'il y est parvenu que le microscope y fait découvrir le plus de particularités intéressantes.

Sa peau, qui a beaucoup de transparence, est une sorte de vélin, où l'on remarque çà et là de petites stries ou de petits sillons qui ressemblent fort à ceux de nos doigts, mais qui ont une tout autre origine. Ils sont formés par les ramifications des trachées qui rampent sous la peau. Çà et là encore on aperçoit sur celle-ci de très-petits globules qui lui donnent un œil chagriné et qui en diversifient les aspects.

Le Pou est porté sur six jambes pourvues de plusieurs articulations, et le pied se termine par deux crochets inégaux et très-aigus. La tête, petite et assez aplatie, est garnie d'un aiguillon ou d'une trompe fort difficile à observer. Elle est logée dans une gaîne membraneuse dont le jeu imite au mieux celui des cornes du Limaçon, et dont la forme retrace l'image d'une tête de Saule ébranché. Les chicots qui hérissent cette tête sont représentés dans la gaîne du Pou par plusieurs rangs de petits crochets qui se cramponnent à la peau et aident la trompe à s'y fixer pendant la succion. Les yeux, placés des deux côtés de la tête, sont noirs et luisants... Mais c'est assez nous arrêter aux parties extérieures du Pou, disons quelques mots de son organisation.

L'intérieur du corps de ce petit parasite présente un spectacle magnifique par le nombre prodigieux de ces vaisseaux brillants et argentés connus sous le nom de *trachées*, qui s'y ramifient de toutes parts, et qui forment en divers endroits des lacis qu'on ne se lasse point d'admirer. Le Pou semble être tout trachée ; au moins n'y a-t-il aucune partie de son corps qui n'en soit richement pourvue. Il n'est pas même nécessaire de recourir à la dissection pour jouir du beau spectacle qu'offre ce grand appareil de trachées : on le contemple facilement à travers la peau. Mais il fallait toute la dextérité de Swammerdam pour s'assurer que ces vaisseaux à air sont formés dans le Pou, comme dans beaucoup d'autres Insectes, d'un seul fil roulé artistement en spirale, et dont

les différents tours sont assujettis par une membrane qui
conserve au vaisseau le degré de souplesse qu'exigent ses
fonctions. L'estomac et les intestins sont formés de membranes si fines et si transparentes, qu'ils ne deviennent
bien visibles que lorsqu'ils sont gorgés du sang que le
Pou suce avec avidité.

Quand un Pou affamé a fait pénétrer sa trompe dans un
vaisseau sanguin, le sang passe avec tant de rapidité et
d'abondance dans le tube intestinal, que l'observateur qui
le contemple au microscope en est presque effrayé. Alors
s'ouvre une scène intéressante et imprévue : on voit le
sang parcourir en peu de temps tout le canal intestinal et
le remplir entièrement. Tout l'intérieur s'anime aussitôt et
paraît agité de grands mouvements alternatifs de contraction et de dilatation, qui brisent le sang, le décompo-
sent, le rembrunissent, et le disposent peu à peu par cette
première digestion à revêtir la nature d'un suc nourricier.
L'estomac semble alors posséder une vie qui lui est propre,
et, à la vue des grands mouvements dont il est agité, on le
prendrait pour un animal renfermé dans un autre animal.

Le cerveau du Pou ressemble à deux poires réunies
par le gros bout. Une multitude de trachées rampent à
sa surface. Du cerveau naissent différents nerfs, dont les
plus apparents sont les nerfs optiques. A son origine
dans le cerveau, la moelle épinière ne paraît que comme
un fil extrêmement délié. Elle n'a que trois nœuds ou
renflements, chacun desquels fournit un tronc de nerfs,
qui se rend aux muscles des jambes, et de l'extrémité
postérieure du dernier nœud rayonnent six autres troncs
qui se distribuent aux viscères. Les nœuds et les nerfs
qui en partent sont parsemés de trachées dont l'effet est
très-agréable au microscope.

De chaque côté du corps, le Pou a un ovaire en forme de grappe, et les œufs sont les grains de la grappe. Ces œufs sont rangés à la file dans une sorte de boyau formé d'une membrane prodigieusement fine et qui a aussi ses trachées. Swammerdam a réussi à compter dans chaque ovaire cinquante-quatre œufs; mais ils deviennent si petits dans la partie supérieure, qu'ils échappent enfin aux plus fortes lentilles. Le Pou possède un réservoir plein d'une liqueur visqueuse, destinée à coller les œufs au corps sur lequel il les dépose. Sur quarante Pous disséqués par Swammerdam, il est sans doute remarquable qu'il ne s'en soit pas trouvé un seul qui n'eût des ovaires [1].

Que de merveilles ont été accumulées dans ce petit Insecte, si chétif en apparence et pourtant si digne de fixer les regards d'un contemplateur philosophe! Toutefois nous n'avons fait qu'esquisser d'une manière fort imparfaite le beau travail de Swammerdam, qui lui-même regrettait d'avoir seulement ébauché l'histoire de ce parasite de l'homme.

§ VI

Les Fourmis.

> O philosophes, ne cessez pas d'admirer ; mais, au lieu de vous prosterner devant un Insecte, prosternez-vous devant Dieu, et adorez, en la reconnaissant partout, sa sagesse et sa puissance infinie !
>
> BAZIN, *Du Système nerveux*, etc., p. 145.

Parlons d'abord de leur architecture.

Ces fourmilières ou dômes arrondis que vous rencontrez dans les bois ou le long d'une haie, ne sont pas,

---

[1] Leuwenhoeck paraît avoir été plus heureux, et prétend avoir trouvé des individus mâles.

comme elles le paraissent au premier coup d'œil, un amas
confus de matériaux; c'est une construction ingénieuse,
destinée à défendre les Fourmis de la pluie, des injures
de l'air et des attaques de leurs ennemis, à ménager la
chaleur du soleil et à la conserver au dedans. Il existe,
dans l'intérieur, des avenues qui aboutissent sur différents points au dehors, et qui établissent de nombreuses
communications entre l'extérieur et les salles ou étages
pratiqués dans le monticule pour y loger les Fourmis et
y déposer les larves et les nymphes. Chaque soir, pour se
mettre à l'abri des accidents dont elles sont menacées
pendant la nuit, elles ont soin, à mesure que le jour
baisse, de diminuer graduellement le diamètre de ces
avenues spacieuses; lorsque la nuit est venue, on ne rencontre plus de Fourmis au dehors, excepté quelques rares
sentinelles; elles sont retirées au fond de leur demeure,
et le dôme se trouve fermé de toutes parts. Le lendemain,
dès que le jour reparaît, on enlève les barricades, on
rouvre les passages, et la circulation s'établit sur tous les
points.

Tel est l'édifice des Fourmis *charpentières*.

Celui des Fourmis *maçonnes* présente au dehors l'aspect
d'un monticule de terre et au dedans celui de galeries,
de salles, de voûtes, d'un véritable labyrinthe construit
avec beaucoup d'art. Ces constructions varient suivant
les espèces, mais la Fourmi *brune* est celle qui se fait le
plus remarquer par la perfection de son travail. Elle
dispose son nid par étages, dont les cloisons n'ont pas
plus d'un millimètre d'épaisseur, et dont la matière est
d'un grain si fin, que la surface des murs intérieurs est
fort unie. Ces Fourmis ne travaillent à leur édifice que
pendant la fraîcheur de la nuit ou par une pluie douce.

On les voit alors sortir de leurs souterrains, rentrer, revenir, tenant entre leurs mandibules des molécules de terre qu'elles appliquent de manière à remplir les plus petites inégalités de la muraille qu'elles élèvent; elles palpent chaque parcelle avec leurs antennes, et les affermissent en les pressant avec leurs pattes. Lorsque deux de ces murs ont sept à huit millimètres de hauteur, elles placent contre l'arête intérieure de l'un et de l'autre des grains de terre mouillée, dans un sens oblique en montant, de manière à former au-dessus de chaque mur un rebord qui doit, en s'élargissant, rencontrer celui du mur opposé, et former au-dessus de leur intervalle une voûte d'un centimètre de large sur un millimètre d'épaisseur. Toutes les cavités intérieures, les loges, les galeries, sont travaillées avec un soin extrême : les voûtes des places les plus spacieuses sont supportées par de petites colonnes, par des murs fort minces, par de vrais arcs-boutants : tout est uni, poli, et comme vernissé à l'intérieur; et pour la construction de ce petit chef-d'œuvre d'architecture, les Fourmis n'ont eu besoin que des quatre éléments dans toute leur simplicité : la terre a fourni les matériaux, l'eau a servi de ciment, l'air et la chaleur du soleil ont desséché, durci et consolidé la maçonnerie. Ces sortes de fourmilières contiennent quelquefois plus de vingt étages dans leur partie supérieure et autant au-dessous du sol; par le moyen de ces cases nombreuses, les Fourmis peuvent exposer leurs œufs et leurs petits au degré de chaleur qui leur convient, suivant les heures et la température, en les éloignant ou les rapprochant de la surface.

Les Fourmis *sculpteuses* ont l'art de creuser le bois pour y pratiquer des étages sans nombre, plus ou moins hori-

zontaux, dont les planchers et les plafonds, distants de
deux à trois millimètres les uns des autres, sont aussi
minces qu'une feuille de papier, supportés par des
cloisons verticales, par une multitude de colonnettes
légères, etc.

Les Fourmis ouvrières qui ont construit le nid sont
aussi seules chargées de l'éducation des petits : elles leur
distribuent la nourriture, et veillent sans cesse auprès
d'eux. Elles ont dans leur instinct un thermomètre qui
leur indique le degré de température qui leur convient :
elles les rapprochent ou les éloignent du faîte de l'habitation, suivant que l'influence du soleil se fait plus ou
moins sentir. Ces bonnes et ingénieuses nourrices ne se
trompent jamais sur le moment convenable pour ouvrir
la coque qui renferme les nymphes lorsque celles-ci sont
arrivées à l'état parfait; on les voit alors s'efforcer de déchirer l'extrémité de cette coque, pincer, tordre ce tissu
serré, couper chaque fil l'un après l'autre avec une patience admirable. Enfin, lorsqu'elles sont parvenues à
dégager le nouveau-né de la pellicule satinée qui l'enve-
loppait, elles lui délient les pattes, les antennes et les
ailes, dégagent le corps de l'abdomen, et lui dégorgent
une nourriture appropriée à ses besoins.

Les Fourmis se nourrissent de matières animales et
végétales; mais elles sont surtout très-friandes d'une
liqueur sucrée que les Pucerons laissent transsuder sous
forme de gouttelettes limpides par deux petits tubes
placés sur le dos vers l'extrémité de leur abdomen. Les
Fourmis s'en vont à la recherche des Pucerons sur les
plantes; lorsqu'elles en ont rencontré, elles les flattent de
leurs antennes pour en obtenir une gouttelette du fluide
nourricier; lorsqu'elles l'ont obtenue, elles passent à un

autre, puis à un troisième, jusqu'à ce qu'elles soient rassasiées. Il y a des espèces de Fourmis qui ne quittent jamais leurs demeures : telles sont les Fourmis *jaunes*. Lorsqu'on ouvre leur nid, on y trouve des Pucerons renfermés; il y en a également sur toutes les racines de Gramen dont la fourmilière est ombragée. Les Fourmis les soignent, les surveillent, et les portent en automne au fond de leur fourmilière, pour les traire comme des vaches pendant la mauvaise saison.

Il y a des espèces de Fourmis qui savent *parquer* les Pucerons, comme on parque un troupeau, en construisant autour de la plante qui les porte un tuyau de terre qui communique avec leur habitation et enveloppe celle des Pucerons; c'est dans cette enceinte qu'elles transportent leurs larves, pour dégorger dans leur bouche le miel précieux qu'elles ont à leur disposition. D'autres fois, le *parc* de leur petit bétail est une sphère creuse qui a pour axe la tige chargée de Pucerons; elles pratiquent dans le bas une étroite ouverture pour y entrer et servir de communication. On a remarqué que, par un admirable concours de circonstances, les Pucerons tombaient en léthargie précisément au même degré de froid que les Fourmis, et se réveillaient en même temps qu'elles : ainsi elles les retrouvent toujours lorsqu'elles en ont besoin. Les Fourmis qui ne savent pas réunir dans leur domicile ces Insectes nourriciers se glissent, au premier dégel, le long des haies qu'elles fréquentaient dans la belle saison, et ne tardent pas à les découvrir et à rapporter à l'habitation commune un peu de miellée, qu'elles partagent avec leurs compagnes, ou qu'elles conservent un temps considérable dans leur estomac, en attendant qu'elles aient l'occasion d'en faire part.

Une habitation trop ombragée, trop humide, exposée aux insultes des passants ou voisine d'une fourmilière ennemie, détermine quelquefois les Fourmis à changer de domicile et à transporter leurs pénates en d'autres lieux. On voit d'abord quelques ouvrières emporter dans leurs mandibules d'autres Fourmis qu'elles vont déposer à l'endroit choisi pour nouvel asile. Ce recrutement dure plusieurs jours; mais, lorsque toutes les ouvrières connaissent la route, elles cessent de se porter; bientôt elles ont pratiqué dans leur nouvelle patrie des voûtes, des avenues, des cases, où elles apportent leurs nymphes, leurs larves, les mâles et les femelles.

Les ennemis les plus redoutables des Fourmis, ce sont les Fourmis elles-mêmes. Il se livre quelquefois des combats à outrance entre les hordes d'une même espèce. Huber, témoin de ces combats homériques, en a écrit la véridique histoire en ces termes : « Qu'on se représente, dit-il, deux nids de Fourmis situés à cent pas de distance l'un de l'autre; une foule prodigieuse de Fourmis remplissait tout l'espace qui séparait les deux fourmilières et occupait une largeur de soixante-cinq centimètres; les armées se rencontraient à moitié chemin de leur habitation, et c'est là que se donnait la bataille. Des milliers de Fourmis, montées sur les saillies naturelles du sol, luttaient deux à deux, en se tenant par leurs mandibules vis-à-vis l'une de l'autre; un plus grand nombre encore se cherchaient, s'attaquaient, s'entraînaient prisonnières : celles-ci faisaient de vains efforts pour s'échapper, comme si elles avaient prévu qu'arrivées à la fourmilière ennemie, elles éprouveraient un sort cruel. Le champ de bataille avait de soixante à quatre-vingt-dix centimètres carrés; une odeur pénétrante s'exhalait de toutes parts; on

voyait nombre de Fourmis mortes et couvertes de venin ;
d'autres, composant des groupes et des chaînes, étaient
accrochées par leurs jambes ou par leurs pinces, et se ti-
raient tour à tour en sens contraire. Ces groupes se formaient successivement ; la lutte commençait entre deux
Fourmis, qui se prenaient par leurs mandibules, s'exhaus-
saient sur leurs jambes pour replier leur abdomen en
avant, et faisaient jaillir mutuellement leur venin contre
leur adversaire. Elles se serraient de si près, qu'elles tombaient sur le côté et se débattaient longtemps dans la
poussière ; elles se relevaient bientôt et se tiraillaient
réciproquement, afin d'entraîner leur antagoniste. Mais
quand leurs forces étaient égales, les athlètes restaient
immobiles et se cramponnaient au terrain, jusqu'à ce
qu'une troisième Fourmi vînt décider l'avantage : le plus
souvent, l'une et l'autre recevaient des secours en même
temps ; alors toutes les quatre, se tenant par une patte
ou par une antenne, faisaient de vaines tentatives pour
l'emporter ; d'autres se joignaient à celles-ci, et quelquefois ces dernières étaient à leur tour saisies par de
nouvelles arrivées ; c'est de cette manière qu'il se formait
des chaînes de six, huit ou dix Fourmis, toutes cram-
ponnées les unes aux autres. L'équilibre n'était rompu
que quand plusieurs guerrières de la même république
s'avançaient à la fois ; elles forçaient celles qui étaient enchaînées à lâcher prise, et les combats particuliers recom-
mençaient. »

Chaque parti rentrait graduellement dans la cité à
l'approche de la nuit ; mais le lendemain, dès l'aurore,
les groupes se formaient, et l'on revenait à la charge.
L'acharnement des combattants était tel, que rien ne
pouvait les distraire de leur entreprise ; elles ne s'aperce-

vaient pas de la présence d'Huber, et aucune ne grimpa
sur ses jambes : elles n'avaient qu'un seul objet, celui de
trouver une ennemie qu'elles pussent attaquer.

Outre ces guerres, qui ne sont que des rivalités de territoire, il en est d'autres qui sont des envahissements de
nations faibles par des nations belliqueuses, qui réduisent
en esclavage les enfants du peuple vaincu. Ces espèces
guerrières sont la Fourmi *roussâtre* et la Fourmi *san-
guine*, nommées vulgairement *amazones*.

Huber, se promenant aux environs de Genève dans le
mois de juin, entre quatre et cinq heures de l'après-midi,
vit à ses pieds une légion de Fourmis *roussâtres* qui mar-
chaient en corps avec rapidité et occupaient un espace de
deux à trois mètres de longueur sur dix centimètres de
large ; elles traversèrent une haie fort épaisse, et serpen-
tèrent à travers le gazon d'une prairie sans rompre
leur colonne. Bientôt elles arrivèrent près d'un nid de
Fourmis *noires-cendrées*. Dès que celles-ci découvrirent
l'armée qui s'avançait, elles sortirent en foule ; mais les
Fourmis *roussâtres*, qui n'étaient qu'à deux pas de la
fourmilière, s'y précipitèrent à la fois et culbutèrent les
noires-cendrées, qui, après un combat très-court, mais
très-vif, se retirèrent au fond de leur habitation. L'ennemi pénétra dans l'intérieur de la cité vaincue, puis en
ressortit à la hâte par les mêmes issues, chaque Fourmi
roussâtre emportant une larve ou une nymphe de la fourmilière envahie. Elles reprirent exactement la route par
laquelle elles étaient venues.

Les *noires-cendrées* développées dans la fourmilière
ennemie deviennent les ménagères des Fourmis conqué-
rantes qui les ont enlevées au foyer paternel ; elles vont
pour leurs ravisseurs aux provisions, les nourrissent, bâ-

tissent leur habitation, et rendent aux amazones tous les
services qui sont nécessaires à leur existence, et sans
lesquels ces races, organisées seulement pour la guerre,
ne pourraient subsister. Ici point de servitude, point
d'oppression ni de violence. Les *noires-cendrées* ignorent qu'elles habitent chez des étrangères; elles vivent
avec elles sous le même toit comme avec des sœurs, elles
les affectionnent et leur prodiguent tous les soins, jusqu'à
les guider et les porter dans les diverses localités de la
fourmilière, où les amazones ne retrouveraient jamais
leur chemin lorsque le nid vient d'être construit nouvellement. Ce sont ces ouvrières qui jugent de l'opportunité
des migrations et qui poussent les amazones aux excur-
sions : on peut dire que ce sont de véritables servantes-
maîtresses.

Les *roussâtres* sont des Fourmis frugivores; les Fourmis *sanguines,* dont nous allons décrire les habitudes,
sont des amazones qui se nourrissent de proie vivante.
Celles-ci ne sortent que par petites troupes, vont s'em-
busquer près d'une fourmilière et attendre à l'entrée
qu'il paraisse quelques individus afin de s'élancer sur
eux et de s'en emparer. C'est aussi aux *noires-cendrées*
qu'elles s'attaquent ordinairement. Elles envoient en
avant une poignée de guerriers qui se dispersent tout
autour du nid. Les habitants, apercevant ces étrangères,
sortent en foule pour les attaquer; mais les *sanguines*
n'avancent plus; il leur arrive de moment en moment de
petites bandes des leurs, et c'est sans doute pour demander ces renforts qu'elles envoient vers leur nid des espèces
de courriers.

Cependant les *noires-cendrées,* alarmées par la présence de l'ennemi, se sont rassemblées en grand nombre

et occupent au moins soixante centimètres carrés au-
devant de leur fourmilière. Tout autour du camp on commence à voir de fréquentes escarmouches, et ce sont toujours les assiégées qui engagent l'action. Mais, avant d'en
venir aux prises, elles ont songé au salut de leurs petits ;
elle les apportent au dehors de leurs souterrains, et les
amoncellent à l'entrée du nid, du côté opposé à celui d'où
viennent les *sanguines*, afin de pouvoir les emporter plus
aisément si le sort des armes leur était contraire. Enfin
les *sanguines*, se trouvant en force, se jettent au milieu
des *noires-cendrées*, les attaquent sur tous les points et
parviennent jusque sur le dôme de la cité. Les *noires-cendrées*, après une vive résistance, renoncent à se défendre,
s'emparent des nymphes qu'elles avaient rassemblées et
prennent la fuite. Les *sanguines* les poursuivent et cherchent à leur enlever leur trésor.

Les Fourmis *sanguines*, maîtresses de la fourmilière
dévastée, s'emparent de toutes les avenues, et enlèvent ce
qui reste de larves et de nymphes. L'enlèvement du butin
se continue le jour suivant, à moins qu'elles ne se déci-
dent, comme il arrive quelquefois, à renoncer à leur ancienne patrie et à s'établir dans l'habitation conquise.

§ VII

Les Abeilles.

Parmi les merveilles que nous révèle l'étude des
Insectes, voici la merveille la plus éclatante, et celle
qui se présente à l'esprit de l'observateur avec la
plus brillante escorte de charmes et de séductions.
L. DESDOUITS, *l'Homme et la Création*, etc.

Lorsque les Abeilles ont pris possession d'une nouvelle
ruche, elles s'occupent de la nettoyer avec soin et d'en

calfeutrer hermétiquement toutes les parois intérieures avec du *propolis* (avant-ville), matière résineuse et ductile, qu'elles vont recueillir sur les Peupliers, les Saules, etc. Cette circonvallation une fois établie autour de la cité, les Abeilles s'occupent de la confection des gâteaux ou rayons destinés à recevoir dans leurs alvéoles les œufs que la reine pondra, et à loger les provisions communes. Ces alvéoles sont hexagones, c'est-à-dire à six côtés parfaitement réguliers. Pourquoi cette forme plutôt qu'une autre? Les raisons qui ont déterminé ce choix sont fort remarquables. Si les cellules étaient cylindriques, il faudrait, ou laisser des vides entre elles, ce qui nuirait à la solidité; ou combler ces interstices, ce qui occasionnerait une perte de terrain, une augmentation considérable de travail et un surcroît de dépenses en cire; la forme carrée, la forme triangulaire, ne conviennent pas davantage, parce que, dans l'un et l'autre système, la capacité serait moins considérable, et il y aurait dans les angles des vides que le corps arrondi de l'Insecte n'aurait pu remplir. Le problème à résoudre était de « renfermer dans un espace donné le plus grand nombre possible d'alvéoles réguliers et les plus grands possible, avec la plus grande économie possible de matière et de travail. » D'après les calculs des plus habiles géomètres, il est démontré que, de toutes les figures, il n'en est aucune qui, dans le même espace limité, ménage autant la place et les matériaux que l'hexagone; et c'est précisément l'hexagone que l'Abeille a adopté dans la construction de ses cellules.

Buffon, qui a beaucoup philosophé sur le travail géométrique des Abeilles, a cru le réduire à sa juste valeur en le faisant envisager comme le simple résultat d'une mécanique assez grossière. Il a pensé que les

Abeilles, pressées les unes contre les autres, faisaient prendre naturellement à la cire une figure hexagonale, et qu'il en était à cet égard des cellules des Abeilles comme des boules de matière molle, qui, pressées les unes contre les autres, prennent la figure des dés à jouer. On ne peut louer ce grand naturaliste sur la justesse de sa comparaison. En effet, le travail des abeilles est loin d'être le résultat d'une mécanique aussi simple que celle qu'il lui a plu d'imaginer.

Les cellules des Abeilles ne sont pas simplement des tubes hexagones : ces tubes ont un fond pyramidal formé de trois pièces en losanges ou de trois rhombes. Or les Abeilles commencent par façonner un de ces rhombes, et c'est de la sorte qu'elles jettent les premiers fondements de la cellule. Sur deux des côtés extérieurs de ce rhombe elles élèvent deux des pans de la cellule. Elles façonnent ensuite un second rhombe, qu'elles lient avec le premier en lui donnant l'inclinaison qu'il doit avoir, et sur ces deux côtés extérieurs elles élèvent deux nouveaux pans de l'hexagone. Enfin elles construisent le troisième rhombe et les deux derniers pans. Tout cet ouvrage est d'abord assez massif, et ne doit point demeurer tel. Les habiles ouvrières s'occupent ensuite à le perfectionner, à l'amincir, à le polir, à le dresser. Leurs mandibules leur tiennent lieu de lime et de rabot. Un bon nombre d'ouvrières se succèdent dans ce travail; ce que l'une n'a qu'ébauché, une autre l'avance un peu plus; une troisième le perfectionne, et quoiqu'il ait passé ainsi par tant de mains, on le dirait jeté au moule.

Le fond de chaque cellule, avons-nous dit, est pyramidal; et la pyramide est formée de trois rhombes égaux et semblables. Les angles de ces rhombes pouvaient varier

11   8

à l'infini, c'est-à-dire que la pyramide pouvait être plus ou moins élevée ou plus ou moins écrasée. Le savant Moraldi, qui avait mesuré les angles des rhombes avec une extrême précision, avait trouvé que les grands angles étaient en général de 109 degrés 28 minutes, et les petits de 70 degrés 32 minutes. Réaumur avait soupçonné que le choix de ces angles, entre tant d'autres qui auraient pu être également choisis, avait pour raison secrète l'épargne de la cire, et qu'entre les cellules de même capacité et à fond pyramidal, celle qui pouvait être faite avec le moins de matière était celle dont les angles avaient les dimensions que donnaient les mesures actuelles. Il proposa donc à un habile géomètre, Kœnig, qui ne savait rien de ces dimensions, de déterminer par le calcul quels devaient être les angles d'une cellule hexagone à fond pyramidal, pour qu'il entrât le moins de matière possible dans sa construction. Le géomètre eut recours, pour la solution de ce beau problème, à l'analyse des infiniment petits, et trouva que les grands angles des rhombes devaient avoir 109 degrés 26 minutes, et les petits 70 degrés 30 minutes : accord surprenant entre la solution et les mesures actuelles. Kœnig démontra encore qu'en préférant le fond pyramidal au fond plat, les Abeilles ménagent en entier la quantité de cire qui serait nécessaire pour construire un fond aplati.

De semblables actes prennent une telle apparence de raison, qu'on serait presque tenté de les attribuer à une véritable combinaison d'idées; mais quand nous parlons de l'intelligence, des prévisions, de la science géométrique des Insectes, il est bien entendu que c'est uniquement pour la commodité du langage, et que l'honneur de ces merveilles ne leur appartient pas plus que n'appartient la gloire de l'architecte au maçon qui exécute ses plans.

Telle est la célérité des Abeilles dans leur travail, qu'on les a vues construire en trois jours un gâteau de deux pieds carrés, ce qui fait quatre mille cellules par jour. Cependant, lorsque tout paraît achevé, il reste encore à mettre la dernière main à l'œuvre, et l'on voit les petites ouvrières entrer dans chaque alvéole pour en polir et en raboter les parois; elles encadrent de propolis les pans et les orifices des cellules; elles remplacent aussi par cette matière le premier rang de cellules. Si, malgré ces précautions, un gâteau se détache du dôme de la ruche; elles construisent sur ce gâteau de nouvelles cellules jusqu'à ce qu'il ait atteint la partie supérieure; ou bien, si la saison des fleurs est passée, elles assujettissent par le bas, avec de vieille cire, non-seulement ce gâteau, mais encore tous les autres, comme si, averties par cet accident, elles voulaient prévenir tous ceux du même genre [1].

A mesure que ces alvéoles se construisent, la reine com-

---

[1] Les Abeilles construisent leurs gâteaux avec de la cire; mais qu'est-ce que la cire? Cette matière n'est pas, comme le pensaient les anciens naturalistes, du pollen élaboré par la digestion; car on s'est assuré que les Abeilles nourries avec du pollen seulement n'en fournissent pas, tandis que les Abeilles auxquelles on donne du miel en sécrètent une quantité abondante. Comment le miel ou le sucre a-t-il pu se changer en cire? Ceci est une question insoluble, comme toutes celles qui ont rapport aux métamorphoses que subissent les liquides dans les organes glanduleux des êtres organisés. L'abdomen d'une Abeille se compose de six anneaux; chacun d'eux, à l'exception du premier et du dernier, laisse suinter une matière blanche qui se moule en forme de lame courte et sort par les intervalles des anneaux. Cette matière n'est autre chose que de la cire : elle provient de deux poches occupant la face interne de chaque arceau inférieur. Ces poches communiquent avec l'intérieur de l'abdomen par un réseau membraneux à mailles hexagonales, qui paraît être le tissu glanduleux destiné à sécréter la cire.

mence sa ponte. Pendant le premier été, cette ponte ne se compose que d'œufs d'ouvrières; mais au printemps suivant, la fécondité de cette reine devient prodigieuse, et elle peut pondre alors jusqu'à douze mille œufs dans l'espace de trois semaines. Vers l'âge de onze mois, elle commence à pondre des œufs de faux-bourdons, qui sont déposés dans des cellules faites exprès. Vers le douzième mois, les ouvrières construisent des cellules royales pour recevoir les œufs qui doivent produire les reines.

Trois jours après la ponte, les vers éclosent. Des ouvrières nourrices sont chargées d'élaborer dans leur estomac le miel et le pollen récoltés, et d'en former une espèce de bouillie qu'elles vont distribuer régulièrement à leurs nourrissons. Cette bouillie varie non-seulement suivant les âges, mais encore suivant les sexes : les larves des faux-bourdons ou *mâles* et celles des ouvrières reçoivent une nourriture analogue; mais la bouillie destinée aux larves royales est une gelée épaisse, nutritive, succulente, sucrée, qui leur est servie en bien plus grande quantité : c'est à la nature et à l'abondance de cette alimentation, ainsi qu'à la dimension de la cellule, que la larve royale doit sa fécondité [1].

---

[1] Nous avons vu combien les Abeilles travaillent merveilleusement, selon des lois que cet insecte suivait des milliers d'années avant que l'homme les eût découvertes. Ce même petit animal semble connaître des principes que nous ignorons encore. Nous pouvons, par le croisement, diversifier d'une manière complète les formes des animaux; mais nous n'avons pas le moyen d'altérer la nature d'un animal une fois né par aucun traitement, ni par un genre de nourriture quelconque. C'est un pouvoir pourtant qu'il est impossible de contester aux Abeilles : quand elles ont perdu leur reine, soit par la mort ou toute autre cause, elles choisissent un embryon destiné à former une ouvrière; elles réunissent trois cellules en une seule, y placent l'embryon, et élèvent autour de leur nouveau nourrisson une enceinte cylindrique; ensuite elles bâtissent une autre cellule de forme pyramidale dans laquelle l'embryon se

Comme les œufs royaux ont été pondus successivement à un jour au moins d'intervalle, les métamorphoses des Abeilles s'opèrent à des époques différentes. Lorsque l'aînée, arrivée à l'état parfait, se met à ronger le couvercle de la cellule pour en sortir, la reine mère, qui éprouve une horreur insurmontable pour tous les individus de son sexe, cherche à démolir cette cellule pour percer la jeune reine; alors il se manifeste un grand trouble dans la ruche; bientôt l'agitation est générale : les Abeilles ne forment plus le cercle autour de leur souveraine; elles ne lui offrent plus de miel, elles ne songent qu'à la suivre, et leurs mouvements tumultueux font monter la température au point qu'elles ne peuvent plus supporter la chaleur intérieure de la ruche, qui de vingt-sept degrés passe subitement à trente-deux. La foule alors se précipite confusément vers les portes de la cité; et la reine mère, une fois sortie, s'éloigne avec les faux-bourdons et les ouvrières, pour aller fonder ailleurs une colonie; cette colonie se nomme un *essaim*.

Le moment du départ de la reine mère est celui de la délivrance de la jeune reine qui est arrivée la première à l'état parfait : les ouvrières ont cessé de la retenir captive ; mais elles font une garde sévère autour des autres cellules royales pour s'opposer à la sortie des reines qui y ont été élevées. Il y a dans cette conduite deux intentions admirables : la première est de prémunir les prisonnières contre les attaques de leur sœur nouvellement délivrée; la seconde est de les mettre en état de voler dès l'instant

développe; elles lui apportent de la bouillie royale et en prennent un soin extrême. Au bout d'un certain temps, ce ver, après avoir subi ses deux métamorphoses, devient non pas une Abeille ouvrière, mais une Abeille reine. Il est difficile de concevoir que l'homme possède jamais une telle puissance.

où elles sortent de leurs cellules. Sans ces précautions il
y aurait eu, pendant les mauvais jours, pluralité de reines
dans la ruche, et par conséquent des combats et des victimes. Après tous ces combats, une seule reine, victo-
rieuse de toutes les autres, serait restée en possession du
trône, et la ruche, qui naturellement devait donner plusieurs essaims, n'en aurait pas donné un seul[1].

Les Abeilles entretiennent dans leur ruche, par l'effet
de leur respiration et de leur réunion en grand nombre,
une chaleur élevée, essentielle à ces Mouches ainsi qu'à
leurs petits, et indépendante de la température extérieure. Mais ces merveilleux Insectes ont trouvé dans
leur génie le moyen d'obvier aux inconvénients qui pourraient résulter de l'altération de leur atmosphère : ce
moyen, c'est la ventilation : un certain nombre d'ouvrières sont occupées alternativement à renouveler l'air
dans l'intérieur de la ruche, par le battement rapide de
leurs ailes, dont les vibrations produisent ce bourdonne-

---

[1] Si la nature est admirable dans les soins qu'elle s'est donnés pour la
conservation et la multiplication des espèces, elle ne l'est pas moins dans les
précautions qu'elle a prises pour exposer certains individus à un danger mortel. Les larves d'ouvrières et de mâles se filent dans leurs cellules une coque
qui enveloppe tout leur corps; mais les larves de reines ne filent que des
coques incomplètes, ouvertes à leur partie postérieure. L'abdomen, qui est
dirigé vers la partie élargie de la cellule royale, est donc à découvert et n'est
protégé que par la fragile paroi de cire qui le recouvre. Quand il y a eu plusieurs essaims dans une ruche, la garde qui veille au salut des reines prisonnières n'étant plus suffisante pour les protéger, la dernière délivrée les perce
à coups d'aiguillon. Or elle n'y réussirait pas si elles étaient enveloppées
d'une coque complète, parce que la soie que filent les autres vers est forte,
que la coque est d'un tissu serré et que l'aiguillon n'y pénétrerait pas ; ou, s'il
y pénétrait, la reine ne pourrait l'en retirer, à cause des barbelures du dard
qui s'arrêteraient dans les mailles de cette coque, et elle périrait elle-même,
victime de sa propre fureur. Et remarquez que c'était bien leurs derniers
anneaux qu'elles devaient laisser à nu, car c'est la seule partie de leur corps
que l'aiguillon puisse attaquer.

ment continuel qu'on entend au fond de la cité. Ces mouvement vibratoires déterminent des courants dans l'air
ambiant, qui se trouve ainsi à chaque instant remplacé
par un air plus pur, à mesure qu'il se corrompt par la
respiration des Abeilles[1].

L'Intelligence suprême qui dispense à tous les animaux
une organisation conforme à leurs besoins a donné à
l'Abeille des sens d'une perfection remarquable, des
instruments pour ses divers travaux, une arme redoutable pour se défendre, etc. Une Abeille sait reconnaître
de loin son habitation au milieu d'un rucher qui contient
un grand nombre de cases toutes semblables à la sienne.
Elle y arrive en droite ligne avec une extrême vitesse.
L'Abeille part, et va droit au champ le plus fleuri : elle
prend son vol, dans la direction qu'elle veut suivre, avec
la rapidité d'une balle qui s'échappe du canon d'un fusil.
Lorsqu'elle a fait sa récolte, elle s'élève pour voir sa ruche,
et repart aussi prompte que l'éclair.

La trompe de l'Abeille est un tube composé de deux
parties articulées ensemble; car si la trompe était toujours étendue dans toute sa longueur, elle serait embarrassante et de plus exposée aux accidents extérieurs. Lorsque l'Abeille ne s'en sert pas, elle la replie en sûreté sous
un petit avant-toit formé par une écaille.

Cette trompe fait l'office de bouche; l'Abeille n'en a pas

[1] Les Abeilles ventilantes se tiennent ordinairement sur le plancher intérieur de la ruche; elles y forment des files qui aboutissent à l'entrée de la
ruche et sont quelquefois disposées comme autant de rayons divergents. On
voit quelquefois plus de vingt abeilles s'éventer au bas d'une ruche; chacune
d'elles fait jouer ses ailes plus ou moins longtemps : on en voit quelquefois
qui s'éventent pendant vingt-cinq minutes : aussitôt qu'elles cessent de s'é-
venter, d'autres les remplacent; en sorte qu'il n'y a jamais d'interruption
dans la ventilation d'une ruche bien peuplée.

d'autre; et il est bien évident que, quelque autre forme qu'eût pu avoir la bouche d'une Abeille, elle n'aurait pas

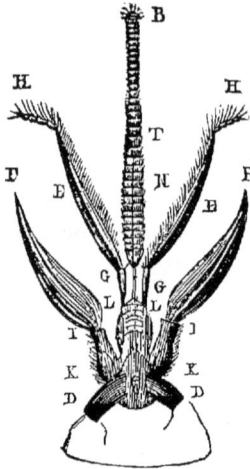

Fig. 27 *.

été si propre à recueillir la nourriture de cet Insecte. Cette nourriture est le nectar des fleurs, une gouttelette de sirop qui se trouve déposée dans le fond des corolles et dans les replis des pétales. L'Abeille plonge sa trompe dans ces cavités inaccessibles à tout autre instrument, et aspire la liqueur sucrée. Les anneaux qui composent la trompe, les muscles qui servent à son extension et à ses divers mouvements, en font un instrument d'une admirable construction.

Passons à l'aiguillon dont l'abdomen est armé. Il se compose d'une *base*, d'un *étui* et de deux *stylets* constituant un *dard*. Lorsque l'Abeille veut piquer, elle porte

---

* Trompe d'une Abeille. — Cette figure représente une trompe allongée, vue par-dessus, et dont on a écarté les demi-étuis extérieurs et les intérieurs. — B Bouton qui termine la trompe.— BT La partie antérieure de la trompe qui s'étend jusque vers LL, car c'est vers LL qu'elle peut être pliée en deux. — La partie TB est toute couverte de poils; celle qui la suit l'est aussi jusque près de G G, mais une ligne droite paraît partager également en deux portions les poils qui sont depuis T jusque près de G G. — L'origine de l'un et de l'autre demi-étui intérieur est près de G G ; — E E ces demi-étuis. — H H Espèces de barbes composées de trois ou quatre articulations; ces barbes sont ordinairement perpendiculaires à l'axe de la trompe. — Au-dessus de chaque G, est une tache brune formée par une partie qui embrasse la trompe et la fortifie. — F I F I Les deux demi-étuis extérieurs et les plus grands; — K K les tiges des demi-fourreaux précédents; — D D les dents. — Il est sans doute inutile de faire remarquer que cette trompe est vue au microscope, et considérablement amplifiée.

son arme en dehors de l'abdomen, en contractant à diverses reprises les muscles qui la fixent au dernier anneau; les fibres charnues de la base entrent alors en action; l'étui, au moyen de son sommet acéré, pénètre dans le corps que l'Abeille veut offenser et fournit aussitôt un point d'appui à la base; les muscles de celle-ci, en agissant, font mouvoir sur leurs coulisses les stylets, qui eux-mêmes s'introduisent plus profondément encore que l'étui dans la partie blessée. Entre ces deux stylets, à l'endroit de leur divergence, se termine un canal court, servant de goulot à une vésicule musculeuse, remplie d'un venin sécrété par deux vaisseaux en forme de sac, qui tiennent lieu de glandes. La liqueur provenant de ces vaisseaux, et accumulée dans la vésicule, se trouve comprimée par les contractions de celles-ci; alors elle s'échappe par le goulot, arrive entre les stylets, roule le long des sillons qui existent sur leur face interne, et pénètre en même temps qu'eux dans la plaie qu'ils ont faite.

L'extrême ténuité et la solidité de cet instrument, sa substance absolument différente de celle des autres parties de l'Insecte, la force du muscle qui le met en mouvement, la rapidité de son action, en font un instrument merveilleux. L'Aiguillon d'une Abeille perce un gant de peau de chèvre. Il pénètre dans la peau de l'homme avec plus de facilité que l'aiguille la plus acérée. L'action de l'instrument nous offre la réunion des moyens mécaniques et chimiques. A quel degré de concentration ne doit pas être porté le venin qui agit avec tant de force, même en quantité si petite? Observons cependant que, chez l'Abeille, ce venin si subtil procède du miel, seule et unique nourriture de l'Insecte. C'est une curieuse métamorphose chimique que celle du miel en poison. J'ai dit que les procédés chimiques se trouvaient ici réunis aux dispositions mécaniques; et, en effet, à quoi servirait tout cet appareil microscopique, combiné avec tant d'art, s'il ne se passait pas dans le corps de l'Insecte une élaboration chimique dont le résultat est un venin tellement concentré et subtil, que, même en dose si faible, les effets sont ce qu'ils doivent être? D'un autre côté, à quoi aurait servi l'action chimique, s'il n'y avait pas eu un mécanisme pour transporter ce poison jusque dans le corps de l'ennemi?

§ VIII

Le Fourmi-Lion ou Myrmiléon.

Parmi les Insectes les plus remarquables par leurs mœurs, la Larve du Fourmi-Lion occupe un des premiers rangs. Le corps de cette larve présente un abdomen volumineux, un corselet étroit, et une tête aplatie, armée de deux longues mandibules en forme de cornes, dentelées au côté intérieur et pointues à leur extrémité. Ces mandibules ou cornes, qui sont les parties les plus remarquables de l'Insecte, ont trois millimètres de longueur; elles sont très-mobiles, et peuvent rapidement s'éloigner l'une de l'autre pour se rapprocher ensuite en se croisant; elles sont tout à la fois un instrument propre à saisir, à pincer, et de véritables pompes destinées à pomper le suc qui remplit le corps des différents Insectes dont le Fourmi-Lion fait sa nourriture.

Lorsque le Fourmi-Lion a rencontré un sable mobile dans un lieu bien abrité contre le vent et la pluie, et en même temps exposé à l'ardeur du soleil, il commence par en tracer l'enceinte suivant qu'il veut donner plus ou moins de diamètre à l'entrée de l'entonnoir qu'il va se creuser. Cette fosse est généralement proportionnée à la taille ou au développement qu'a acquis cette larve. Les plus grosses se creusent quelquefois des fosses qui ont jusqu'à huit centimètres de diamètre ; mais le plus communément les entonnoirs sont dans les dimensions de huit centimètres de circonférence, et présentent une profondeur de deux centimètres pour un diamètre extérieur de deux centimètres et demi.

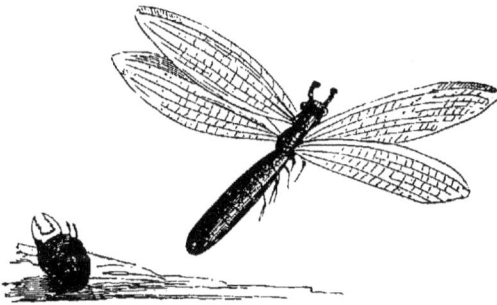

Fig. 29 .

Quand le Fourmi-Lion veut se creuser une fosse , il se met en marche pour examiner le terrain des environs et choisir un lieu favorable. Le chemin qu'il fait est marqué par une trace bien reconnaissable, le plus souvent contournée en zigzag. Le Fourmi-Lion fait tous ses pas à reculons, et, pendant qu'il marche, presque tout son corps est caché sous le sable ; souvent alors il ne montre que sa tête et son corselet. Il paraît que les six jambes dont il est pourvu lui servent peu pour le faire reculer ; l'extrémité mobile de son abdomen, qu'il recourbe en bas, est alors l'agent qui attire son corps en arrière. Si vous lui coupez les six pattes il n'en continuera pas moins

* Fourmi-Lion à l'état de larve et à l'état parfait.

de reculer presque aussi commodément qu'auparavant. Puisque le corps du Fourmi-Lion qui marche est en partie sous le sable, sa tête, qui, après un pas en arrière, se trouve dans le lieu où était le corps, se couvre elle-même de sable : alors l'Insecte, qui a besoin de voir ce qui est autour de lui, relève brusquement la tête en arrière et jette au loin le sable dont elle est chargée. Quand il juge que sa course rétrograde est assez longue, il s'enfonce entièrement sous le sable, pour y prendre probablement un peu de repos, et se préparer à la construction de son entonnoir, qui est son ouvrage essentiel.

Dans les matériaux menus, lisses et non cimentés, creuser sans compas, sans instruments, sans modèle et sans apprentissage, un cône renversé assez solide pour qu'il puisse, par la perfection de ses contours et la justesse de l'angle que forme son évasement, se soutenir sur ses parois incohérentes, assez mobile pour s'ébouler au moindre mouvement qui aura lieu sur ses bords : tel est l'étonnant problème que la larve du Fourmi-Lion résout avec la plus exacte précision depuis l'origine des choses.

Pour donner à son entonnoir de justes proportions, pour creuser dans le sable un trou conique dont la pente soit assez inclinée, il y a peut-être plus de façons de la part de notre Insecte qu'on ne s'y attendrait, et dont aucune n'est inutile. Il commence par en tracer l'enceinte, c'est-à-dire par faire un fossé qui entoure un espace circulaire plus ou moins grand, suivant la largeur que le Fourmi-Lion veut donner à l'entrée de son cône creux, et plus ou moins grand encore selon que le Fourmi-Lion est plus vieux ou plus jeune. Les très-jeunes ne font que de très-petits entonnoirs; ils n'entreprennent que des ouvrages

proportionnés à leurs forces, et ne cherchent pas à
tendre un piége à de gros Insectes qu'ils ne pourraient
y retenir : ceux qui ne font presque que de naître ne
donnent à la plus grande ouverture des leurs que trois
à cinq millimètres, tandis que ceux qui ont à peu
près atteint tout leur accroissement se creusent des
trous qui ont quelquefois plus de huit centimètres à
l'entrée.

Quand notre petit mineur a tracé le pourtour de la base
du cône qu'il doit creuser, il lui reste à enlever tout le
sable qui remplit la capacité de ce cône. Pour en venir à
bout, il a bien des pas à faire. S'il restait dans une même
place, il ne réussirait pas à donner à son entonnoir la
rondeur et la régularité convenables. Quand il s'est déterminé à travailler sérieusement, il se met en marche,
toujours à reculons; ce n'est pas pour aller sur une ligne
droite, mais pour suivre, en marchant, la circonférence
intérieure de l'enceinte, comme s'il avait à tracer un
second fossé concentrique au premier. Dès qu'il a fait un
pas, il s'arrête pour charger sa tête de sable; puis, par
un mouvement brusque, il jette le sable qui la couvrait
par delà la circonférence de l'enceinte.

La Fourmi-Lion qui travaille à l'excavation de son entonnoir emploie une autre manœuvre que celle qui lui a
servi lorsqu'il allait à la recherche d'un lieu pour se fixer;
dans la circonstance actuelle, ce n'est pas directement en
arrière que l'animal doit rejeter la tête, c'est surtout latéralement et du côté extérieur de l'enceinte; il faut en
outre que le sable enlevé appartienne à la masse enclose
dans l'enceinte et non au sable qui est au dehors. Aussi
le Fourmi-Lion ne charge-t-il sa tête que du sable qui est
entre elle et le centre de l'enceinte. Pour cela il se sert

d'une de ses jambes de la première paire, de celle qui est du côté de l'intérieur, comme d'une main pour pousser sur sa tête le sable qui est du même côté. Les mouvements de cette jambe sont très-rapides et se succèdent sans intervalle. La tête est ainsi chargée deux ou trois fois de suite dans le même lieu, et autant de fois elle lance une pluie de sable. L'animal fait ensuite un nouveau pas en arrière, puis s'arrête et recommence les mêmes mouvements. Quand il a parcouru un cercle, il continue de marcher pour en parcourir un second, puis un troisième, toujours plus près du centre.

La jambe qui fait l'office de main pour charger la tête de sable, et qui le fait avec tant d'adresse et d'agilité, ne peut manquer de se fatiguer; pour la laisser reposer, le Fourmi-Lion se détermine à faire servir au même usage l'autre jambe de la même paire; mais pour la faire travailler il faut qu'elle se trouve placée comme l'était la première, vers l'intérieur du cône; ce qui ne peut s'effectuer qu'en faisant un demi-tour et décrivant ensuite des cercles en sens contraire : ce procédé n'est pas celui qu'a choisi notre Insecte : au lieu de se retourner en pirouettant sur lui-même, il traverse le cône du sable qui reste à enlever, et passe de l'endroit où il est, à l'endroit diamétralement opposé. Quand il y est arrivé, il recommence les circonvolutions en sens inverse : la jambe qui auparavant était la plus proche de l'enceinte extérieure est alors la plus proche de l'axe de l'intérieur, et c'est elle qui travaille à son tour à charger la tête de sable.

Pendant cette opération, il se présente quelquefois des difficultés qui mettent à l'épreuve la vigueur, l'adresse, la constance de cette admirable petite bête. Parmi le sable ordinaire il se trouve quelquefois de gros grains de gravier, de petites pierres d'un tel poids, qu'il ne peut se promettre de les lancer d'un coup de tête hors de la fosse. Dans cette circonstance embarrassante, le Fourmi-Lion se détermine à porter la masse incommode là où il ne peut la jeter : il sort du sable, avance un peu à reculons, fait passer l'extrémité de son abdomen sous la petite pierre, puis, par le mouvement de ses anneaux, il la conduit vers le milieu de son dos et l'y met en équilibre. La difficulté à présent est de la conserver dans cet équilibre pendant le transport, en montant à reculons le long d'une pente escarpée ; de moment en moment la charge est près de tomber, soit à droite, soit à gauche : ce n'est qu'en abaissant ou en élevant à propos certaines portions de ses anneaux que le Fourmi-Lion parvient à la retenir. Malgré tous ses efforts et tout son savoir en tours d'équilibre, la pierre lui échappe quelquefois et roule au fond du précipice : ce premier revers ne le décourage pas ; il revient faire de nouveaux essais de son adresse et de sa force. Telle est son infatigable persévérance, qu'on l'a vu retourner jusqu'à cinq ou six reprises pour se charger d'un fardeau qui lui avait échappé autant de fois, réalisant ainsi aux yeux du spectateur étonné ce que la Fable raconte du malheureux Sisyphe.

Quand notre Fourmi-Lion a creusé, déblayé sa fosse, il se place de côté, caché sous le sable, et ne laisse paraître au fond de son entonnoir que ses deux cornes, un peu ouvertes et un peu élevées au-dessus du fond, de manière que le centre de ce fond se trouve précisément au milieu de l'espace qui est entre elles. Qu'une Fourmi allant et venant dans le voisinage de cette cavité arrive au bord de la fosse, ce bord s'écroulera en partie sous son poids, et la Fourmi se trouvera sur un talus à pente roide. Comme elle a aussi son instinct conservateur, qui l'avertit qu'elle est en péril, elle fera de vigoureux efforts pour gravir cette montagne escarpée. Quelquefois, malgré la mobilité du sable, elle parvient à grimper jusqu'au bord; mais le ravisseur, qui veille au fond de son repaire, a été averti, par l'éboulement des grains de sable, qu'une proie est dans son voisinage : alors avec sa tête, comme avec une pelle, il jette en l'air le sable qui la recouvre, en dirigeant son jet du côté où a lieu l'éboulement. La Fourmi, qui reçoit cette grêle subite, est entraînée vers le bas; cependant elle redouble d'efforts, et regagne un peu de terrain; c'est alors que l'ennemi multiplie ses attaques; les jets de sable se succèdent sans interruption; enfin la victime, étourdie, meurtrie, terrifiée, accablée par l'orage incessant qui vient l'assaillir, roule jusqu'au fond du précipice et tombe entre les deux pinces meurtrières ouvertes pour la recevoir; elles la saisissent et la percent en se fermant.

Lorsque le Fourmi-Lion a tiré de sa proie tout ce qu'elle a de succulent, il la tient faiblement entre ses cornes prêtes à s'ouvrir et à l'abandonner : il donne un coup de tête et jette au loin le cadavre inutile. Si c'est, par exemple, le corps d'une grosse Mouche dont il s'est repu, il le suce si complétement qu'il ne lui laisse que les anneaux écailleux qui en sont l'enveloppe : ce corps qui, lorsqu'il a été saisi par les cornes, était gonflé, rond et souple, est aplati quand elles l'abandonnent, et friable comme une feuille sèche.

Ce qu'il y a peut-être de plus merveilleux dans l'histoire du Fourmi-Lion, c'est l'organisation des crochets qu'il enfonce dans le corps de sa victime. Nous avons dit

qu'ils servaient tout à la fois de mandibules et de suçoirs. Quand on observe ces mandibules avec une simple
loupe, on remarque qu'elles sont plus larges qu'épaisses;
leur face supérieure est arrondie et n'offre rien de particulier; mais le long de la face inférieure, qui est
creusée d'un canal, il règne un cordon qui a quelque
relief. Ce cordon est mobile et ne fait point corps avec
le reste, ce dont on peut facilement s'assurer en passant entre lui et le crochet la pointe d'une fine épingle;
on le déboîte ainsi dans toute sa longueur. Pour voir
maintenant les fonctions et l'usage de ce cordon, on
prend un Fourmi-Lion qu'on a fait jeûner pendant quelques jours, on place entre ses cornes l'abdomen d'une
Mouche de fenêtre; le Fourmi-Lion ne tarde pas à la
percer, et l'on voit alors par quel mécanisme il la suce :
le cordon logé dans la rainure du crochet opère des
mouvements rapides et continus; il est tour à tour allongé en avant et ramené en arrière avec une extrême
vitesse. Ce cordon est donc un véritable piston qui amène
dans l'intérieur de la corne le suc du corps de l'Insecte
que cette corne a perforé. Quant aux muscles qui font
mouvoir les pistons, on voit de chaque côté de la tête
et en arrière deux parties membraneuses, dont chacune
a des mouvements correspondants à ceux du piston
qu'elle avoisine; lorsque le piston se raccourcit, la
membrane s'élève et se gonfle; lorsqu'il s'allonge en
avant, la membrane s'aplanit et même se creuse un
peu. C'est sous chacune de ces parties membraneuses
que se trouvent les muscles qui font jouer les pistons.
Ces derniers sont eux-mêmes creusés d'une gouttière
longitudinale. Si l'on coupe en travers une corne dont
le piston est en place, on voit plusieurs gouttelettes

d'eau paraître sur le bord de la coupe; après avoir enlevé cette eau, on distingue des chairs blanches dans la
cavité : ces chairs doivent laisser passer les liquides par
leurs interstices; car, si vous pressez entre vos doigts
la base d'une corne de Fourmi-Lion ou même sa tête,
vous verrez une gouttelette d'eau très-claire sortir par
la pointe de chaque corne... Mille choses curieuses
échappent à nos yeux, même aidés du secours des plus
fortes loupes et de celui d'un microscope, lorsqu'il s'agit
de s'assurer de la véritable conformation et de tout ce
qui entre dans la composition de parties aussi déliées
que le sont les trompes dont nous venons de parler.
Lorsqu'on songe à la finesse des organes avec lesquels
le Fourmi-Lion doit faire passer dans son corps tout ce
qui est renfermé dans celui d'une grosse Mouche, on
admire qu'il puisse y parvenir. Quelle doit être la petitesse de l'ouverture qui est au bout d'une pointe aussi
déliée que celle de chaque corne! Ce qui sort du corps
de la Mouche ne peut pourtant arriver dans celui du
Fourmi-Lion qu'en passant par deux ouvertures si prodigieusement petites.

Nous ne finirions pas si nous entreprenions de détailler toutes les merveilles que nous offre l'étude de
l'organisation et des mœurs de ce petit Insecte. Ainsi
nous ne dirons rien de la filière où se moule la liqueur
destinée à devenir soie, pour le moment où il se chan-
gera en nymphe; de la voûte hémisphérique de sable
qu'il se construit alors, assez solide pour résister à la
pression du sable supérieur; de la tapisserie d'un satin
blanc, luisant et lisse, dont il en garnit les parois intérieures.. Arrivé à l'état parfait, il perce avec ses dents
une porte dans la coque qui l'emprisonnait, et en sort

avec quatre ailes de gaze, un corps de trois à quatre centimètres de long, assez semblable pour la forme aux *Demoiselles* que l'on voit voltiger au bord des ruisseaux (*fig.* 28).

CHAPITRE VII

LES POISSONS

§ Ier

Spectacle de l'Océan. — Habitation des Poissons. — Des nageoires. — Des écailles et de leur coloration.

Lorsqu'il n'existe pas sur la terre un seul être animé qui ne soit pour nous un objet d'affection, de bonheur ou de domination; lorsque, dans cette belle sphère de vie, l'homme ne voit sur toute la partie terrestre qu'une continuité de merveilles variées par les formes, les couleurs, les grâces et les signes visibles d'une Providence qui lui sourit de tous les aspects créés pour le remplir du sentiment de sa grandeur; ce vaste et profond Océan qui embrasse d'une manière si magnifique et si imposante les deux tiers de notre globe, et qui renferme un autre univers de merveilles, doit offrir aussi son spectacle animé, ses voix éloquentes, pour parler au cœur et à l'intelligence de l'homme. Cette vaste plaine liquide, source des beaux fleuves qui coulent sur la terre, n'a pas dû être pour lui un désert muet, mais lui présenter à son tour un théâtre toujours animé, où se joue la Toute-Puissance créatrice, dans ces légions de Poissons et de Cétacés qui en peuplent les abîmes, dans l'admirable structure de ces machines vivantes, dans leurs mouvements, leurs habitudes et leurs mœurs. Tout ce grand édifice est plein de monuments indestructibles, dignes de nos recherches et de nos religieuses méditations.

Nous allons donc redescendre sur les rivages de cette vaste mer si *admirable dans ses élancements*, quand *elle soulève ses eaux et fait entendre sa grande voix*[1].

Essayons d'embrasser par la pensée tout l'espace occupé par l'Océan depuis sa surface jusqu'à ses profondeurs, et depuis l'équateur jusqu'aux deux pôles : voilà l'immense empire que, dès le commencement, Dieu peupla d'innombrables légions d'êtres animés, parmi lesquels les Poissons doivent être placés au premier rang. Mais, indépendamment du bassin des mers, combien de fleuves, de rivières, de ruisseaux, de lacs, d'étangs, de marais, renferment une quantité plus ou moins considérable de ces animaux! Toutefois, que l'immensité du spectacle, loin d'effrayer notre imagination, l'excite et l'encourage. Il n'est point de contemplation plus propre à vivifier notre intelligence, à élever nos pensées, à produire en nous un généreux et saint enthousiasme. D'un côté, des mers sans bornes, immobiles, dans un calme profond : de l'autre, les ondes livrées à toutes les agitations des marées et des courants : ici, les rayons ardents du soleil réfléchis sous toutes les nuances par les eaux enflammées des mers équatoriales : là, des brumes épaisses reposant silencieusement sur des montagnes de glaces flottantes au milieu des longues nuits des régions po-

[1] Ps. XCII. 5, 6.

laires; tantôt la mer tranquille, reflétant dans l'azur de
son sein l'armée brillante des étoiles pendant des nuits
plus douces et sous un ciel plus serein; tantôt des nuages
amoncelés, précédés de noires ténèbres, précipités par la
tempête, déchirés par la foudre, qui mêle ses mugissements aux mugissements des flots soulevés par les vents;
d'autres fois c'est le magnifique phénomène de la phos-
phorescence, dont les lueurs font resplendir au loin
l'Océan, ressemblant alors à une vaste toile d'argent élec-
trisée dans l'ombre, ou à une immense écharpe de lumière
mobile et onduleuse qui va se perdre aux extrémités de
l'horizon; plus loin, et sur les continents, des torrents
furieux, roulant de cataracte en cataracte, ou l'eau limpide d'une rivière argentée coulant mollement, le long
d'un rivage fleuri, vers un lac paisible que la lune éclaire
d'un demi-jour mystérieux. Sur l'Océan, solennité,
grandeur, puissance, beauté sublime, tout annonce le
triomphe et la magnificence de la nature, tout proclame
le souverain pouvoir et l'omni-présence de son Auteur;
sur les bords des lacs et des rivières, grâce, doux éclat,
enchantements, ravissantes harmonies, tout présente les
scènes les plus riantes, tout communique à l'âme les impressions les plus suaves, et sollicite dans notre cœur un
hymne de reconnaissance et de bénédiction.

La même diversité d'habitations que nous remarquons
sur les continents, relativement aux animaux terrestres,
s'observe à l'égard des Poissons dans leur vaste domaine.
Les différents genres affectionnent différentes plages, et
y sont retenus par une sorte d'attrait particulier. On peut
se rendre compte de cette loi en considérant que l'eau
des mers, quoique bien moins inégalement échauffée
aux diverses latitudes que l'atmosphère, offre toutefois

des températures très-variées, surtout le long des rivages, dont les uns réfléchissent les ardeurs d'un soleil brûlant, tandis que les autres jouissent d'une chaleur modérée et sont couverts de neiges et de glaces temporaires ou perpétuelles. Une foule d'autres causes ont dû influer encore sur la distribution des poissons au sein des eaux, suivant que celles-ci étaient légères ou pesantes, douces ou salées, limpides ou limoneuses, sablonneuses, caillouteuses, calmes ou agitées par les courants ou les marées, ou précipitées en torrents plus ou moins rapides; que l'on songe aux accidents du sol sous-marin, à la configuration du littoral, à la diversité des abris, à la nature et à la quantité plus ou moins grande des aliments; que l'on évalue ensuite tous les degrés que l'on peut compter dans la rapidité, dans la pureté, dans la douceur et dans la température des eaux, et l'on ne s'étonnera plus que les mers et les eaux des continents puissent fournir aux Poissons des habitations si variées et un si grand nombre de séjours de choix.

Si nous recherchons les lois de la distribution des êtres vivants dans les eaux et sur les terres, nous trouvons que l'altitude correspond, de même que la profondeur, à l'échelle des latitudes. Nous avons vu qu'une montagne élevée offre, à ses différentes stations, des flores analogues à celles que l'on rencontre successivement en se rendant de l'équateur aux pôles. Eh bien! dans l'Océan, à mesure que l'on s'enfonce, on trouve une Faune plus voisine de celle des mers polaires. A la surface, par leurs formes et leurs couleurs, les animaux rappellent ceux des mers tropicales. Au fond des eaux, à une grande profondeur, ils offrent, au contraire, la physionomie de ceux des contrées boréales. Et par la plus curieuse confirmation des grandes lois de la distribution des êtres, de même que les espèces des contrées arctiques sont répandues sur presque toute l'étendue de ces régions glacées, tandis que les espèces des contrées chaudes ou tempérées ont leur empire circonscrit et confiné à certains lieux du globe, de même les espèces sous-marines répandues à la surface de l'Océan n'offrent qu'un rayon de dispersion assez court, tandis que les espèces sous-marines s'étendent sur de vastes surfaces liquides. On peut donc dire que l'aire habitée par chaque espèce est proportionnelle en étendue à la profondeur à laquelle elle est placée. Enfin, pour ajouter à la ressemblance des lois de la Faune et de celles de la Flore, ainsi qu'on retrouve, presque au niveau des mers, les plantes qui habitent les sommets des Alpes, et, en général, les altitudes élevées, sous la zone tempérée on pêche, dans les courants d'eau qui arrosent les contrées boréales, les mêmes poissons qui fréquentent les torrents des Alpes et des hautes montagnes.

Si maintenant nous cherchons à déterminer les caractères qui distinguent la classe des Poissons des autres classes de vertébrés, celui qui nous frappera d'abord, comme le plus saillant, est la forme extérieure du corps, qui est en général tout d'une venue, et presque toujours muni d'appendices appelés *nageoires*, destinés à diriger dans les eaux les mouvements de l'animal. Ces nageoires, dont le nombre, quand elles existent, peut varier depuis une jusqu'à dix, sont placées les unes sur la ligne médiane du dos ou du ventre, et par conséquent impaires; les autres, disposées par paires sur les côtes, sont les analogues des quatre membres des autres vertébrés [1].

---

[1] La structure des nageoires mérite d'être remarquée. Ces organes de locomotion consistent en une membrane ou repli de la peau soutenue par des

La peau des Poissons est revêtue d'écailles dont la forme est très-diversifiée. Ces écailles sont tantôt façonnées en aiguillon, tantôt tuméfiées en gros tubercules : d'autres fois ce sont des plaques d'une épaisseur considérable ; mais le plus souvent elles s'étendent en lames minces et unies, rondes, ovales ou hexagones, se recouvrant comme des ardoises sur un toit [1].

rayons tantôt osseux, tantôt cartilagineux, *simples* (aiguillons) quand ils sont formés d'une seule pièce, *articulés* quand ils sont composés chacun d'une série de petites pièces cylindriques que l'on a comparées à des tronçons de colonnes. Les rayons articulés se ramifient et se bifurquent à mesure qu'ils s'éloignent du corps de l'animal. Ces rayons divers servent à soutenir les nageoires, à les ouvrir, à les fermer, à la manière d'un éventail.

Quand on considère la dimension des nageoires et leur distribution sur le corps du Poisson, on trouve qu'elles sont toujours dans un rapport parfait avec le volume et le poids de ce dernier, qu'elles correspondent exactement à tous les besoins de l'animal au sein de l'élément qu'il habite, et qu'elles se servent mutuellement de contre-poids, en sorte qu'aucune ne gêne par sa prépondérance l'action d'une autre : tout concourant ainsi à démontrer que le but et la fonction de chacun de ces organes, soit que l'on considère son action isolément ou par rapport à l'ensemble, ont été admirablement calculés par un Être dont la sagesse ne connaît point de bornes, dont la volonté ne se propose que le bien-être de ses créatures, chacune dans le rang qu'il lui assigne, et dont la puissance réalise avec une souveraine indépendance ce que sa sagesse a conçu et ce que sa volonté a décrété.

1 Admirons ici, en passant, un rapport qui témoigne de la sagesse et de la bienveillance divines. Les écailles des Poissons sont attachées à la peau par une partie de leur contour. Sur les Poissons qui vivent au milieu de la haute mer, et qui par conséquent sont peu exposés à des frottements, les écailles sont retenues par une moindre portion de leur circonférence ; sur les Poissons *littoraux*, elles sont fixées plus solidement et recouvertes en partie par l'épiderme ; elles sont plus attachées encore et recouvertes entièrement par ce même épiderme dans ceux qui habitent la vase et s'y creusent avec effort des asiles plus ou moins profonds.

La substance des écailles, leur figure et leur arrangement dépendent toujours des circonstances de station et d'organisation des individus. Ainsi, chez les Coffres, par exemple, dont les organes de locomotion ne semblent pas propres à les soustraire à la poursuite de leurs ennemis, les écailles sont remplacées par des compartiments osseux, soudés entre eux de façon à former une sorte de cuirasse inflexible et que la dent de peu de Poissons pourrait entamer. La même remarque s'applique à certaines espèces dont les nageoires

C'est ici le lieu de rechercher comment se produisent ces couleurs si éclatantes, si admirablement contrastées, souvent distribuées avec tant de symétrie, dont le corps des Poissons est presque toujours orné. On distingue à cet égard trois principales circonstances : tantôt ces teintes si vives résident dans le corps même de l'animal, indépendamment des écailles qui le recouvrent ; tantôt elles sont produites par les modifications que la lumière éprouve en passant au travers des écailles transparentes ; tantôt enfin c'est à ces mêmes écailles transparentes ou opaques qu'elles doivent être rapportées. Dans le premier cas, le sang des artères qui se ramifient et serpentent au milieu des muscles, les différents sucs nourriciers qui circulent dans les vaisseaux absorbants, ou qui s'insinuent dans le tissu cellulaire, communiquent aux parties molles des Poissons la couleur rouge, jaune ou verdâtre que présentent ces liquides divers. Les veines disséminées dans ces mêmes parties peuvent les peindre de toutes les nuances du bleu, du violet et du pourpre ; le bleu, en se combinant au jaune, produit le vert, et c'est ainsi que le corps des Poissons peut être décoré de toutes les couleurs de l'arc-en-ciel, distribuées en taches, en bandes, en raies, suivant la place qu'occupent les matières qui les font naître, avec toutes les dégradations dont elles sont susceptibles, selon l'intensité de la cause qui les produit.

Dans le second cas, les lames transparentes et incolores, étendues au-dessus des teintes dont nous venons

---

sont si petites qu'on peut à peine les apercevoir, mais qui, par compensation, ont reçu la faculté de prendre, en se gonflant, une forme sphérique, et de dresser ainsi, pour prévenir les attaques d'un ennemi, les écailles épineuses dont leur corps est recouvert.

de parler, ajoutent à leur vivacité en les revêtant comme
d'une légère couche de vernis. Mais elles leur donnent
l'éclat brillant des métaux polis lorsqu'elles sont elles-
mêmes dorées et argentées ; et si elles ont d'autres
nuances qui leur appartiennent en propre, si elles présentent des bandes, des taches, des rayons disposés sur
un fond très-varié, ces dessins, ces nuances diverses, se
mêlent, se combinent avec celles que l'on aperçoit au
travers de ces plaques diaphanes, et il en résulte de nouvelles couleurs ou une vivacité nouvelle pour les couleurs
conservées. C'est par la réunion de toutes ces causes que
sont produites toutes ces couleurs que l'on admire sur la

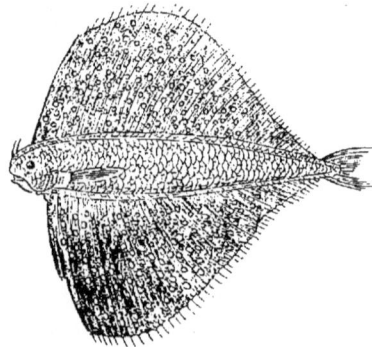

Fig. 29*.

plupart des Poissons. Aucune classe d'animaux n'a été
plus favorisée à cet égard ; aucune n'a reçu une parure
plus élégante et plus riche ; et en les voyant se jouer dans
les ondes transparentes, y tracer avec légèreté mille évolutions gracieuses, et présenter au spectateur sous tous
les accidents de la lumière les étincelantes mosaïques

* Oligopode vélifère.

figurées sur leur corps par la diversité et l'arrangement symétriques des teintes de leurs écailles ; on conviendra que jamais l'éclat des plumes du Paon et du Colibri, la vivacité du diamant, les reflets de l'or, la splendeur des pierres précieuses, n'ont été mêlés à plus de feux, et n'ont présenté dans leur distribution des assortiments plus admirablement nuancés, des combinaisons plus harmonieuses et plus variées [1].

§ II.

Organisation intérieure des Poissons. — Sens. — Branchies. — Vessie natatoire. — Mouvements des Poissons ; leurs voyages.

Jetons maintenant un coup d'œil général sur la conformation intérieure des Poissons.

Le squelette de ces animaux est ordinairement composé d'os sans canal médullaire, ou de cartilages qui, bouillis dans l'eau, ne donnent pas de gélatine. La tête présente une structure très-compliquée ; elle porte les organes des sens et de la respiration. Le tact et le goût paraissent très-obtus ; l'oreille, presque toujours logée tout entière dans

---

[1] Le fluide lumineux joue un grand rôle dans toutes ces brillantes colorations. Aussi est-ce dans les mers équatoriales, échauffées par les rayons d'un soleil ardent, que l'on rencontre les Poissons décorés avec le plus de magnificence, ces superbes rois de l'Océan qui resplendissent comme les métaux les plus polis et scintillent comme des gerbes de rubis, de topazes, d'émeraudes et de saphirs.

Mais ce n'est qu'au milieu des eaux que les Poissons présentent leur parure dans tout son éblouissant éclat ; car ce n'est qu'au sein de ce fluide qu'ils animent leurs couleurs par tous les mouvements intérieurs que leurs ressorts peuvent produire. Aussitôt qu'ils sont sortis de l'eau, leur vie s'affaiblit, leurs mouvements se ralentissent, leurs couleurs se fanent, les écailles s'altèrent et leurs nuances s'effacent.

la cavité du crâne, ne se compose guère que d'un vestibule, surmonté de trois canaux semi-circulaires, auxquels les impressions sonores ne sont communiquées qu'après que les téguments communs et les os du crâne ont été mis en vibration. En général, on ne voit rien qui puisse être comparé à l'oreille extérieure et à l'oreille moyenne; mais l'oreille interne est amplement développée.

L'odorat et la vue sont les sens les plus développés chez les Poissons. Le nerf olfactif est très-volumineux, et s'épanouit en nombreux filets dans la membrane pituitaire de larges fosses nasales[1]. Cette organisation, appropriée au milieu dans lequel vivent ces animaux, leur donne des sensations souvent très-délicates. De nombreuses observations ne laissent aucun doute sur les distances immenses qu'ils franchissent quelquefois, attirés par les émanations odorantes qu'ils recherchent, ou repoussés par celles d'un ennemi qu'ils redoutent. Les yeux n'ont pas de paupières, mais la peau passe au-devant de l'œil et se laisse traverser par la lumière[2]; la cornée est plus ou moins aplatie,

---

[1] On a trouvé dans un Requin de huit mètres de longueur une surface de quatre mètres aux membranes internes des narines.

[2] Certaines espèces, surtout parmi les Poissons serpentiformes, destinés à vivre dans la vase et à se frayer un chemin dans le sable mouvant, avaient besoin d'un mécanisme particulier qui préservât leurs yeux; ceux-ci ont été recouverts d'un voile demi-transparent, mais solide, qui défend l'organe sans gêner la vue. Une autre preuve de la prévoyance du Créateur dans la construction de cet organe nous est offerte par une singularité physiologique que présente l'œil de l'Anableps, et dont on ne trouve pas d'autres exemples parmi les animaux vertébrés. Ce Poisson, qui habite les rivières de la Guyane, a la cornée divisée en deux portions distinctes, faisant partie chacune d'une sphère particulière placée l'une en haut, l'autre en bas, et réunies par une bande étroite, membraneuse, et à peu près dans un plan horizontal lorsque le Poisson est dans sa position naturelle. Ainsi ses yeux paraissent doubles, et ils ont effectivement une double cornée, une double cavité pour l'humeur

l'iris immobile, le cristallin sphéroïdal[1]. Les fibres de la rétine, ou les petits rameaux du nerf optique, sont, dans plusieurs Poissons, 1,166,400 fois plus déliés qu'un cheveu.

L'appareil respiratoire se compose d'un nombre variable de branchies, situées de chaque côté de la tête, et présentant chacune une multitude de lamelles saillantes et très-vasculaires, supportées par des arcs, nommés *branchiaux* à cause de leur destination. L'eau, introduite dans la bouche, est poussée par un mouvement de déglutition vers les fentes que les arcs branchiaux laissent entre eux; puis, après avoir baigné les branchies, elle s'échappe au dehors par un ou plusieurs orifices latéraux, recouverts d'un opercule que l'animal soulève et abaisse alternativement. Nous avons décrit ailleurs[2], à propos des Mollusques, l'admirable phénomène de la respiration branchiale, un de ceux où le but final se manifeste avec le plus d'évidence[3].

aqueuse, un double iris, une double prunelle, et un double foyer pour la réflexion des images; mais il n'y a pour chaque œil qu'un cristallin, qu'une humeur vitrée et qu'une rétine. Le but d'une semblable organisation paraît être de donner à l'animal la faculté de voir en même temps les objets situés près de lui et ceux qui en sont éloignés : avec la pupille et l'iris inférieurs il découvre, au-dessous du plan qu'il occupe, les petits Vers dont il se nourrit ; avec la pupille et l'iris supérieurs il aperçoit les grands Poissons dont il craint de devenir la proie.

1 On démontre en physique que les rayons de lumière qui passent de l'eau dans l'œil doivent être réfractés par une surface plus convexe, si l'on veut produire le même effet que ces rayons de lumière produiraient s'ils passaient de l'air dans l'intérieur de l'organe visuel. Eh bien, conformément à ces lois de la réfraction, nous trouvons que le cristallin est beaucoup plus sphérique dans l'œil d'un Poisson que dans l'œil d'un animal terrestre.

2 *Esquisses des Harmonies de la Création*, p. 62.

3 Ces tamis organiques, construits avec un artifice si merveilleux pour séparer l'air de l'eau, sont composés d'un nombre prodigieux de pièces, et l'on en compte dans la charpente qui soutient l'appareil respiratoire de la Carpe jusqu'à quatre mille trois cent quatre-vingt-six; il y a en outre soixante-neuf

La circulation s'effectue au moyen du cœur, placé dans une cavité, sous la gorge. Du cœur part une artère qui se sépare d'abord en deux troncs, dont l'un va vers les branchies de droite, et l'autre vers les branchies de gauche, dans lesquelles elles se ramifient à l'infini; puis, après avoir révivifié dans l'organe respiratoire le sang qu'elles contiennent, elles se réunissent et forment une grande artère dorsale qui se dirige vers la queue au-dessous de la colonne vertébrale, et distribue dans toutes les parties du corps le fluide nécessaire à leur nutrition. Chez les Poissons, le sang est froid, à globules de forme elliptique et de dimensions considérables.

La locomotion s'effectue au moyen de muscles qui fléchissent latéralement la colonne vertébrale, et impriment au corps des Poissons, par ces flexions alternatives du tronc et de la queue, presque toute la vitesse dont ils sont animés pendant la natation. Les nageoires servent plus particulièrement à la direction de la course, et surtout au maintien de l'équilibre[1].

muscles et huit artères principales qui jettent quatre mille trois cent vingt rameaux, et chaque rameau jette de chaque côté, sur le plat de chaque lamelle, une infinité d'artères transversales dont le nombre dépasserait de beaucoup tous ces nombres ensemble; il y a autant de nerfs que d'artères, et les ramifications des premiers suivent celles des secondes.

[1] Pour apprécier le rôle des nageoires dans les divers mouvements des Poissons, on peut faire les expériences suivantes : si l'on coupe les nageoires pectorales, la tête du Poisson descend au fond de l'eau, et il ne peut plus reprendre la direction horizontale; si l'on ne coupe qu'une de ces nageoires, le Poisson reste dans une position penchée; si l'on coupe aussi la nageoire ventrale qui est du même côté, le Poisson perd complétement l'équilibre; enfin si l'on coupe les nageoires dorsales et ventrales, le Poisson roule à droite et à gauche. Après la mort, lorsque les nageoires ont cessé d'agir, le ventre du Poisson se tourne en dessus; toutes les nageoires sont donc nécessaires à l'équilibre.

Ces organes ne sont pas moins nécessaires au mouvement. Les nageoires pectorales et ventrales servent à faire monter et descendre le Poisson.

Une particularité bien remarquable de l'organisation des Poissons, relative à leurs mouvements progressifs, c'est l'existence d'une poche intérieure, nommée vessie natatoire, fréquemment attachée à la colonne vertébrale dans la partie la plus haute de l'abdomen. C'est là encore une invention toute mécanique ; c'est l'appareil d'une expérience de physique dans le corps d'un animal. On sait que, d'après les lois de l'hydrostatique, si un corps de même poids spécifique que l'eau, et en équilibre dans ce liquide, vient à augmenter de volume sans que la masse change, il monte vers la surface, parce qu'il est devenu relativement plus léger ; si, au contraire, son volume diminue, sa masse demeurant la même, il descend au fond de l'eau, parce qu'il est de-

Veut-il reculer, il donne un coup en avant avec les nageoires pectorales ; veut-il tourner d'un côté, il donne un coup de queue du côté opposé; veut-il se porter en avant, il frappe l'eau à droite et à gauche par des déploiements instantanés de la queue. Le Poisson peut aussi se mouvoir non-seulement avec une agilité inconcevable, mais encore avec une facilité, une égalité, une grâce, un moelleux que l'on ne rencontre dans aucune autre classe d'animaux, si l'on en excepte peut-être celle des Oiseaux. Lorsqu'on coupe la queue, le Poisson perd complétement la faculté de se diriger, et s'abandonne au courant qui le maitrise : l'appendice caudal fait tout à la fois l'office de rame et de gouvernail, et les autres nageoires ne paraissent être que ses auxiliaires. C'est en repliant la queue jusque vers la tête et en la débandant ensuite comme un ressort violent, que les Poissons accélèrent ou retardent leur mouvement, changent leur direction, se tournent, se retournent, se précipitent, s'élèvent, s'élancent au-dessus des eaux, franchissent de hautes cataractes et sautent jusqu'à plusieurs mètres de hauteur.

Une circonstance digne d'être notée dans la construction de ce même appareil est celle que présentent les Cétacés, animaux à sang chaud, qui habitent aussi la mer, mais qui sont obligés de venir respirer l'air atmosphérique au moins de trois minutes en trois minutes : chez ces animaux, la queue a son tranchant dans le sens horizontal, au lieu de l'avoir dans le sens vertical, comme chez les Poissons. Le coup de force de la queue est donc, pour les Cétacés, dans une direction perpendiculaire à l'horizon, ce qui facilite beaucoup le mouvement d'ascension et de descente qui leur est fréquemment nécessaire.

venu relativement plus pesant. C'est précisément l'office
que la vessie natatoire remplit dans le corps des Poissons : le gaz quelconque qu'elle contient est susceptible
de compression ; mais dès que la force comprimante cesse
d'agir, la vessie reprend ses dimensions. Ainsi le Poisson veut-il remonter au fond de l'eau vers la surface,
il relâche les muscles qui comprimaient la vessie ; celle-
ci, en se gonflant, fait augmenter de volume le corps de
l'animal, qui, devenu spécifiquement plus léger, s'élève
sans effort. Lorsque, au contraire, le Poisson veut descendre, il lui suffit de comprimer sa vessie aérienne par
le moyen des muscles destinés à cet usage ; le gaz qu'elle
renferme s'échappe alors par le conduit pneumatique ;
le corps diminue de volume, il redevient plus pesant,
et il est entraîné plus ou moins rapidement au fond de
l'eau. Une machine à plonger peut être construite exactement sur ce principe. Supposons que cela eût été fait,
et que l'inventeur sollicitât un brevet d'invention, les
commissaires chargés de l'examen n'hésiteraient pas à
prononcer qu'il y a de l'invention dans une telle machine : quelle raison y aurait-il d'admettre de l'invention dans une machine à plonger, et de nier l'invention
dans le mécanisme qui fait monter et descendre les Poissons au milieu de l'élément qu'ils habitent [1] ?

On peut dire que le poisson vole dans le fluide des

[1] Le fluide qui remplit la vessie natatoire des Poissons paraît être le produit
d'une sécrétion des parois glandulaires du réservoir lui-même. Il est à remarquer que cet organe manque ou est très-petit dans les espèces qui se tiennent
au fond des eaux, ou qui s'enfouissent dans la vase. Il entrait dans le plan du
Créateur de peupler l'Océan jusque dans ses plus profonds abîmes ; pour y fixer
les tribus qu'il y a placées, il n'a eu qu'à leur retirer l'appareil à l'aide duquel
d'autres races plus favorisées viennent se jouer à la surface et faire resplendir
aux rayons du soleil leur cuirasse brillante.

eaux, et que l'Oiseau nage dans l'océan de l'air : la natation et le vol ne sont au fond que le même acte exécuté
par des organes analogues dans deux éléments également
pleins d'inconstance ; mais le Poisson est plus
impétueux, plus infatigable dans ses mouvements que
l'habitant des airs ; sous ce rapport l'Aigle doit le céder
au Requin, l'Hirondelle au Hareng et au Saumon. Tout
est calculé dans la forme ovale et conique du corps des
Poissons pour fendre, sans un grand déploiement de
forces, un milieu partout également dense et mobile.
Souvent les Oiseaux, dans leurs longs voyages, sont
obligés de s'abattre sur les vaisseaux pour délasser leurs
ailes fatiguées ; mais le Poisson ne paraît jamais avoir
besoin de repos. On a vu des Requins s'attacher à des
bâtiments partis d'Amérique pour l'Europe, les accompagner pendant toute la traversée, devancer les plus
fins voiliers, se jouer alentour, décrire mille circuits,
et arriver sur nos côtes avec les navigateurs après plusieurs semaines de marche sans paraître plus fatigués
que le premier jour. Le Thon nage avec la rapidité d'une
flèche lancée par un bras vigoureux ; le Saumon peut
parcourir plus de vingt kilomètres par heure, ou six
mètres par seconde, et peut faire par conséquent le tour
du globe en moins de trois mois, car il trouve partout sur
sa route une nourriture abondante [1].

Il ne faut pas confondre ces voyages qui ne sont que

[1] Cependant il y a des Poissons qui paraissent se livrer au repos et même
au sommeil. Gonflant leur vessie natatoire, ils s'endorment soutenus par leur
seule légèreté entre deux couches du fluide qui les berce d'un mouvement
ondulatoire et très-doux. On voit ainsi souvent, aux heures chaudes du jour,
le Requin des eaux douces, le Brochet, venir à la surface et y rester parfaitement immobile et comme endormi : il est facile alors de lui passer un nœud
coulant sur la queue et de le jeter sur le rivage.

des actes individuels, avec les grandes migrations périodiques de certaines peuplades de l'Océan. Les premiers sont dus à des causes fortuites, et ne présentent aucune régularité. C'est tantôt le besoin d'une nourriture plus abondante ou plus substantielle qui entraîne le Poisson de proche en proche ; tantôt ce sont les courants ou les tempêtes qui le transportent à des distances immenses ; ou bien c'est une température plus convenable qui l'attire, ou la crainte d'un ennemi redoutable qui l'oblige à fuir. Mais il n'en est pas de même de ce concours qui se fait à des époques déterminées vers les rivages de la mer, et de ces ascensions régulières exécutées chaque année par les Poissons qui remontent nos fleuves et nos rivières, et viennent peupler les lacs et les ruisseaux les plus élevés du globe. Ces déplacements périodiques sont exécutés par l'espèce entière, et doivent être attribués à deux causes principales, le besoin de nourriture et le besoin de frayer. On conçoit, en effet, que d'aussi nombreuses troupes d'animaux doivent épuiser d'aliments les lieux qu'elles fréquentent, et qu'elles soient en conséquence obligées de chercher de nouvelles nourritures dans d'autres régions, en attendant que les parages qu'elles abandonnent s'enrichissent de nouvelles substances pour leur retour. La nécessité de placer leur frai dans les conditions les plus favorables à l'éclosion des œufs et au développement des petits, est une autre cause d'émigration annuelle [1]. Les jeunes Poissons n'éclosent facile-

---

[1] Où est cette boussole qui a existé avant la nôtre, pour les diriger ? Où est ce pilote habile qui va réunir et conduire tant de peuplades diverses, dispersées dans les eaux d'un immense espace ? Quel est ce géographe qui tient l'itinéraire d'une route sans traces, et sur laquelle ces Poissons font cependant chaque année des milliers de kilomètres sans se tromper ? Enfin quel est

ment que dans des eaux bien aérées et échauffées du soleil, comme celles des rivages abrités, où les agitations des vagues littorales chargent les eaux d'une plus grande quantité d'air. D'ailleurs les vermisseaux se multiplient dans le limon léger de semblables parages et offrent aux petits la nourriture la plus convenable.

§ III

Mode de propagation. — Mœurs, habitudes, ruses, armes des Poissons; appareils électriques de la Gymnote et de la Torpille. — Utilité des Poissons.

Les Poissons se multiplient par des œufs, dont le nombre est ordinairement très-considérable; il peut s'élever, pour une seule ponte, à des centaines de mille, et même à plus de neuf millions pour une seule femelle dans certaines espèces (Morue, Esturgon)[1]. Ces œufs

cet astronome qui montre du fond des abîmes, sur le front du firmament, le point fixe vers lequel tant de voyageurs épars doivent arriver de toutes les distances dans un temps donné? Cependant tout arrive au moment prescrit, tout file avec rapidité à travers les vastes mers... Nous verrons parmi tous les animaux voyageurs de la terre, des airs et des eaux, ce Guide invisible, cette Intelligence supérieure et mystérieuse confondre les calculs de la science humaine.

C'est particulièrement aux temps des équinoxes du printemps et de l'automne que s'opèrent ces transmigrations remarquables. Alors d'immenses armées de Poissons, parties des profondeurs de l'Océan, sillonnent le vaste sein des eaux, et s'avancent vers les rivages des continents, où elles deviennent la principale ressource des peuples maritimes. Une main divine leur trace la route, distribue sans tumulte chaque espèce aux lieux qui lui sont le plus favorables, et les ramène ensuite dans leurs antiques et profondes retraites. Toutes ces races voyageuses suivent avec respect les lois qui leur sont dictées par cette éternelle Providence, à qui rien n'échappe de ce qui est utile dans l'univers.

[1] Quelle prodigieuse fécondité! Et si tous ces germes pouvaient éclore, qui suffirait à la nourriture d'une si effrayante multitude? Le nombre de ces œufs aurait bientôt encombré l'Océan. Mais une foule de causes en font périr des quantités incalculables.

sont fort petits par rapport à la grosseur de l'animal
qui les reproduit; mais ils grossissent et s'accroissent à
mesure que le petit Poisson se développe à l'intérieur.
Si l'éclosion est favorisée par la chaleur du soleil, elle
peut avoir lieu dix à douze jours après la ponte. A
mesure que le jeune individu avance en âge, il mange
et se développe proportionnellement moins. Il faut dix ans
à une Carpe pour parvenir au poids de six kilogrammes;
les Tanches et les Perches[1] croissent plus lentement

[1] De toutes les classes du règne animal, celle des Poissons paraît être la
plus tourmentée par les espèces parasites. A peine connaît-on un seul Poisson
qui n'en soit infesté. La Perche, par exemple, nourrit jusqu'à six ou sept
espèces de parasites, dont quelques-uns se multiplient tellement dans ses
yeux, qu'ils en rendent vraisemblablement la vision beaucoup moins perçante.
Parmi ces parasites que nourrit la Perche, nous mentionnerons un petit
Crustacé microscopique que le docteur Nordmann a nommé *Achthère*, mot
qui signifie *importun*. Ce Crustacé d'eau douce s'établit dans la bouche de la

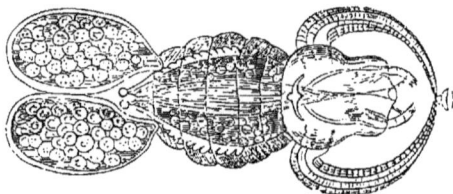

Fig. 30[1].

Perche. Il se fixe, au moyen de son suçoir cratériforme, dans le tissu cellulaire, où il s'enfonce assez profondément pour ne pouvoir s'en dégager lui-
même ni en être arraché par aucune force extérieure sans rompre les deux
petits bras qui portent le suçoir, et qui resteraient dans la chair. C'est au
palais ou à la langue qu'il s'attache. Les deux bras, cartilagineux, épais et
robustes à la base et terminés en pointe, se courbent de manière à former un
cercle autour de la tête, et supportent, à l'extrémité par où ils se touchent,
un seul suçoir commun à tous deux et placé en avant du front. Il paraît qu'il
trouve surtout une protection dans la salive qui se forme ordinairement autour
de lui. Cet animalcule, qui n'a pas trois millimètres de long, a lui-même ses
parasites, et devient la proie d'animalcules encore plus petits que lui. Ses

[1] Achthère de la Perche.

encore. Mais, à la faveur d'un grand nombre d'années,
les Poissons peuvent acquérir une taille considérable [1].

Il semble au premier aperçu que les Poissons ne sont
nullement occupés de leur postérité; mais, lorsqu'on
approfondit davantage ce sujet, on trouve qu'ils sont
très-attentifs à déposer leurs œufs dans les lieux les plus
propres à en assurer l'éclosion et à fournir aux jeunes
l'aliment qui leur convient. Quelquefois leur industrie va
plus loin, et l'on en connaît des espèces qui préparent des
nids réguliers pour leurs petits : tels sont un Doras et un
Callichthys de l'Inde. Le premier construit un nid avec
des feuilles, le second avec du gazon; puis, après y avoir
placé leurs œufs, ils les recouvrent soigneusement, et le
mâle et la femelle veillent alentour pour les défendre
jusqu'à ce que les petits en soient sortis.

Excepté un petit nombre d'espèces qui se nourrissent
de plantes marines, de graines, de végétaux terrestres

principaux ennemis sont une espèce de Mite (*Gamascus scabriculus*) et un
Infusoire du genre *Vorticelle*, dont on le trouve souvent entièrement couvert
quand la salive dont nous venons de parler a été enlevée.

[1] On cite des Raies du poids de cent kilogrammes, des Espadons de sept
mètres de longueur, des Pleuronectes qui pesaient au moins deux cents kilogrammes; tout le monde connaît l'histoire de ce Turbot monstrueux, pêché du
temps de l'empereur Domitien, et qui fut cuit dans un vase fait exprès, sur
un décret du sénat assemblé pour en délibérer. On rencontre dans le Danube
et le Volga des Esturgeons qui n'ont pas moins de huit mètres de long. Mais
rien n'égale la force et la grandeur de plusieurs espèces de Requins, qui
atteignent jusqu'à dix mètres de longueur et pèsent deux mille cinq cents
kilogrammes. Le Brochet, que l'on a comparé au Requin à cause de sa voracité, vit très-longtemps et peut parvenir à un poids de cinq cents kilogrammes.
On conserve à Manheim le squelette d'un Brochet pêché en 1754 à Kayserslau-
tern, qui pesait cent soixante-quinze kilogrammes et avait plus de six mètres
de longueur. On trouva dans les opercules de ses branchies un anneau d'airain avec une inscription grecque qui annonçait qu'il avait été mis dans l'étang
de ce château par l'ordre de Frédéric II, en 1487, c'est-à-dire deux cent
soixante-sept ans auparavant. Buffon parle de Carpes nourries dans les fossés
de Pontchartrain qui avaient plus de cent cinquante ans.

ou fluviatiles, tous les Poissons vivent de substances animales et sont très-voraces. Cet instinct carnivore était nécessaire pour mettre des bornes à leur excessive multiplication, et maintenir dans l'empire des eaux un équilibre de vie. Il fallait d'ailleurs des races gloutonnes, comme celles du Brochet et du Requin, pour nettoyer l'élément qu'ils habitent et dévorer tant de cadavres qui flottent dans les eaux et qui bientôt y engendreraient une corruption funeste [1].

Qui pourrait décrire tous les moyens d'attaque, de défense, accordés aux Poissons par la nature; toutes les manœuvres qu'ils savent mettre en usage pour surprendre leur proie ou pour échapper à un ennemi? Les uns sillonnent le sable, se creusent des abris et s'enterrent, ou pratiquent un trou dans la digue d'un vivier pour en sortir; les autres se placent en embuscade, et, agitant leurs longs barbillons, tâchent de séduire par cet appât trompeur les animaux qu'ils ne pourraient atteindre que difficilement à la course; d'autres ont la bouche, ou la queue, ou les nageoires inférieures, ou le dessus de la tête organisés de telle sorte, qu'ils peuvent exercer une sorte

[1] Au rapport de Brünnich, un requin de cinq mètres, pêché dans la Méditerranée, offrit, quand on l'eut ouvert, deux Thons et un homme tout habillé. Un autre, suivant Rondelet, avait dans son estomac un homme encore tout armé. Muller rapporte qu'on trouva un cheval tout entier dans le ventre d'un Requin du poids de sept cent cinquante kilogrammes, pêché près des îles Sainte-Marguerite. C'est un animal de ce genre, comme l'observent Bochard et Linné, qui engloutit le prophète Jonas et servit d'instrument à la puissance divine. Le mot grec *Kétos*, et le mot latin *Cetus*, employé par les traductions grecque et latine de la Bible, désignaient chez les anciens des Poissons de grande taille, et nullement une Baleine en particulier. Celle-ci a le gosier étroit, et ne se nourrit que de très-petits animaux. Ce trait de l'histoire du prophète Jonas a été connu des auteurs païens, qui l'ont raconté d'Hercule, et se sont servis dans leur récit du même terme *Kétos*. — Voyez l'*Encyclop. Napolit.*, t. IX. p. 179.

de succion et s'attacher aux rochers, aux vaisseaux, aux
Poissons plus grands qu'eux ; d'autres encore s'arron-
dissent en boule quand on les saisit, et présentent une
masse hérissée d'épines, ou dressent des cornes mena-
çantes, ou déchirent les flancs des plus fières Baleines
avec un museau semblable à une scie armée de fortes
dents. Ceux-ci ont l'extrémité de la mâchoire supérieure
terminée par une épée longue et pointue ; ceux-là percent
leur ennemi avec les rayons de leurs nageoires, con-
formés en dards dentelés. Il y en a qui seringuent de

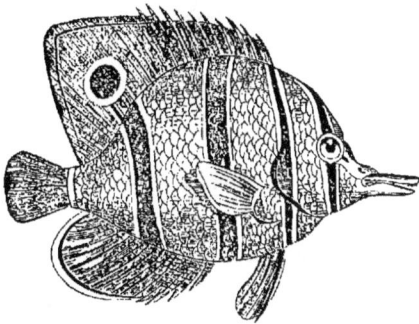

Fig. 31 *.

l'eau avec leur museau allongé, pour faire tomber les
insectes du rivage et s'en repaître. Ici, le Pilote officieux
marche à la découverte au-devant du Requin, pour lui
annoncer les lieux abondants en proie ; là, le Barbier,
arrêté dans des filets, en coupe les mailles avec la nageoire de son dos comme avec un rasoir ; plus loin, les

* Chétodon museau-allongé. — Ce poisson, qui peut lancer l'eau jusqu'à
deux mètres de distance sur l'Insecte dont il veut faire sa proie, est orné de
bandes et d'une grande tache bordée de blanc sur un fond mêlé d'or et d'argent, dont les nuances se marient avec plus de vingt raies longitudinales.
étroites et brunes, qui rendent leurs reflets encore plus brillants.

Exocets, les Trigles, les Pégases, s'élancent dans l'atmosphère pour échapper à une poursuite funeste, et ne retombent dans le fluide natal qu'après avoir parcouru une courbe assez longue [1].

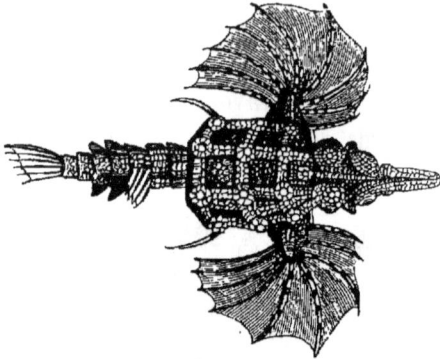

Fig. 32 [*].

Ailleurs, spectacle plus étonnant encore, des Poissons montent aux arbres, ou sortent par troupes des étangs que la sécheresse prive de leurs eaux, et traversent les terres à la recherche d'une nouvelle demeure aquatique.

---

[1] La stupidité du Poisson est proverbiale. Cependant une foule d'observations tendent à établir que l'instinct chez ces animaux, surtout chez les Cartilagineux, est bien plus vif et bien plus étendu qu'on ne le pense communément. Ils ne sont point incapables d'une certaine éducation. Pline rapporte que les Poissons des viviers de Domitien, à Baïes, accouraient lorsqu'on les appelait. Des Carpes nourries dans un bassin du jardin des Tuileries, à Paris, au temps de Charles IX, accouraient de même, particulièrement lorsqu'on prononçait le nom qu'on leur avait donné. Tout le monde sait que, dans les étangs d'une grande partie de l'Allemagne, on a accoutumé les Truites, les Carpes et les Tanches à se rassembler au son d'une cloche pour prendre la nourriture qu'on leur apporte. Les Murènes du célèbre orateur Hortensius reconnaissaient la voix de leur maître, qui les aimait, dit-on, au point de verser des larmes à la mort de l'une d'elles.

[*] Pégase.

Les Poissons qui entreprennent ce voyage extraordinaire appartiennent au genre *Doras*, de la famille des Siluroïdes. Ils sont couverts de fortes écailles, et le premier rayon de leur nageoire pectorale, dentelé en scie et très-robuste, leur sert comme de pied pour se mouvoir. Ils ont la faculté de tenir en réserve dans l'intérieur de leur corps une quantité d'eau suffisante pour ce voyage, qu'ils font de nuit et de la vitesse d'un homme qui se promène (Amérique)[1].

Mais la faculté la plus remarquable, l'arme la plus puissante que l'on ait observée dans les Poissons, est celle dont la Torpille, la Gymnote[2], le Silure, etc., ont

---

[1] Bosc a observé dans les étangs de la Caroline un autre Poisson qui a les mêmes habitudes que les précédents. Ce Poisson, de l'ordre des Abdominaux, a le singulier instinct, lorsqu'on le met à terre, de se diriger toujours du côté de la pièce d'eau qui est la plus voisine, quoiqu'il n'ait pu l'apercevoir. Il y a aussi à la Chine un Poisson qui traverse les champs de riz pour se rendre d'une baie dans une autre.

[2] La Gymnote électrique habite les grands fleuves qui arrosent les bords orientaux de l'Amérique méridionale, de ces contrées ardentes et humides où le feu de l'atmosphère et l'eau des mers et des rivières se disputent l'empire, où tous les éléments de la reproduction ont été prodigués avec une surabondance de force vitale inconnue dans le reste de la terre ; où tous les degrés de développement, entassés, pour ainsi dire, les uns contre les autres, produisent toutes les nuances du dépérissement ; où des arbres immenses étendent leurs branches innombrables, pressées, garnies des fleurs les plus suaves, et chargées d'essaims d'Oiseaux resplendissant des couleurs de l'iris, au-dessus de savanes noyées que parcourent de grands quadrupèdes ovipares, et que sillonnent d'énormes Serpents aux écailles dorées ; où les eaux douces et salées montrent des légions de Poissons dont les rayons du soleil, réfléchis avec vivacité, changent en quelque sorte les lames luisantes en diamants, en saphirs, en rubis ; où l'air, la terre, les mers et les êtres vivants et les corps animés, tout attire les regards du peintre, enflamme l'imagination du poète, élève le génie de l'observateur philosophe.

La force de la Gymnote surpasse dix fois celle de la Torpille, et, suivant M. Nicholson, elle est égale à celle d'une pile de cent treize mètres carrés. Si l'on ne touche l'animal qu'avec une main, le choc est assez léger ; mais lorsqu'on le touche des deux mains, on éprouve un choc assez violent pour paralyser les bras pendant plusieurs années.

été pourvus. Ces Poissons peuvent atteindre au loin leur proie ou frapper un ennemi par une puissance invisible et avec la rapidité de l'éclair. Ce fluide électrique si formidable, qui brille, éclate, brise ou renverse dans nos laboratoires, qui, condensé par la nature, resplendit dans les nuages et lance la foudre dans les airs, cette force merveilleuse et soudaine se manifeste par l'action de ces animaux privilégiés, et produit de violentes commotions qui donnent une mort imprévue à des victimes éloignées; et, chose remarquable, l'organe électrique présente chez chacun de ces Poissons une conformation toute différente. Celui de la Gymnote règne tout le long du dos et de la queue, et consiste en quatre faisceaux longitudinaux, composés d'un grand nombre de lames membraneuses parallèles et très-rapprochées, horizontales et unies entre elles par une infinité d'autres lamelles plus petites, placées verticalement en travers; les petites cellules prismatiques et transversales, formées par la réunion de ces lames, sont remplies d'une matière gélatineuse.

Fig. 33 *.

L'appareil électrique de la Torpille se compose d'une multitude de tubes membraneux verticaux, serrés les uns contre les autres, comme des rayons d'Abeilles, subdivisés par des cloisons horizontales en petites cellules remplies de mucosités et animées par plusieurs

* Gymnote.

branches de nerfs très-volumineux. Ainsi l'action électrique de la Torpille résulte d'un appareil analogue à la pile voltaïque[1], et que l'animal a la faculté de charger à volonté. La quantité absolue d'électricité que peut émettre ce Poisson est si grande, qu'elle opère la décomposition de l'eau et possède une force suffisante pour produire l'aimantation[2]. Que le Créateur ait armé, pour ainsi dire, de la foudre certains Poissons, et mis à leur disposition un agent de cette puissance irrésistible, pour s'en servir, comme nous pourrions faire d'une arme à feu, pour étourdir, frapper, tuer à distance, et par des coups invisibles, les habitants des eaux : c'est là une de ces merveilles en présence desquelles on trouve surtout profondément stupides ces doctrines qui veulent tout expliquer par le hasard, par le concours fortuit des molécules, par les forces secrètes de la matière, par l'*appétence* et je ne sais combien d'autres visions bizarres.

---

[1] La superposition des différentes couches formées des substances humides dont l'organe de la Raie électrique est composé, représente celle des métaux et des conducteurs imbibés d'eau qui se succèdent dans la pile. Réaumur a observé qu'au moment de mettre son organe en activité, la Torpille aplanissait son dos, puis le relevait par un mouvement subit qui lui faisait reprendre sa convexité.

[2] Cette électricité est identique en nature à celle de la batterie galvanique, l'électricité de la surface inférieure du Poisson étant la même que celle du pôle négatif, et l'électricité de la surface supérieure étant semblable à celle du pôle positif. Toutefois il y a cette différence que l'émission de l'électricité, dans la Torpille, n'a pas lieu d'une manière continue, mais est communiquée par une suite de décharges successives. Voilà donc réalisée, avec toutes ses conditions, depuis l'origine des choses, dans ce Poisson merveilleux, cette fameuse pile dont la découverte toute récente a immortalisé Volta. Nous admirons avec raison ce dernier appareil, auquel nous assignons un des premiers rangs parmi ceux dont le génie de l'homme a enrichi la physique. Admettrons-nous de l'intelligence, de l'invention, dans l'appareil qui porte le nom du célèbre physicien de Pavie, et nierons-nous qu'il n'y ait de même de l'intelligence et de l'invention dans celui de la Torpille ? Il n'y aurait pas d'expression pour qualifier un tel renversement de toutes les notions du sens commun.

S'il est une considération propre à nous pénétrer d'un sentiment de profonde gratitude envers la Providence divine, si attentive à pourvoir à tous nos besoins, c'est sans doute celle de cette innombrable quantité de Poissons placés dans l'Océan comme dans un immense vivier, pour fournir chaque année à l'homme une masse si considérable d'aliments qui portent la joie et l'abondance dans la chaumière du pauvre comme à la table de l'opulence et du luxe. Et voyez comme tout est admirablement ordonné pour qu'un plus grand nombre puisse jouir de cet inappréciable bienfait. Outre les espèces si variées qui habitent les eaux douces, d'autres races, et celles-là seules qui peuvent nous servir d'aliment, sortent de la mer à des époques déterminées, et, remontant les fleuves et les rivières, vont offrir un tribut plus précieux que l'or aux peuples fixés dans l'intérieur des continents; et, par une disposition non moins manifestement providentielle, les familles de Poissons que l'homme recherche, et qui ne quittent pas l'Océan, arrivent périodiquement des profondeurs de leurs retraites sur les rivages, et donnent lieu ainsi à un commerce d'une telle importance, qu'un grand nombre de contrées maritimes lui doivent toute leur prospérité [1].

1 Du sommet des monts qui dominent les parties centrales des continents, descendez par la pensée vers le littoral des mers, en vous abandonnant, pour ainsi dire, au cours des eaux qui se précipitent de ces hauteurs dans les bassins qui les entourent, sur quel ruisseau, sur quelle rivière, sur quel lac, sur quel fleuve ne verrez-vous pas la ligne ou le filet assurer au pêcheur la récompense de ses soins et de sa peine? Et lorsque, parvenu à l'Océan, vous vous élèverez encore par la pensée au-dessus de sa surface pour embrasser de là un hémisphère d'un seul coup d'œil, combien d'escadres ne verrez-vous pas, depuis un pôle jusqu'à l'autre, voguer pour les progrès de l'industrie, pour l'accroissement des ressources alimentaires ou économiques qui contribuent si puissamment au bien-être des peuples et à la richesse des empires !

Nous venons de jeter un rapide coup d'œil sur l'immense tableau que présente à notre contemplation une classe d'animaux qui, par la profusion des germes, la multiplication des individus, l'étonnante variété des espèces, surpasse peut-être tout ce que la terre et les airs peuvent produire ensemble. Que de monstres divers, que de races étranges peuplent les rivages, les rochers, les gouffres de l'Océan, parcourent les vallées et les montagnes sous-marines ! Que de merveilles cachées dans les profondeurs de la mer ! et qui pourrait dénombrer tous les trésors dont la munificence divine s'est plu à enrichir ce grand réservoir de vie ! Nous en serions mieux convaincus encore si les bornes de cet ouvrage nous permettaient de passer en revue les principales tribus qui se meuvent au sein de ces vastes abîmes, et dont l'homme, par de longues recherches et de persévérants efforts, est venu à bout de connaître l'histoire [1].

---

[1] Avant le voyage de James Ross, on croyait encore que, dans les profondeurs les plus inaccessibles de l'Océan, il n'était pas possible de rencontrer de poissons; mais l'expérience a démontré que cette supposition est erronée, et des êtres vivants se sont rencontrés à des fonds de près de deux mille cinq cents mètres.

CHAPITRE VIII

LES REPTILES

Considérations générales. — Le Crapaud. — Les Serpents, le Boa, le Boiga. — Les Crocodiles. — Les Chéloniens, la Tortue grecque. — Reptiles fossiles.

> Qu'on étudie leurs instincts, leurs formes, leurs armures ; qu'on fasse attention à l'anneau qu'ils occupent dans la chaîne de la création ; qu'on les examine dans leurs propres rapports et dans ceux qu'ils ont avec l'Homme, nous osons assurer que les causes finales sont peut-être plus visibles dans cette classe d'êtres qu'elles ne le sont dans les espèces plus favorisées de la nature.
>
> CHATEAUBRIAND.

Nous voici arrivés à une classe d'animaux qui, pour la plupart, ont été, de tout temps, un objet de dégoût et d'horreur. Un seul ordre excepté, celui des Tortues, et quelques individus appartenant à l'ordre des Sauriens, tout le reste excite l'effroi, ou est universellement réputé immonde. On a toujours considéré ces animaux, les uns comme des races dégradées, repoussantes par la laideur de leurs formes, par la froideur et la stupidité de leur naturel ; les autres comme des êtres extrêmement dangereux, qui peuvent donner la mort en quelques instants. Aussi, dans l'Écriture, le Serpent, les grands Sauriens, sous le nom de Dragon et de Léviathan, sont-ils le symbole de l'esprit du mal, des tyrans, des persécuteurs et des faux prophètes. Toutefois, dans ces espèces malfaisantes et hideuses, nous reconnaîtrons, comme dans les plus nobles et les plus innocentes du règne animal, la main

toute-puissante et les merveilles du grand Être qui les
tira de la fange impure où elles rampent; et cette empreinte divine doit nous paraître d'autant plus frappante,
qu'il fallait lutter, pour ainsi dire, contre plus d'inertie
et d'inaptitude dans ces créatures qui se présentent
comme des couleurs rembrunies, destinées à rehausser
d'un nouvel éclat le magnifique tableau des êtres vivants.

Si, planant dans l'espace, le vaste génie des naturalistes nous frappe par le riche tableau, par la peinture
élégante des Mammifères et des Oiseaux, par l'exposé
fidèle de leurs mœurs, il ne nous surprend pas moins
toutes les fois que, descendant des hautes régions où il
s'était d'abord élevé, il nous aide à pénétrer dans les
sombres retraites habitées par ces animaux, au sein de
la terre, derrière les masses anfractueuses des rochers,
sous les débris épars des végétaux gigantesques; nous fait
suivre leurs évolutions à la surface paisible des lacs, des
canaux et des fleuves; nous met à même de développer
les longs replis par lesquels ils s'attachent aux branches;
nous dévoile le mécanisme qui leur permet de ramper,
de grimper, de marcher, de courir, de nager, de sauter,
de voler même; offre à nos yeux les admirables images
des divers actes de leur vie; nous peint leurs mœurs si
curieuses, leurs habitudes si remarquables, leur industrie si incompréhensible, leur instinct si merveilleux,
leur organisation si variée, leur coloris si éclatant, leur
parure souvent si magnifique, leurs formes si fréquemment bizarres ou fantastiques, leurs armes si terribles...
Oui, le pouvoir de la nature brille avec autant d'éclat
dans ces objets d'une animadversion universelle que chez
ces créatures favorisées que notre admiration poursuit,
que notre intérêt cherche à captiver et essaie de s'ap-

proprier; il s'y développe avec une énergie tout aussi étonnante.

La classe des reptiles présente naturellement quatre types principaux : les BATRACIENS (Grenouilles, Crapauds, etc.), les OPHIDIENS ou SERPENTS, les SAURIENS (Lézards, Crocodiles, etc.), et les CHÉLONIENS ou TORTUES.

Parmi les Batraciens, nous choisirons le Crapaud. C'est un animal que l'opinion a flétri, et dont le nom même est devenu le signe d'une basse difformité. Tout, dans ce Reptile, est hideux et dégoûtant : corps ramassé et ventru, peau épaisse, livide, couverte de verrues d'où suinte une humeur visqueuse ; de chaque côté du cou une grosse glande (parotide) qui sécrète une humeur âcre : rampant lourdement plutôt qu'il ne marche, n'employant d'autre arme pour se défendre qu'une liqueur fétide qu'il lance [1]; caché d'ordinaire dans des lieux sombres et humides, cet animal ignoble est le type de la laideur, et l'on dirait que la nature, en le créant, ne s'est proposé d'autre but que de relever, par un frappant contraste, la beauté de ses autres ouvrages. Toutefois c'est mal à propos, suivant Cuvier, qu'on l'accuse d'être venimeux par sa salive, sa morsure, son urine, et même par l'humeur qu'il transpire : il se nourrit, comme les Grenouilles, de petits Mollusques, de Vers et d'Insectes vivants ; mais il est plus terrestre, et ne se rend qu'au printemps dans les eaux pour y déposer ses œufs [2].

---

1 L'Anglais Townson a eu le courage de s'assurer par le goût qu'elle ressemblait presque à de l'eau pure.

2 Nous venons de faire un portrait peu flatteur de cet animal, que le préjugé nous fait regarder comme si disgracié par la nature. Cependant on peut citer en faveur de sa race abhorrée une histoire bien authentique qui prouve que les Crapauds peuvent s'élever et s'apprivoiser. Nous voulons parler du fameux Crapaud de M. d'Arscott, mentionné par Pennand. (*Zoologie britann.*, vol. III.)

C'est à l'ordre des Ophidiens qu'appartient le Serpent,

Qui court, nage, bondit, gravit, vole ou serpente.

DELILLE.

Il y a, dans l'ensemble de la création, une profondeur, une harmonie si immense, si au-dessus de notre intelligence et de notre admiration; tout ce qui a reçu l'existence paraît si éminemment coordonné au grand but de l'ordre éternel des choses; l'homme, d'une nature si prédestinée dans ce premier univers, en a reçu si visiblement le sceptre d'une effusion divine, qu'on est entraîné à croire que chaque être a dans ce monde une mission expresse, corrélative au grand tout et dont l'homme est le foyer, et que ces animaux monstrueux, qui nous apparaissent sous des formes si effrayantes, remplissent par cela même leur destinée tutélaire envers celui dont la puissance est seule au-dessus de tous.

Il était déjà gros lorsqu'il fut remarqué pour la première fois; il habitait sous un escalier qui était devant la porte de la maison. Il était devenu familier. Comme la lumière des bougies avait été pendant longtemps pour lui le signal du moment où il recevait sa nourriture, non-seulement il la voyait sans crainte, mais même il la recherchait : il paraissait tous les soirs à l'heure où il l'apercevait, et levait les yeux comme s'il eût attendu qu'on le prît et qu'on le portât sur une table, où il trouvait des Insectes, des Cloportes, et surtout de petits Vers, qu'il préférait peut-être à cause de leur agitation continuelle; il fixait ses yeux sur sa proie, puis tout à coup il lançait sa langue avec rapidité, et les Insectes s'y attachaient à l'aide de l'humeur visqueuse dont elle était enduite. Comme on ne lui avait jamais fait de mal, il ne s'irritait point lorsqu'on le touchait. Il devint l'objet d'une curiosité générale, et les dames mêmes demandèrent à voir le Crapaud familier. Il vécut plus de trente-six ans dans cette espèce de domesticité, et il aurait pu vivre probablement un plus grand nombre d'années si un Corbeau, apprivoisé comme lui, ne l'eût attaqué à l'entrée de son trou et ne lui eût crevé un œil. Il mourut des suites de cet accident, au bout d'une année, malgré tous les efforts qu'on fit pour le sauver. Il était d'une grosseur énorme.

11   11

L'histoire du Serpent remonte à l'origine du monde, et se rattache à celle de l'homme par l'influence qu'il a eue sur nos destinées. Ses mœurs, ses habitudes, ses propriétés, paraissent avoir été observées dès les temps antiques; les chants des premiers poëtes, les fastes de la mythologie, les plus anciennes traditions, parlent de ce Reptile étrange; fréquemment il en est fait mention dans les livres sacrés de l'Inde; les Égyptiens le figuraient sur leurs monuments, et il était pour eux l'emblème du soleil, le symbole de l'éternité; les Phéniciens le nommaient le *bon génie*, et les Babyloniens l'adoraient du temps de Daniel; plus tard nous le retrouvons dans la Grèce, où il joue un grand rôle dans l'histoire des dieux et des héros. Les Grecs le consacrèrent à la prudence, à la santé, au dieu d'Épidaure; ils en ont entouré le caducée de l'éloquence, armé le fouet des Euménides, et l'ont placé parmi les constellations dans le ciel; il hérisse la tête de Méduse, ronge le cœur de l'Envie, siffle dans les mains de la Discorde. Et, chose remarquable, la plupart de ces mêmes idées étaient répandues parmi les sociétés à demi policées de l'Amérique, notamment chez les Mexicains, qui représentaient leur cycle de cinquante-deux ans par une roue environnée d'un Serpent qui se mord la queue. Aujourd'hui ces animaux reçoivent encore des honneurs divins dans le Calicut, sur la côte de Malabar, et parmi les hordes sauvages de l'Afrique, principalement au royaume de Judah, sur la côte de Guinée.

Sous le soleil ardent des contrées équatoriales, les grandes espèces de Serpents recherchent le voisinage des eaux; c'est ordinairement près des fontaines, aux bords des fleuves, qu'ils établissent leur repaire; c'est là qu'ils attendent que la chaleur du midi amène sur la rive les

Gazelles, les Antilopes, les Chevrotains, qui, consumés
par la soif, excédés de fatigue et souvent de disette, au
milieu de ces terres brûlantes et dépouillées de verdure,
viennent leur livrer une proie facile. Le Tigre aussi fréquente les mêmes rivages pour y saisir sa victime, et
quelquefois il se livre d'affreux combats entre ces deux
tyrans féroces qui se disputent l'empire de ces bords si
souvent ensanglantés.

Les grands Serpents l'emportent en longueur sur tous
les animaux, à l'exception de quelques Cétacés, et l'on

Fig. 34

trouve presque tous les degrés intermédiaires occupés par
quelque espèce ou quelque variété, jusqu'à ceux qui ne
sont pas plus gros qu'un tuyau de plume et qui n'ont que
quelques cetimètres de long. Les couleurs dont ils sont
peints ne sont pas moins variées : on rencontre sur leur
corps depuis le blanc et le rouge le plus vif jusqu'au
violet le plus foncé, et même jusqu'au noir. Toutes ces
couleurs sont merveilleusement fondues les unes dans les

---

* Boa devin. — Le Boa devin est parmi les serpents ce que l'Éléphant et le
Lion sont parmi les Quadrupèdes : il surpasse les animaux de son ordre par
sa grandeur (huit à dix mètres de long), comme le premier, et par sa force,
comme le second. La nature l'a fait le roi des Serpents, en lui accordant la
beauté, la grandeur, l'agilité, la force, l'industrie; elle lui a en quelque sorte
tout donné, hormis ce funeste poison départi à certaines espèces de Serpents
presque toujours les plus petits, et qui a fait regarder l'ordre entier de ces
animaux comme des objets de grande terreur. Ce serpent vit dans les Indes
orientales, dans l'Amérique intertropicale, dans les déserts de l'Afrique.

autres, de manière à ne présenter que très-rarement la même teinte lorsqu'elles sont diversement éclairées par les rayons du soleil. Les uns n'offrent qu'une seule nuance; les autres brillent de plusieurs couleurs plus ou moins contrastées, enchaînées, pour ainsi dire, en réseaux, distribuées en lignes, s'étendant en raies, disposées en bandes, répandues par taches, semées en étoiles, représentant quelquefois les figures les plus régulières et souvent les plus bizarres.

Des trois cent vingt espèces de serpents qui ont été décrites, cent quinze appartiennent à l'Amérique équatoriale, quarante-trois aux seules côtes du Bengale et du Coromandel; quinze ou seize seulement habitent l'Europe; mais, parmi tous les Serpents connus, il n'y en a guère qu'un sixième ou un cinquième qui soient armés de traits dangereux.

Parmi les espèces innocentes, nous mentionnerons une Couleuvre particulière aux contrées équinoxiales, le Boiga.

Fig. 35 *.

Ce Serpent présente les couleurs les plus riches et les plus agréablement variées dont la nature ait décoré aucun de

----

* Boiga.

ses ouvrages. Cette couleuvre, par la richesse de sa parure, occupe dans son ordre le même rang que l'Oiseau-
Mouche dans celui des Oiseaux. Les couleurs vives des
pierreries et l'éclat brillant de l'or resplendissent sur les
écailles du Boiga ainsi que sur les plumes de l'Oiseau-
Mouche; et, comme si la nature, en embellissant ces
deux êtres, avait voulu donner à l'art un modèle parfait
du plus bel assortiment des couleurs, les teintes les plus
brunes, répandues sur l'un et sur l'autre au milieu des
nuances les plus claires, sont ménagées de manière à
faire ressortir par un heureux contraste les couleurs
éclatantes dont ils brillent. Le Boiga a la tête garnie
d'écailles d'un bleu foncé et comme soyeux, relevé par
deux petites bandes, l'une blanche et l'autre noire, qui
règnent ensemble le long de la mâchoire supérieure. Le
dos est aussi d'un bleu variant par reflets, qui joue
quelquefois le vert de l'émeraude. Sur ce fond de saphir
s'étend jusqu'au bout de la queue, une petite chaîne ou
espèce de riche broderie qui présente l'éclat métallique de
l'or le mieux poli. Le dessous du corps est d'un blanc ar-
gentin séparé des couleurs bleues du dos par deux autres
petites chaînes que l'on croirait également dorées par l'art.

Outre ces deux couleurs dominantes, l'azur et le blanc,
si agréablement contrastés par ces élégantes broderies
d'or, le Boiga resplendit de tous les reflets de l'argent,
du jaune, du rouge et du noir. Le bleu et le blanc, à
travers lesquels il semble qu'on aperçoit ces teintes merveilleusement fondues, mêlent encore la douceur de leurs
nuances à la vivacité de ces divers reflets, en sorte que,
lorsque ce magnifique reptile se meut, on croirait voir
briller au-dessous d'un cristal transparent et bleuâtre
une longue chaîne de diamants, d'émeraudes, de topazes,

de saphirs et de rubis. Ce serpent joint à la somptuosité de sa parure des proportions sveltes, des mouvements très-agiles et les habitudes les plus innocentes. Dans l'île de Bornéo, les enfants jouent avec lui ; on les voit manier sans crainte ce joli Serpent, l'entortiller autour de leur corps, le porter dans leurs mains, et nous rappeler cet emblème ingénieux de l'antiquité, cette image touchante de la candeur et de la confiance, qu'elle représentait sous la forme d'un enfant souriant à un Serpent qui le serrait dans ses contours. Mais dans cette allégorie le Serpent recélait un poison mortel, au lieu que le Boiga ne rend que des caresses aux jeunes Indiens [1].

Les Crocodiles (ordre des Sauriens) ont des habitudes aquatiques, et présentent à cet égard plusieurs particularités d'organisation extrêmement remarquables, et qui nous fournissent une preuve d'intention bien évidente. Le canal par lequel l'air pénètre dans les poumons peut être complétement séparé de la bouche par l'abaissement d'un repli analogue au voile du palais des Mammifères, disposition qui leur permet de rester sous l'eau, la

---

[1] Un fait curieux, dans la distribution des Serpents à la surface de la terre, c'est leur absence presque totale dans les nombreuses îles de l'océan Pacifique : phénomène d'autant plus singulier, que les îles voisines, qui composent le grand archipel Indien, appartiennent aux régions de la terre les plus peuplées de Serpents. Un fait non moins digne de remarque, c'est que les espèces de Serpents qui habitent le nouveau monde sont constamment différentes de celles de l'ancien. Plusieurs espèces de nos contrées se retrouvent dans l'Asie tempérée et jusqu'au Japon, sans présenter la plus légère différence, quoique les Serpents soient de tous les reptiles ceux qui demeurent les plus confinés dans leur terre natale. L'Amérique du Sud nourrit, en général, des espèces autres que celles de l'Amérique du Nord. L'Amérique, surtout dans la partie intertropicale, est, avec la Malaisie, la partie de la terre la plus féconde en Ophidiens. Java est surtout d'une prodigieuse richesse erpétologique.

L'*Hydrophis* ou Serpent de mer, si terrible à raison de son venin, se rencontre, par bandes nombreuses, sur tous les points des mers du Sud, des Indes et de la Chine. Il dépasse rarement un mètre en longueur.

bouche béante, pour attendre leur proie, sans interrompre leur respiration. De plus, leurs narines, ouvertes au bout du museau, sont fermées par des valvules.

Les Crocodiliens habitent les contrées équinoxiales de l'ancien et du nouveau monde, et se tiennent dans les fleuves et dans les lacs marécageux, quelquefois réunis en grand nombre. Adanson en a vu plus de deux cents nageant ensemble sur la grande rivière du Sénégal. En général leurs mouvements sont graves, cependant ils peuvent nager en ligne droite avec vitesse; comme la disposition des vertèbres de leur cou ne leur permet que très-difficilement de changer de direction, on peut aisément les éviter en tournoyant. Au printemps ils font souvent entendre des mugissements presque aussi forts que ceux d'un Taureau.

Les habitants de la fameuse Thèbes et des environs du

*Fig. 36 *.*

lac Mœris, en Égypte, rendaient une sorte de culte religieux à ces Reptiles et les embaumaient après leur mort.

* Crocodile du Nil.

Trois de ces Crocodiles ainsi embaumés existent en ce moment à Paris. *Sonc* ou *Sonchis*, nom égyptien de Saturne, suivant Champollion, était aussi le nom du Crocodile, que des prêtres élevaient à Arsinoé, qu'ils nourrissaient avec grand soin et qu'ils ornaient de bijoux. C'est le Léviathan de l'Écriture [1].

« Les Crocodiles, au rapport d'Hérodote, étaient entretenus avec le plus grand soin par les Égyptiens pendant leur vie : ils étaient enterrés après leur mort dans des cellules consacrées.

« Cette vénération des Égyptiens pour leurs animaux sacrés, qu'ils leur continuent dans la tombe, et qui même après leur mort est rendue plus explicite par des soins multipliés et par une grande variété de pratiques très-dispendieuses, forme un fait d'histoire dont la singularité frappe vivement l'esprit. Mais combien se prolonge et redouble cette impression, si l'on considère que cette particularité, qui date de plusieurs centaines d'années au delà de l'ère chrétienne, arrive à nous, Européens du XIXe siècle, comme un fait perceptible actuellement ! Ces cellules consacrées, je les ai visitées, dit Geoffroy Saint-Hilaire ; ces Crocodiles enterrés, et d'abord pieusement embaumés, je les ai vus en place. Que de nombreuses générations aient depuis et durant trois mille ans succombé, qu'elles aient mêlé leurs cendres avec celles des générations antérieures, que les dépouilles des derniers siècles soient venues accroître les bancs déjà considérables des antiques dépôts, néanmoins tous ces débris de l'antiquité sont toujours là : ce qui fut autrefois et

1 SCHEUCHZER, *Physique sacrée de Job.* — Voyez la sublime description qui en est faite, ch. XL et XLI du livre de Job.

comme il fut alors, tout est resté visuel. Les institutions,
la religion, la langue, les combinaisons sociales de l'ancien
peuple de l'Égypte, ont disparu ; mais son appareil mortuaire est resté debout ; il crée, pour nous, postérité
vivante, à l'égard de ces curieux débris, des circonstances
inouïes, puisque là ne sont pas seulement des motifs
pour nos souvenirs, mais vraiment des tableaux refaits,
des scènes renouvelées de ce qui fut, de ce qui était
dans le lointain des siècles. Là sont effectivement des
matériaux d'un genre nouveau d'histoire, qui redisent
actuellement le passé, en le ramenant lui-même, en le
rendant perceptible tout autant pour les yeux du corps que
pour ceux de l'esprit. Entré dans la demeure mortuaire
des Crocodiles à Thèbes, j'en ai retrouvé les parties
comme elles avaient été distribuées ; là étaient des Crocodiles empaquetés, sans la moindre altération ; de la
main qui en avait fait le pieux dépôt, ces restes vénérés
ont passé dans la mienne, sans qu'aucun événement ait
croisé cette relation consécutive ; les deux actes se sont,
en effet, succédé, sans autre interruption qu'une nuit de
trente siècles écoulée entre l'une et l'autre.

   « J'ai été fort attentif, continue le même naturaliste,
à toutes les allures du petit Pluvier (*Trochilus*) ; et
l'ayant vu poursuivre sa proie, dont il est très-friand,
jusque dans la gueule du Crocodile, je suis resté fixé
sur les faits de détermination dont j'avais la connaissance si fort à cœur. Or, ce que j'ai d'abord observé,
c'est que ce n'est point pour nettoyer les dents, à quoi
pourraient suffire et suffisent les pieds de derrière, que
le *Trochilus* ou le petit Pluvier s'agite et se porte sur
le Crocodile. Celui-ci est livré à d'autres soins : j'ai pu
l'observer, et même plusieurs fois, surtout en m'y appli-

quant, à l'égard d'un Crocodile fraîchement mort, ce
qu'il était plus facile d'expérimenter. Or, ce que j'ai
appris et par moi-même et par le rapport des pêcheurs,
c'est que tout Crocodile arrivant au repos, sur le sable,
est aussitôt assailli par un essaim de Cousins qui volent
en quantité innombrable à portée et au-dessus des eaux.
Sa gueule n'est pas si hermétiquement fermée que ces
Insectes ne trouvent à s'y introduire : ils y arrivent et
s'y rangent en tel nombre, que la surface intérieure de
tout le palais, d'un jaune vif partout, est recouverte
d'un brun noirâtre, qui est le produit de ces Cousins
rangés côte à côte. Tous ces Insectes suceurs enfoncent
leurs trompes dans les orifices des glandes qui abondent
dans la gueule du Crocodile.

« Circonstance bien digne de remarque ! il existe à
Saint-Domingue un Crocodile si voisin de celui de l'É-
gypte, que j'ai eu beaucoup de peine à en saisir les caractères différentiels. Se distinguant surtout par ses mâchoires plus longues, d'où son nom latin de *Crocodilus
acutus,* il a la langue aussi plus longue et par conséquent encore plus exactement renfermée dans les téguments intérieurs et extérieurs qui sont répartis entre
les branches maxillaires. Voilà donc un autre Crocodile
qui, privé de l'usage de sa langue, ne peut pourvoir à
tous les soins que nécessite la bonne tenue de son palais : alors mêmes causes et mêmes effets. Des Insectes
également nuisibles, si même ils ne leur sont entièrement identiques, dits Maringouins, existent en ce lieu
comme en Égypte. Le Crocodile arrivant aussi au repos
sur les rampes des rivières est donc également exposé
aux mêmes tourments que le Crocodile du Nil : mêmes
douleurs, par conséquent mêmes remèdes... L'Oiseau

qui rend ce bon office au Crocodile de Saint-Domingue
est, dit-on, le Todier, à bec frêle, déprimé et très-plat.
Il peut donc entrer sans difficulté dans la gueule du Crocodile, et, repu, en sortir de même. Excepté que c'est
une autre espèce qui remplit le rôle du petit Pluvier, ce
sont les mêmes scènes qu'en Égypte, la répétition des
mêmes habitudes.

« Ni l'un ni l'autre de ces Crocodiles, qui sont égale-
lement privés de l'usage de leur langue comme organe
de mouvement, ne peuvent en remplacer l'office par un
recours à leurs membres de devant; ceux-ci sont trop
peu souples et beaucoup trop courts pour atteindre à
la gueule. La nature aurait donc établi les Crocodiles
sans les moyens de pourvoir personnellement à leur
bien-être, aux soins de leur conservation. Dans ce cas,
misérablement abandonnés aux morsures d'Insectes mi-
nimes par leur volume, mais qu'un concours bizarre de
circonstances rendait tout-puissants, il fallait ou que ces
Crocodiles succombassent sous l'excès de leurs maux,
ou qu'ils pussent les soulager en implorant la charité
d'autrui.

« Ainsi, à défaut d'une organisation complète, la
nature serait venue au secours du Crocodile, en lui
inspirant du moins une industrie qui a sauvé l'espèce
du malheur d'être détruite aussitôt que créée. Or quelle
assistance pouvait, en effet, lui être plus utile que celle
d'un petit Oiseau, très-léger à la course, ardent à la
poursuite de sa proie, et fort preste à s'en saisir.

« On voit, par ce qui précède, quels grands et réciproques avantages fonde la liaison du Crocodile et du
petit Pluvier; mais serait-ce toutefois comme cédant
chacun à une conviction intime, comme ayant la con-

science qu'ils sont nécessaires l'un à l'autre? Le Crocodile, qui est sensible au plaisir d'être soulagé, qui se montre reconnaissant d'un service qu'on lui rend, qui avertit doucement son compagnon de se dégager, quand tous deux doivent penser à la retraite ; la parfaite sécurité de celui-ci, entré dans une gueule immense et pour tout autre si cruellement meurtrière ; le renoncement du plus fort à sa férocité naturelle et l'audace intrépide du plus faible, qui deviennent une concession mutuelle et leur sont respectivement avantageux ; tant d'allures bien concertées, tant de relations aussi fidèles : voilà des faits de mœurs dont les anciens n'ont pas craint de nous présenter le tableau, qu'ils ont, au contraire, énoncés sans réserve ni détour, sans jamais chercher à les affaiblir ; voilà ce qu'ont affirmé, dans le sens absolu de ces paroles, les Hérodote, les Aristote, et ce que sont venus confirmer à leur suite Pline, Élien, Philon et quelques écrivains des premiers siècles de l'ère chrétienne.

« Mais dans les temps modernes nous avons pris, au sujet de l'intelligence des animaux, un parti dans lequel il nous convient de persévérer : nous ne voulons reconnaître en eux ni actes réfléchis ni jugements où l'on ait à signaler la moindre apparence de moralité. Une barrière est placée entre les idées de l'homme et ce qui leur ressemble chez les animaux ; et cette barrière nous est tracée par des différences de facultés, lesquelles se rapportent, les unes aux lumières de la *raison,* et les autres aux déterminations innées de l'*instinct.* »

Passons aux Chéloniens. La première chose qui attire l'attention lorsqu'on jette les yeux sur les animaux appartenant à cet ordre, c'est l'enveloppe dure et osseuse qui les revêt en dessus et en dessous, ouverte seulement

par devant pour la sortie de la tête et des membres antérieurs, et par derrière pour donner passage à la queue et
aux pattes postérieures. Ce domicile portatif dans lequel
les Tortues peuvent retirer tous leurs membres au moment
du danger, compense pour chacun de ces animaux le
défaut de vitesse, et les protége contre les ennemis qu'ils
ne peuvent éviter par la fuite ni en cherchant leur salut
dans des retraites. C'est là une des preuves les plus
frappantes de cette Providence tutélaire qui veille à la
conservation des êtres les plus faibles. Ce bouclier impénétrable dont les Chéloniens ont été pourvus est composé de deux pièces épaisses et très-résistantes, plus ou
moins arrondies et plus ou moins convexes. La supérieure porte le nom de *carapace*, et résulte de la réunion
des côtes et des vertèbres dorsales; l'inférieure, nommée
plastron, est réunie avec les os qui composent le sternum. On peut donc considérer cette armure comme une
portion de squelette qui, au lieu d'être logée dans les
profondeurs des parties molles, est devenue superficielle.
La carapace est formée de plaques osseuses, unies entre
elles par des sutures, disposées ordinairement sur trois
rangs longitudinaux, et variant par leur grandeur, par
leur forme et leur nombre; le tout entouré d'un cadre ovalaire, composé de vingt-deux à vingt-six lames: le nombre
des lames du plastron varie de douze à vingt-quatre.

On distingue les Tortues marines, les Tortues fluviatiles, les Tortues paludines, et les Tortues terrestres.
Parmi ces dernières, la Tortue *grecque* est l'espèce la
plus commune en Europe et celle dont la lenteur est
devenue proverbiale : sa carapace est large et bombée
également; les écailles sont relevées au centre, striées
au bord, tachetées de noir et de jaune par grandes mar-

brures. Elle n'a pas trois décimètres de long, et vit de feuilles, d'Insectes, etc., ou s'introduit dans les jardins, où elle détruit plusieurs espèces d'animaux nuisibles. Elle recherche les lieux sablonneux et boisés, et aime à se

Fig. 37*.

réchauffer au soleil. On la trouve dans presque toutes les régions chaudes et tempérées de l'ancien continent. Elle passe l'hiver dans un sommeil léthargique, au fond d'un trou qu'elle se creuse en terre et où elle reste jusqu'au printemps.

Nous venons de donner un rapide aperçu d'une classe d'animaux étranges par leur structure extérieure et par leurs habitudes; mais, au milieu de cette diversité de formes et de fonctions, chaque membre, chaque partie d'un membre, nous présente toujours une pièce bien perfectionnée d'un tout parfaitement coordonné, et nous trouvons ainsi dans tous ces mécanismes combinés avec tant d'art et si habilement diversifiés, autant de preuves nouvelles de tout ce qu'il y a d'inépuisable et infinie

* Tortue grecque.

variété dans les plans de la Sagesse créatrice. Mais notre
admiration est singulièrement augmentée, et nous sentons naître un intérêt tout à fait nouveau pour ces races
extraordinaires, lorsque nous venons à considérer que les
Reptiles actuellement existants ne sont que les faibles
et comparativement très-peu nombreux représentants de
cette classe, la plus ancienne des Quadrupèdes. En effet,
les annales de la géologie, tracées en caractères non
équivoques dans les roches stratifiées de notre planète,
nous apprennent qu'il fut un temps où non-seulement
les Reptiles étaient les habitants les plus nombreux de la
surface terrestre et les dominateurs les plus puissants,
mais où leur pouvoir s'étendait encore jusque sur les
domaines des Océans. Dans ces âges reculés où notre
globe était encore dans l'enfance, des milliers de siècles
avant l'homme, avant même qu'aucun Mammifère carnivore ou lacustre eût commencé d'apparaître, des Crocodiles et des Lézards de formes diverses et de stature gigantesque peuplaient l'air, la terre et les eaux :
créations formidables qui jouèrent le rôle le plus étendu
à ces époques primitives où les convulsions qui boule-
versaient la surface de notre planète ne permettaient
pas l'existence de créatures plus élevées. Ce sont là des
conclusions qui peuvent étonner les personnes à l'esprit
desquelles ce sujet est offert pour la première fois ; mais
elles sont établies sur des faits devenus l'objet d'une
investigation si sévère et si froidement raisonnée, qu'il
ne peut pas plus subsister de doute sur l'existence de
ces prodigieux Sauriens, ou sur le lieu et la période où
nous affirmons qu'ils ont vécu, qu'on n'en peut avoir
pour les paroles de l'antiquaire qui rapporte aux animaux qui peuplaient jadis les bords du Nil les Singes

et les Crocodiles dont on a trouvé les momies dans les catacombes égyptiennes [1].

CHAPITRE IX

LES OISEAUX

*Sur les eaux, sur les prairies, sur les arbres ver-
doyants, sur la cime des rochers, et jusque sur les
toits, l'Homme écoute leur mélodie et contemple
leur plumage.*

§ Ier

Respiration des Oiseaux. — Vitesse et variété de leurs mouvements.
Structure des plumes.

La Providence a, dès l'origine, approprié un domaine spécial à chaque tribu d'animaux.

Ainsi il a été donné au Quadrupède de vivre sur terre, au Poisson de sillonner les profondeurs de l'Océan, à l'Oiseau de s'élever au sein des airs, et chacune de ces

---

[1] Nous ne pouvons nous arrêter à décrire ici tous ces Sauriens fossiles si extraordinaires : les Ichthyosaures, qui avaient les nageoires d'une Baleine, le museau d'un Marsouin, les dents d'un Crocodile et la tête d'un Lézard, et qui atteignaient plus de dix mètres de long ; les Plésiosaures, qui présentaient l'ensemble des caractères les plus monstrueux que l'on ait rencontrés parmi les ruines de l'ancien monde ; les Mosasaures, les Téléosaures, les Ptérodactyles, qui avaient le cou d'un Oiseau, les ailes d'une Chauve-Souris, le museau et les dents d'un Crocodile ; les Mégalosaures, longs de quinze à dix-huit mètres ; les Iguanodons, qui dépassaient vingt-cinq mètres de longueur ; des Tortues dont la carapace avait près de trois mètres de long, etc. etc. — Voyez la description et l'histoire de ces curieux Fossiles dans notre *Nouveau Traité des sciences géologiques considérées dans leurs rapports avec la religion*, etc., ch. V, § II, et fig. 17, 18, 19, 22, 23, etc.; 2e édition.

grandes familles semble avoir retenu dans sa nature une surabondance de l'élément qui lui fut destiné. Le Poisson, toujours plongé dans un liquide froid, a reçu une complexion molle, un tempérament humide, une flexibilité d'organes analogue à l'inconstance naturelle des eaux; le Quadrupède, placé au milieu du sol terrestre et pierreux, a une certaine dureté d'organisation et une pesanteur de membres qui le retiennent attaché sur la terre, tandis que l'Oiseau, auquel furent assignées les plaines de l'air, a été doué de cette activité, de cette finesse, de cette mobilité incessante, qui caractérisent la substance aérienne. Le squelette, cette partie la plus pesante du corps animal, a été notablement allégé dans les Oiseaux; leurs os, minces et creux, sont traversés par des courants d'air. Ils ont des poumons vastes, adhérents aux côtes, pourvus de sacs aériens qui n'occupent pas seulement la poitrine et l'abdomen, mais qui vont se ramifier dans les mille sinuosités du tissu cellulaire, entre les muscles, dans l'épaisseur des os, à l'intérieur même des plumes : on peut dire que les Oiseaux sont pénétrés par le fluide atmosphérique dans toute leur organisation, comme une éponge s'imbibe de l'eau dans laquelle on l'a plongée.

Cette respiration privilégiée des Oiseaux était une nécessité de leur vie tout aérienne. Pour se soutenir dans les airs, ils avaient besoin d'une grande rapidité de mouvements et d'une vivacité qui dépend pour tout animal de la quantité d'oxygène qu'il respire; ce même gaz, absorbé par la respiration, est une des sources de la chaleur vitale qu'ils devaient posséder à un degré élevé pour pouvoir résister au froid intense des hautes régions de l'atmosphère; enfin ils devaient avoir la faculté de diminuer à volonté leur pesanteur pour se soustraire plus

facilement aux lois de l'attraction, qui tend à faire tomber
tous les corps vers le centre de la terre; et c'est ce qui a
été obtenu au moyen de l'air, qui, remplissant les cellules respiratoires, dilate toutes les parties du corps de
l'Oiseau et lui fait perdre une portion notable de son
poids.

Quand on aperçoit un Oiseau qui vole, rien ne paraît
plus naturel aux yeux de l'habitude, mais rien n'est si
étonnant aux yeux de la raison. On ne peut pas concevoir
comment une masse, quelquefois assez lourde, peut s'é-
lever dans l'air, s'y mouvoir avec autant de vitesse, et
s'y soutenir avec autant de continuité. Les Oiseaux de
Paradis, les Mouettes, les Martins-Pêcheurs, les Hirondelles, semblent être toujours en mouvement et ne se
reposer que par instants; presque tous saisissent leur
proie en volant, sans se détourner ni s'arrêter. Mais ce
qu'il y a de plus remarquable dans le vol des Oiseaux,
c'est la proportion du temps et des espaces qu'ils ont
coutume de parcourir dans leurs voyages. On sait que le
Cerf, le Renne et l'Élan peuvent faire cent soixante kilomètres en un jour; le Chameau, douze cents kilomètres
en huit jours; le Cheval le plus léger et le plus vigoureux, quatre kilomètres en six à sept minutes. La vitesse
des Oiseaux est bien plus grande; car en moins de trois
minutes on perd de vue un gros Oiseau, un Milan qui
s'éloigne, un Aigle qui s'élève et qui présente une étendue
dont le diamètre est de près d'un mètre et demi. L'Oiseau
parcourt donc plus de quinze cents mètres par minute,
et peut se transporter à quatre-vingts kilomètres dans
une heure. Il pourra donc aisément parcourir huit
cents kilomètres tous les jours, en dix heures de vol,
ce qui suppose plusieurs intervalles dans le jour, et

la nuit entière de repos. Ainsi nos Hirondelles et nos autres Oiseaux voyageurs peuvent se rendre de notre climat sous la ligne en sept à huit jours au maximum. Adanson a vu et tenu à la côte du Sénégal des Hirondelles arrivées le 9 octobre, c'est-à-dire huit à neuf jours après leur départ d'Europe. On connaît l'histoire du Faucon de Henri II, qui, s'étant emporté après une Canepetière (espèce d'Outarde) à Fontainebleau, fut pris le lendemain à Malte et reconnu à l'anneau qu'il portait; celle du Faucon des Canaries, envoyé au duc de Lerne, qui revint d'Andalousie à l'île de Ténériffe en seize heures, ce qui fait un trajet de mille kilomètres. Hans Sloane assure qu'à la Barbade les Mouettes vont se promener en troupes à plus de deux cents milles de distance, et qu'elles reviennent le même jour. Une promenade de plus de cinq cents kilomètres indique assez la possibilité d'un voyage de huit cents. De la combinaison de tous ces faits l'on est sans doute autorisé à conclure qu'un Oiseau de haut vol peut parcourir chaque jour quatre à cinq fois plus de chemin que le Quadrupède le plus agile.

Tout contribue à cette facilité de vol dans les Oiseaux: d'abord la forme du corps, qui est ordinairement oblong, comprimé par les côtés, légèrement arrondi en dessous, un peu aplati sur le dos, aigu par devant, et renflé par derrière, disposition la plus propre à fendre l'air et à ouvrir un chemin à travers cet élément; les plumes, dont la substance est très-légère et l'arrangement très-avantageux; la conformation de la queue et des ailes, convexes en dessus, concaves en dessous, leur fermeté, leur étendue, la force des muscles qui les font mouvoir, etc. Toutes ces causes diversement combinées produisent

beaucoup de différences dans la manière de voler. Il y a
des Oiseaux qui, comme la Buse, le Milan, l'Épervier,
étendent, en volant, leurs ailes, et ne les remuent que
rarement; d'autres, comme l'Alouette, les agitent plus
fréquemment, mais seulement aux extrémités. Dans quelques-uns, le Pigeon, la Tourterelle, l'expansion des ailes,
tandis qu'ils volent, met leurs flancs entièrement à découvert; quelques autres ne les découvrent qu'en partie.
Plusieurs espèces, telles que les Perdrix, imitent dans
leur vol le jeu d'une balle lancée avec la main; d'autres,
la chute perpendiculaire des corps graves : l'Alouette, au
moment où elle s'abat. Les uns ne prennent leur essor
qu'après s'être mis à courir ou en profitant de l'avantage
de quelque hauteur, comme le Vautour, le Corbeau et
les Oiseaux de proie; les autres s'élèvent perpendiculairement, même au-dessus de l'eau : les Canards sauvages
et domestiques. Ceux-ci volent en suivant une ligne
droite : les Pigeons, les Grives; ceux-là, les Hirondelles,
par exemple, tracent en l'air des arcs ondulés, ou semblent décrire un dédale mobile et fugitif, dont les routes
se croisent, s'entrelacent, se fuient et se rapprochent;
enfin quelques espèces, réunies en troupes, semblent
soumises à une tactique régulière, elles obéissent à la voix
d'un chef et forment des légions disposées en triangles :
les Oies, les Canards, les Grues, les Cigognes; les autres,
mêlés confusément, ne suivent que la voix de l'instinct,
et représentent une espèce de tourbillon fort agité, dont
la masse entière, sans suivre la direction bien certaine,
paraît avoir un mouvement général de révolution sur
elle-même, ainsi qu'on le remarque parmi les Étourneaux
et les Linottes en hiver.

Il existe, entre les Oiseaux, les Quadrupèdes et les

Poissons un point de comparaison frappant, c'est celui
des organes au moyen desquels les uns et les autres
changent de place. Il serait difficile de dire si les jambes
remplissent mieux l'objet de marcher que les ailes ne
remplissent celui de voler ou les nageoires celui de nager.
La constitution des éléments était tout à fait différente :
l'action de chaque classe d'animaux sur l'élément dans
lequel il se meut devait être relative à la constitution de
cet élément. Il fallait modifier la forme des membres pour
que l'objet pût être également bien rempli partout ; le
Créateur l'a fait sans s'écarter du plan général. Une aile
dépouillée de ses plumes ressemble assez aux jambes de
devant d'un quadrupède : l'articulation de l'épaule et du
coude est la même, et, ce qui est remarquable, il y a
dans l'une et dans l'autre un seul os en haut et deux en bas.

Plus on examine le mécanisme des plumes, plus on le
trouve admirable. Chaque plume est un chef-d'œuvre. Le
tuyau d'une plume de l'aile a deux qualités difficiles à
réunir : la solidité et la légèreté. Le haut de la plume est
composé d'une matière qu'on ne rencontre dans aucune
autre classe d'animaux et dans aucune autre partie des
Oiseaux : c'est une matière légère, pliable, élastique
et résistante. La moelle qui nourrit les plumes est une
substance à part de toutes les autres. Mais ce qu'il y a
particulièrement à admirer, ce sont les barbes ou filets
déliés qui tiennent au tuyau. La première chose qu'un
observateur attentif remarquera, c'est que ces barbes
résistent beaucoup plus lorsqu'on les presse de bas en
haut, dans une direction perpendiculaire à leur plan,
que lorsqu'on passe le doigt le long du tuyau, dans la
direction où elles sont déjà inclinées. On découvre, en
examinant leur structure, la raison de cette différence :

chaque filament est plat et appliqué contre le filament voisin par son côté le plus large. Le tranchant du filament est donc placé dans une situation verticale quand l'Oiseau vole, et il en résulte que la barbe a une force de résistance suffisante dans le sens où cela est nécessaire.

Quand on essaie de séparer entre elles les petites lames qui composent la barbe d'un côté de la plume, on voit qu'elles adhèrent assez fortement ensemble. Si, après avoir séparé ces lames, on les applique de nouveau l'une sur l'autre, en passant le doigt le long du tuyau dans le sens de leur inclinaison, elles se reprennent comme auparavant. Quel est donc le mécanisme qui lie ces lames et leur permet de se reprendre quand on les a séparées ? Chaque fibre porte dans ses parties latérales de petits crochets destinés à saisir et à retenir les fibres voisines. Ces crochets se prennent entre eux d'autant plus aisément que leur forme est différente. Ceux qui sont placés sur les faces qui regardent la partie déliée de la plume sont plus longs, flexibles, et tournés en dessus : les crochets placés sur les autres faces sont plus courts, plus forts, et tournés en dessous. Lorsque, après avoir séparé deux lames, on les presse de nouveau l'une contre l'autre, les plus longs crochets dépassent les plus courts, et les pointes de ceux-ci, tombant dans la courbure de ceux-là, s'y arrêtent et réunissent les lames. Cette admirable structure peut s'observer au microscope : on compte jusqu'à quarante petits crochets dans un millimètre. Ainsi nous voyons que le même Être tout-puissant et tout sage qui a suspendu sur la tête des habitants de la planète de Saturne un magnifique anneau de cent vingt mille kilomètres de diamètre, a fabriqué les crochets

déliés qui lient entre eux les filaments légers d'une plume
de l'Oiseau-Mouche.

§ II

Les ailes et la queue des oiseaux ; mécanisme du vol. — Duvet, plumes
et pennes. — Beauté du plumage des Oiseaux.

> Tandis que Vaucanson construit d'une main savante
> son Canard artificiel, et que, saisis de surprise et
> d'étonnement, nous admirons cette imitation hardie
> des ouvrages du Créateur, les Esprits célestes sourient
> et ne voient qu'un enfant qui découpe un Oiseau.
>
> BONNET.

La formation, la structure et le développement des
plumes ont été l'objet de savants mémoires que nous
devons à MM. Dutrochet, F. Cuvier, etc. L'étude seule
de leurs variations dans les diverses espèces d'oiseaux
ferait la matière de plusieurs volumes; car, ainsi que
nous avons lieu de nous en convaincre à chaque pas, la
nature est aussi infinie dans la moindre de ses productions
que dans l'ensemble des êtres dont l'univers est formé.

Les principaux appendices qui servent au mouvement
des Oiseaux sont les ailes et la queue. Les ailes sont de
véritables avirons pour ces navigateurs aériens ; la queue
est le gouvernail qui sert à diriger les mouvements de
ces vivantes nacelles. Pliées commodément sur le dos
pendant le repos, les ailes se déploient avec grandeur et
symétrie lorsque l'Oiseau prend son vol. Elles sont
placées de chaque côté du corps et à une égale distance
de la tête, afin de tenir l'animal en équilibre.

Pour comprendre le mécanisme du vol, il faut observer
que l'Oiseau ne peut s'élever qu'après avoir déployé les
ailes et les avoir aussitôt abaissées avec tant de force et

de promptitude, que l'air ne puisse refluer : l'air devient
alors une espèce de corps solide qui résiste à l'action des
ailes, et qui sert de point d'appui au mouvement de l'Oiseau. Mais comme l'aile, en se relevant et en agissant sur
l'air de bas en haut avec autant de force et de vitesse
qu'elle l'avait frappé de haut en bas, éprouverait une
résistance capable de faire redescendre le corps de l'Oiseau
autant qu'il était monté, la nature a paré à cet inconvénient par l'art industrieux avec lequel l'aile est façonnée ; elle est un peu concave en dessous, ainsi que
nous l'avons déjà remarqué, afin que l'air sur lequel
elle s'appuie, s'enfermant dans cette concavité, résiste
davantage, et qu'il glisse plus facilement sur sa convexité lorsqu'elle se relève. Il arrive aussi que les barbes
de chaque plume se plient plus aisément de haut en bas
que de bas en haut, ce qui fait que, quand l'aile se relève,
elles obéissent à l'air et diminuent son action, tandis que,
dans le mouvement contraire, elles la fortifient en lui
résistant. Il faut observer encore que les Oiseaux, en
relevant les ailes, ont la faculté de rapprocher les plumes
et de les faire glisser l'une sous l'autre, en les retournant
un peu obliquement, au lieu qu'en les abaissant ils les
déploient autant qu'il est possible. La construction des
plumes et la faculté dont jouissent les Oiseaux, tout
annonce que la surface des ailes est augmentée lorsqu'elles
s'abaissent, et qu'elle diminue lorsqu'elles se relèvent ;
l'air est donc plus frappé dans un cas que dans l'autre,
d'où il doit résulter une différence dans le mouvement
de l'Oiseau.

La queue exerce une grande influence sur le mécanisme du vol. En supposant le corps de l'Oiseau suspendu en l'air par l'action des ailes, qui forment alors le

centre de gravité, si la queue frappe l'air à droite ou à gauche, le vol change aussitôt de direction et obéit à ces impulsions diverses à peu près comme un bateau qui se tourne et retourne, dirigé par les mouvements d'un aviron. Pour tourner, l'Oiseau n'a besoin que de battre d'une aile plus que de l'autre; pour monter, que de baisser la queue; pour descendre, que de l'élever; pour diriger son vol simplement en avant, il n'a qu'à la hausser et la baisser successivement par des mouvements brusques et rapides.

Quoiqu'on nomme *plume* en général tout ce qui recouvre le corps des Oiseaux, on en distingue cependant de trois sortes : le *duvet*, plume courte, à tuyau grêle, à barbes longues, égales, désunies. C'est une fourrure, un vêtement chaud et léger, interposé entre le corps et les plumes; les *plumes proprement dites,* rondes ou oblongues, légèrement courbées, disposées en quinconce et en recouvrement depuis le sommet de la tête jusqu'à la queue; les *pennes*, qui garnissent le bord postérieur de l'aile et qui composent la queue : ce sont les plumes les plus fortes; leur tuyau est gros, leurs barbes sont longues, élastiques, et très-intimement unies les unes aux autres. Pour lustrer toutes ces plumes, entretenir leur propreté, et empêcher l'eau de les pénétrer et de les flétrir, les Oiseaux ont à l'extrémité supérieure du croupion une glande qui sécrète une matière huileuse qu'ils en expriment en la pressant avec le bec, et qu'ils appliquent ensuite aux plumes en les pinçant et les faisant glisser entre leurs mandibules. Si quelques-unes des barbes ont été dérangées, elles sont, à la faveur de leur élasticité, rétablies dans leur premier état par cette même opération.

Mais de toutes les merveilles de structure et d'organisation qui se présentent à notre étude dans l'histoire des Oiseaux, il n'en est point peut-être qui soit plus digne de notre admiration que la couleur de leur plumage. Il semble que la nature ait pris plaisir à ne rassembler sur sa palette que des couleurs choisies, pour les répandre avec autant de goût que de profusion sur l'habit de fête qu'elle a destiné à cet ordre d'animaux. Sur les uns, on voit briller toutes les nuances du bleu, du violet, du rouge, de l'orangé, du pourpre, du blanc pur, et du noir velouté; sur d'autres, c'est le bleu du saphir, le vert éclatant de l'émeraude, et le glacis de l'or et de l'argent. Ceux-ci offrent à la fois le mélange le plus splendide du pourpre et de l'azur; ceux-là étalent somptueusement le vif éclat de l'or sur le noir soyeux du velours ou du satin.

Toutes ces couleurs, tantôt assorties et rapprochées par les gradations les plus douces, tantôt opposées et contrastées avec une entente admirable, mais presque toujours multipliées par des reflets sans nombre, où la lumière du soleil se joue en mille manières, forment une parure si brillante, si variée, que l'art ne pourrait ni l'imiter ni la décrire. Tous les Oiseaux, il est vrai, ne sont point également riches en couleurs; il y en a, surtout dans nos climats, dont le plumage est uniforme, terne et décoloré; c'est sur les Oiseaux de l'Asie, de l'Afrique et de l'Amérique, que la nature semble avoir épuisé ses pinceaux; c'est sous le soleil de l'Inde que le Paon étale ce magnifique plumage qui réunit tout ce qui flatte les yeux dans le coloris tendre et frais des plus belles fleurs, tout ce qui les éblouit dans les reflets petillants des pierreries, et tout ce qui les étonne dans l'éclat majestueux de l'arc-en-ciel. C'est dans les contrées les plus chaudes du nouveau monde qu'on admire la légèreté, la grâce et la robe éblouissante du Colibri : tout le feu et l'éclat de la lumière semble se réunir sur son plumage ; il rayonne comme un petit soleil [1]. C'est encore dans ces

mêmes climats que les Perroquets, les Aras, les Loris, les Amazones, les Cotingas, les Bengalis, les Tangaras, les Oiseaux-Mouches, etc., présentent ces incomparables livrées émaillées des plus vives couleurs. Dans nos pays tempérés, au contraire, les teintes sont plus faibles,

plus nuancées et plus douces ; le Coq, le Loriot, le Martin - Pêcheur, le Chardonneret, la Perdrix rouge,

Fig. 38 *.   *Fig. 39**.*

sont presque les seuls qu'on puisse citer pour la vivacité des couleurs. Il paraît que, toutes choses égales d'ailleurs, les espèces d'Oiseaux les plus brillantes, comme les fleurs les plus variées en couleur, seront toujours celles qui, dans leurs différents états, auront été le plus à portée d'éprouver la lumière. Nous voyons, en effet, les Linottes perdre sous nos yeux, dans les prisons où nous les tenons enfermées, le beau rouge qui faisait l'ornement de leur plumage,

[1] *In summa splendet ut sol.* MARGRAVE.
* Ara.
** Martin-Pêcheur.

lorsqu'à chaque aurore elles pouvaient saluer en plein air la lumière naissante, et tout le long du jour se pénétrer, s'imbiber, pour ainsi dire, de ses bénignes influences. Par les mêmes raisons, les fleurs, qui croissent malgré elles, et qui végètent tristement sur une cheminée ou dans l'ombre d'une serre, n'ont pas cet éclat vif et pur que le soleil du printemps répand avec largesse sur les fleurs de nos parterres et même sur celles de nos prairies.

Plusieurs savants se sont occupés de rechercher les causes de la coloration si remarquable du plumage. Ils ont essayé de démontrer, par des principes de mathématiques, qu'elle était due à l'organisation des plumes elles-mêmes et à la manière dont les rayons lumineux étaient diversement réfléchis en les frappant. Cette coloration paraît due toutefois aux éléments contenus dans le sang, en même temps que la texture des plumes joue un grand rôle par la manière dont la lumière en traverse les innombrables facettes pour être décomposées par elle comme par un prisme. Toutes les plumes écailleuses qu'on remarque sur la tête et la gorge des Épimaques (Huppes exotiques), des Oiseaux de Paradis, des Oiseaux-Mouches, etc., se ressemblent par le principe uniforme qui a présidé à leur formation. Toutes sont composées de bar-

*Fig. 40 *.*

* Oiseau de paradis.

bules cylindriques, roides, bordées de barbules régulières, qui en supportent elles-mêmes des rangées plus
petites. Toutes ces barbules sont creusées au centre d'un
sillon profond, de manière que, quand la lumière glisse
dans le sens vertical, il en résulte que les rayons lumineux, en les traversant, sont absorbés et font naître la
sensation du noir. Il n'en est plus de même lorsque la
lumière est renvoyée par ces mêmes facettes, qui chacune
font l'office d'un réflecteur. C'est alors que naît, par l'arrangement moléculaire des barbules, l'aspect de l'émeraude, du rubis, etc., chatoyant très-diversement sous
les incidences des rayons qui les frappent. Pour donner
un exemple de la diversité des teintes qui sont produites
par les plumes écailleuses, nous citerons la cravate d'é-
meraude de quelques
Colibris; nous la ver-
rons prendre tous les
tons du vert, depuis
les nuances les plus
claires et les plus uni-
formément dorées, jus-
qu'aux reflets sombres
du velours noir. Les
collerettes de rubis
de quelques espèces
lancent des faisceaux
de lumière qui se dé-
gradent pour donner
une coloration orangée, puis chamoisée, et ensuite
rouge noir. Mais les volatiles les plus richement dotés

Fig. 41.*

* Colibri.

par la libérale nature ne se présentent point constamment avec leur parure de fête. Les jeunes, dans les premiers mois de leur naissance, ressemblent communément à leurs mères, dont les livrées sont d'ordinaire très-modestes, et ce n'est qu'en devenant adultes que les plumes de leur vestiture d'enfance font place à celles de leur robe de noces. La coloration des plumes est généralement d'autant plus éclatante et d'autant plus vive, que l'espèce habite les contrées les plus échauffées. On ne peut même citer qu'un très-petit nombre d'Oiseaux des régions polaires ou tempérées qui aient quelques parties brillantes. Il n'en est pas de même sous la zone torride, où les plumages ternes forment les cas rares, en exceptant toutefois la nombreuse famille des Palmipèdes.

§ III

Organisation de la jambe chez les Oiseaux. — Sens de la vue et membrane clignotante. — Usage et configuration du bec.

> Il existe une grande chaîne de rapports entre toutes les parties de cet univers et qui lie les moindres créatures avec les plus grands objets de la nature : le petit Roitelet qui dort sur sa branche se trouve en rapport avec les mouvements des corps célestes.

On croirait qu'il est aussi essentiel à l'Oiseau de voler qu'au Poisson de nager et au Quadrupède de marcher ; cependant il y a dans tous ces divers ordres d'animaux des exceptions à cette loi générale : et de même que dans les Quadrupèdes il y a des familles entières, comme celle des Chauves-Souris, dont les individus volent et ne marchent pas ; d'autres qui, comme celle des Phoques,

ne peuvent que nager, ou qui, comme celle des Castors
et des Loutres, marchent plus difficilement qu'ils ne
nagent; d'autres enfin qui, comme celle des Paresseux,
peuvent à peine se traîner, de même parmi les Oiseaux
on trouve l'Autruche, le Casoar, etc., qui ne peuvent

Fig. 42 *.

voler et sont réduits à marcher; d'autres, comme les
Guillemots, les Macareux, qui volent et qui nagent;
d'autres, comme les Pingouins et les Manchots, qui nagent et ne peuvent point voler : tant la nature se plaît à
diversifier le plan de ses ouvrages, et à distribuer, parmi
les différents ordres des êtres créés, des points d'union
et des lignes de prolongement par lesquels tout s'approche, tout se lie, tout se tient.

Lorsque l'Oiseau ne vole pas, il *pose* ou il *perche*.
L'Oiseau perché embrasse la branche avec ses doigts, et,
par un mécanisme merveilleux, il la serre d'autant plus
fortement qu'il y est posé depuis plus longtemps. En

* Autruche.

effet, les muscles fléchisseurs des doigts passent sur les articulations du genou et du talon; et quand celles-ci, fatiguées par le poids du corps, viennent à se ployer, elles tirent sur les tendons des muscles en question, et alors le doigt fléchi par eux serre avec plus de force la branche qui soutient l'Oiseau.

Quant aux Oiseaux à longues pattes, qui le plus souvent posent à terre, la nature leur a épargné les fatigues d'une longue station, en empêchant la cuisse de se fléchir sur la jambe. Lorsque le membre est étendu, l'extrémité inférieure du fémur, qui présente un creux, se pose sur une saillie du tibia, comme la boule d'un bilboquet sur son axe, et l'animal, n'ayant pas besoin de contracter ses muscles, n'éprouve aucune lassitude.

Il est encore quelques autres particularités d'organisation qu'il convient de mentionner ici, telles que la structure de l'œil, la conformation du bec, etc.

Le sens de la vue étant le seul qui produise les idées du mouvement, le seul par lequel on puisse comparer immédiatement les espaces parcourus, et les Oiseaux étant, de tous les animaux, les plus habiles, les plus propres au mouvement, il n'est pas étonnant qu'ils aient en même temps le sens qui les guide plus parfait et plus sûr. Ils peuvent parcourir en très-peu de temps un grand espace; il faut donc qu'ils en voient l'étendue et même les limites. Si la nature, en leur donnant la rapidité du vol, les eût rendus myopes, ces deux qualités eussent été contraires : l'Oiseau n'aurait jamais osé se servir de sa légèreté, ni prendre un essor rapide; il n'aurait fait que voltiger lentement, dans la crainte des résistances et des chocs imprévus. Sans entrer dans de longs détails anatomiques relativement à l'instrument de la vue chez les Oiseaux, nous ferons remarquer que l'*iris* a des contractions très-étendues, ce qui donne une grande mobilité à l'ouverture de la *pupille ;* la *cornée transparente* est très-bombée, et le cristallin aplati, surtout chez les Oiseaux de proie, qui s'élèvent à des hauteurs considérables ; mais ils ont le pouvoir de bomber et d'aplatir les milieux transparents chargés de briser les rayons qui arrivent à la rétine : la cornée est environnée d'un cercle osseux, composé d'un grand nombre de pièces posées en recouvrement ; les muscles qui font mouvoir l'œil tirent sur ce cercle, à la volonté de l'Oiseau. Ce tiraillement distend et rend plus convexe la cornée transparente, ce qui produit une puissance de réfraction bien plus considérable. Il résulte de là que l'Oiseau, qui est nécessairement presbyte pour découvrir d'une grande hauteur les objets peu volumineux, devient myope à mesure qu'il se rapproche de sa proie et qu'il a besoin de la distinguer plus nettement.

Mais ce qu'il y a de particulièrement remarquable dans la construction de l'organe visuel des Oiseaux, c'est l'existence d'une membrane nommée *clignotante,* dont l'office est de répandre promptement et également sur la surface antérieure du globe l'humeur lacrymale, et de défendre l'œil des atteintes subites, en laissant pourtant à l'animal la perception de la lumière au travers du tissu qui la forme. Il est facile d'observer que cette membrane est commodément ployée dans l'angle supérieur de l'œil, et qu'elle remplit son office avec aisance et célérité ; mais ce qui n'est pas moins admirable, quoique plus difficile à découvrir, c'est que cette membrane se déplie et se replie par la combinaison d'une substance musculaire avec une substance élastique, qui agissent de deux manières diffé-

rentes. Dans la plupart des mouvements musculaires
réciproques, le changement de situation est produit par
l'action des muscles antagonistes, dont les uns tirent en
avant, et les autres en arrière. Ici l'appareil est différent.
La membrane elle-même est une substance élastique,
susceptible d'un certain degré d'extension, et reprenant
ensuite sa forme et sa position primitives, comme une
bande de gomme élastique. Cette propriété étant donnée,
il fallait un moyen d'étendre ce rideau, lequel ensuite
devait se replier par son propre ressort. Pour cela, l'inventeur de ce voile mobile lui a attaché un tendon ou fil
si délié, quoique suffisamment fort, que, lors même que
ce fil passe par devant la pupille, la vue n'est point
obscurcie. Ce tendon est attaché à un muscle placé dans
le fond de l'œil. Lorsque le muscle se contracte, le fil se
tend et la toile couvre l'œil. Au moment où la volonté de
contraction cesse, l'élasticité de la membrane la fait
replier dans le coin de l'œil. Ce mécanisme est l'ouvrage
d'un artiste qui connaissait les propriétés de ses matériaux et qui savait bien en tirer parti.

Ce n'est pas tout. Il y a encore quelque chose de bien
admirable dans l'emplacement et les fonctions d'un autre
muscle auxiliaire qui forme un anneau, et au travers
duquel passe le cordon destiné à tirer le rideau. Un
muscle et son tendon, qui auraient été placés sur une
même direction, comme ils le sont à l'ordinaire, auraient
bien pu étendre la membrane s'il y avait eu assez de
place pour que la contraction du muscle suffît à tirer le
rideau tout à fait : il aurait fallu pour cela un muscle
plus long que l'espace contenu dans le fond de l'œil. Pour
obtenir plus d'effet dans un petit espace, l'inventeur de
cette machine a coudé le tendon, en le faisant passer,

non pas sur une poulie fixe, mais sur une poulie mobile, c'est-à-dire dans un anneau formé par un autre muscle, lequel, se contractant au même moment que le muscle principal, concourt à raccourcir le tendon précisément au degré convenable.

Pourquoi, demandera-t-on, l'inventeur de cette merveilleuse machine n'a-t-il pas donné aux animaux la faculté de voir, sans employer cette complication de moyens?

Nous nous bornerons à faire à cet égard une seule observation. L'existence, la sagesse et l'action de la Divinité ne pouvaient être démontrées à des créatures raisonnables par aucun autre moyen que par l'évidence de l'invention. C'est en contemplant les ouvrages de la nature, et en méditant les traits d'intelligence dont ils sont remplis, que nous arrivons peu à peu à la connaissance des attributs du Créateur. Nos facultés actuelles étant données, ce n'est que sur la partie de l'invention dans les ouvrages de Dieu que nous trouvons à observer et à raisonner : ôtez la partie de l'invention, et il n'y a plus lieu au raisonnement pour nous. C'est dans l'invention et la construction des instruments, c'est dans le choix et l'application des moyens que l'Intelligence créatrice se manifeste. C'est là ce qui constitue l'ordre et la beauté de l'univers.

Enfin les Oiseaux possèdent un instrument qui répond par ses usages à la bouche de l'Homme, à la gueule des Quadrupèdes, à la trompe des Insectes, au suçoir des Vers, c'est le bec. Le bec est, dans les Oiseaux, un organe principal, d'où dépend l'exercice de leurs forces, de leur industrie et de la plupart de leurs facultés. C'est tout à la fois la bouche et la main de plusieurs individus qui composent cet ordre d'animaux [1], l'arme pour attaquer, l'instrument pour saisir, et la partie du corps dont la conformation influe le plus sur leur instinct, et qui détermine la nécessité du plus grand nombre de leurs habitudes; et si ces habitudes sont infiniment variées dans les nombreuses tribus du peuple volatile, si leurs différentes inclinations les dispersent dans l'air, sur la terre et les eaux, c'est que la nature a de même varié à l'infini et dessiné sous tous les contours possibles le trait du bec. Un croc aigu et déchirant arme la tête des fiers Oiseaux de proie, et leur donne les moyens de satisfaire leur appétit pour la chair et leur soif pour le sang. Un bec en forme de cuiller, large et plat, détermine l'instinct des Oies, des Canards, des Spatules, et les oblige à chercher leur subsistance au fond des eaux et dans la fange des marais; tandis qu'un bec en cône court et tronqué, en donnant à nos Oiseaux de basse-cour la facilité de ramasser les graines sur la terre, les dispose de loin à se rassembler autour de nous et à venir, pour ainsi dire, s'offrir à nos usages. Le bec en forme de sonde grêle et ployante, qui allonge la face des Courlis, de la Bécasse, de la Barge et de quelques autres Oiseaux de marais ou de rivage, les oblige à se porter sur les terres marécageuses pour y fouiller la vase molle et le limon humide. Le bec dur, tranchant et acéré des pics fait qu'ils s'attachent aux troncs des arbres pour en percer le bois. Enfin le petit bec en alène de la Fauvette, du Rossignol, de la Lavandière, de l'Hirondelle, ne leur permet que de saisir les Vers, les Insectes, et leur interdit toute autre nourriture. Cette forme du bec est infiniment variée, non-

---

[1] Les Perroquets, les jeunes Coucous, etc.

seulement par nuances, comme tous les autres ouvrages de la nature, mais encore par degrés et par sauts assez brusques. L'énorme grandeur du bec du Toucan, la mon-

Fig. 43 *.

strueuse enflure de celui du Calao, la difformité de ceux du Flamant et du Pétrel, la figure bizarre du bec de la Spatule, et du Savacou, l'aplatissement vertical de celui du Macareux et du Pingouin, la coupe carrée et tranchante de celui de l'Huîtrier, la courbure à contre-sens de celui de l'Avocette, etc., nous démontrent assez que toutes les figures possibles ont été tracées, et toutes les formes remplies.

§ IV

Chant des Oiseaux. — Le Rossignol. — La Fauvette. — L'Alouette. — Le Merle polyglotte.

> Qui pourrait le matin rester lâchement assoupi et ne pas se lever pour la prière, quand un petit Oiseau bénit le Créateur longtemps avant que le soleil ait séché les gouttes de rosée que la nuit a laissées sur son plumage?
>
> PAUVERT.

Quelque parure éclatante que nous offre la terre, ce n'est qu'un vain appareil de magnificence pour les yeux

* Calao.

si l'oreille n'entend rien. Alors la nature nous semble
morte, et son silence afflige l'âme; mais c'est le frémissement de la forêt, le murmure de la fontaine, ce sont
les cris du Quadrupède, les accents de l'Oiseau, le bruis-
sement de l'Insecte, qui animent les campagnes. La vue
a bien moins de rapport avec le moral que l'ouïe; par
celle-ci, nous sympathisons avec tous les êtres vivants;
l'écho nous redit les soupirs du bocage, et l'aquilon des
hivers gémit entre les branches desséchées des Chênes.
C'est donc le bruit, la voix ou le chant qui fait sortir le
monde du silence de la mort. L'homme n'est point indif-
férent à l'harmonie de tous les êtres qui s'appellent, se
parlent, se communiquent leurs affections, et qui confient
aux échos de nos forêts leurs plaisirs et leurs douleurs.
Du milieu de ces vastes campagnes sort une mélodie qui
ravit l'âme; la voix de la terre s'élève au cœur humain et
le remplit de grandes pensées : la nature devient vivante;
elle parle; elle s'entretient avec nous des. sublimes concerts de tous les êtres créés.

Tous les animaux qui ont des poumons peuvent exprimer leurs affections par la voix; mais la faculté de
chanter, c'est-à-dire d'accompagner l'émission de la voix
de sons cadencés, de ces inflexions qui constituent la
mélodie, est l'apanage exclusif des Oiseaux, et les familles
chez lesquelles cette faculté s'exerce de la manière la plus
remarquable appartiennent à l'ordre des Passereaux. Supérieurs aux Quadrupèdes par la puissance du vol et la
rapidité du mouvement, les Oiseaux les surpassent donc
encore par la prérogative du chant. C'est sans contredit
le plus bel attribut qu'ils aient reçu de la nature : il
servit autrefois de modèle à cet art divin qui flatte si
agréablement l'oreille de l'homme, et qui a tant d'in-

fluence sur ses actions; et il fait tous les ans l'ornement de la plus belle et de la plus aimable des saisons. Dispersés sur toute la surface du globe, et jusque dans les solitudes les plus profondes, les Oiseaux répandent partout le plaisir, l'agrément et la vie. Leurs mouvements ont l'air du sentiment; leurs accents ont le ton de la joie; leurs jeux sont l'expression du bonheur, et leur présence est si nécessaire à l'harmonie de l'univers, que les feuillages renaissants, les bocages revêtus d'une nouvelle parure, nous paraîtraient moins frais et moins touchants, si les Oiseaux ne venaient les animer et y chanter au printemps.

Ne distinguez-vous pas dans le gazouillement des Oiseaux toutes les affections qui font battre votre cœur? La gaieté ne respire-t-elle pas dans les refrains de la Fauvette, la douceur dans les chants flûtés de la Linotte, la pétulance dans les accents martelés de la Mésange? Ne diriez-vous pas que la tristesse plane sur les grands bois, lorsqu'au déclin du jour le Ramier ou la Tourterelle roucoule en appelant sa compagne? Et par une belle matinée de mai, lorsque la nature s'éveille, que les fleurs saluent le jour en ouvrant leur coupe de parfum, si le Merle fait entendre sa voix dans les bocages solitaires, vous diriez une âme éprise d'amour pour cette nature enivrante de beauté.

Tous les individus de cet ordre n'ont point cependant la voix également douce et mélodieuse : les femelles en général sont plus silencieuses que les mâles; elles jettent, comme eux, des cris de douleur ou de crainte; elles ont des expressions et des murmures d'inquiétude ou de sollicitude, surtout pour leurs petits; mais le chant paraît interdit à la plupart d'entre elles, tandis que dans le mâle c'est une qualité qui fait le plus de sensation.

Outre les chants particuliers à chaque espèce d'Oiseaux, les familles naturelles ont un mode général de chant. Par exemple, les Perroquets parlent, les Oiseaux de proie exhalent des cris lugubres, les Gallinacés jettent des cris bruyants, les Palmipèdes poussent des clameurs retentissantes, les Oiseaux de rivage ont des clappements plus ou moins sonores, les petits Insectivores sifflent d'une voix douce et argentine, les Granivores ont un accent plus sonore, plus précipité ; les Oiseaux qui vivent de baies et de fruits sauvages font éclater leurs chansons variées, dans lesquelles on observe de nombreux trilles ou coups de gosier [1]. Mais s'il nous fallait examiner la voix de chacune de ces espèces, s'il nous fallait décrire les concerts nocturnes de Philomèle unis aux soupirs de la Frésaie, si nous pouvions retracer les hymnes des Tyrtées des forêts, quelles lyres harmonieuses emprunterions-nous ? Les échos de la roche solitaire répètent ces concerts ; ils retentissent de la chanson matinale de l'Alouette, de la joyeuse aubade du Merle, de la voix imitatrice du Moqueur de Virginie, de l'Étourneau, et de tous ces Orphées qui charment les beaux jours du printemps. Pour nous, assis sous un Chêne antique, nous écouterons avec recueillement l'harmonie ravissante qui

---

[1] Le Bouvreuil *siffle*, le Dindon *glousse*, le Dindonneau *piaule*, les Gobe-Fourmis *tintent* ou *carillonnent*, la Mésange *pipe*, le Pigeon mâle *roucoule*, le Coucou d'Europe *coucoule*, la Tourterelle *gémit*, le Corbeau *croasse*, le Coq *coquerique*, la Poule *caquette*, la Perdrix *cacabe*, la Pie *jacasse*, le Perroquet *crie* ou *parle*, la Cigogne *claquette*, l'Agami *crépite*, le Râle *râle*, la Foulque flûteuse *flûte*, le Butor *mugit*, le Flamant *trompette*, la Pintade *créccrelle*, la Tourterelle à collier et quelques Mouettes *ricanent*, d'autres Mouettes *criaillent* le Chardonneret *gazouille*, etc. etc.

s'élève chaque aurore du sein de la terre pour monter au trône éternel de Dieu. La triste acclamation du Milan dans les airs, les gémissements de la tendre Tourterelle, les fredons du Loriot sur le Frêne, la plainte funèbre de l'Oiseau nocturne, les conversations de l'Hirondelle avec ses petits, la gaie chanson du Roitelet, la voix éclatante et mélancolique du Héron au sein des marais, le babil de la Pie et du Geai, les intonations du Coucou, le cor bruyant des Goëlands au milieu des mers irritées, et la clangueur glapissante des Plongeons, tout nous représente la nature animée; et si nous y joignons les hymnes de guerre, les cantiques d'amour, l'expression de la douleur, le bruit des combats, les plaintes des vaincus, les chants de triomphe, mêlés aux grandes scènes de la nature, soit dans les plaines fertiles, sur les monts escarpés, dans les bois sombres, soit au sein des mers ou près des rives sablonneuses, tantôt dans les climats brûlants de la Torride, tantôt sur les rocs sauvages du Septentrion, quels spectacles! quelles harmonies! Tout s'unit, se rapproche; tout soupire et chante dans la nature animée, comme la voix inconnue dans l'étendue des déserts.

Fig. 44*.

* Héron.

Le Rossignol est, à bon droit, regardé comme le premier des Oiseaux pour la supériorité du chant. A la vérité, il y a quelques espèces qui ont d'aussi beaux sons; d'autres ont le timbre aussi pur et plus doux; d'autres enfin ont des tours de gosier aussi flatteurs; mais il n'en est pas un seul que le Rossignol n'efface par la réunion complète de ses talents divers et par la prodigieuse variété de son ramage : en sorte que la chanson de chacun, prise dans toute son étendue, n'est qu'un couplet de celle du Rossignol. Ce chantre inimitable charme toujours et ne se répète jamais, du moins jamais servilement. S'il redit quelque passage, ce passage est animé d'un accent nouveau et embelli par de nouveaux agréments; il réussit dans tous les genres, il rend toutes les expressions; il saisit tous les caractères; et, de plus, il sait en augmenter l'effet par des contrastes. Ce coryphée du printemps se prépare-t-il à chanter l'hymne de la nature, il commence par un prélude timide, par des tons faibles, presque indécis, comme s'il voulait essayer son instrument et intéresser ceux qui l'écoutent[1]; mais ensuite, prenant de l'assurance, il s'anime par degrés, il s'échauffe, et bientôt il déploie dans leur plénitude toutes les ressources de son incomparable organe : coups de gosier éclatants, batteries vives et légères, fusées de chant où

---

[1] « Le Rossignol se méfie du voisinage de l'homme, et cependant il se place toujours à la vue de son habitation et à la portée de son ouïe. Il choisit pour cet effet les lieux les plus retentissants, afin que leurs échos donnent plus d'action à sa voix. Quand il s'est établi dans son orchestre, il chante alors un drame inconnu qui a son exorde, son exposition, ses récits, ses événements, entremêlés tantôt des sons de la joie la plus éclatante, tantôt de ses souvenirs amers et lamentables qu'il exprime par de longs soupirs. Il se fait entendre au commencement de la saison où la nature se renouvelle et semble présenter à l'homme le tableau de la carrière inquiète qu'il doit parcourir. » — BERNARDIN DE SAINT-PIERRE, *Études de la nature*.

la netteté est égale à la volubilité, murmure intérieur et sourd qui n'est point appréciable à l'oreille, mais très-propre à augmenter l'éclat des sons appréciables ; roulades précipitées, brillantes et rapides, articulées avec force et même avec une dureté de bon goût; accents plaintifs, cadencés avec mollesse; sons filés sans art, mais enflés avec âme; sons enchanteurs et pénétrants, qui causent à tout ce qui est sensible une émotion si douce, une langueur si touchante. Ces différentes phrases sont entremêlées de silences, de ces silences qui, dans tous les genres de mélodies, concourent si puissamment aux grands effets; on jouit des beaux sons qu'on vient d'entendre et qui retentissent encore dans l'oreille ; on en jouit mieux, parce que la jouissance est plus intime, plus recueillie, et n'est point troublée par des sensations nouvelles : bientôt on attend, on désire une autre reprise, on espère que ce sera celle qui plaît; si l'on est trompé, la beauté du morceau que l'on entend ne permet pas de regretter celui qui n'est que différé, et l'on conserve l'intérêt de l'espérance pour les reprises qui suivront. Au reste, une des raisons pourquoi le chant du Rossignol est plus remarqué et produit plus d'effet, c'est parce que, chantant la nuit, qui est le temps le plus favorable, et chantant seul, sa voix a tout son éclat et n'est offusquée par aucune autre voix. Il efface tous les autres Oiseaux par ses sons moelleux et flûtés et par la durée non interrompue de son ramage, qu'il soutient quelquefois pendant vingt secondes. On a compté dans ce ramage jusqu'à seize reprises différentes, bien déterminées par leurs premières et dernières notes, et dont l'Oiseau sait varier avec goût les notes intermédiaires. Enfin on s'est assuré que la sphère que remplit la voix du Rossignol n'a pas moins d'un mille de diamètre, surtout lorsque l'air est calme, ce qui égale au moins la portée de la voix humaine[1].

Après le Rossignol, la Fauvette est le plus grand musicien des bois, et nous annonce par sa douce mélodie le réveil de la nature et le retour des beaux jours. Les modulations de son chant, quoique peu étendues, sont agréables, flexibles et nuancées, et les sons légers et purs. Vive, gaie, légère, presque volage, l'aimable Fauvette ne semblerait pas susceptible d'un grand attachement, et pourtant elle est très-aimante; elle affectionne d'une manière touchante celui qui a soin d'elle, elle a pour l'accueillir un accent particulier. A son approche, sa voix devient plus affectueuse; elle s'élance vers lui contre les mailles de sa cage, comme pour s'efforcer de rompre cet obstacle et de le joindre, et par un continuel battement d'ailes, accompagné de petits cris, elle semble exprimer l'empressement et la reconnaissance. Tel est le tableau que nous en a fait Olina, et c'est d'elle que mademoiselle Descartes a dit:

> N'en déplaise à mon oncle, elle a du sentiment.

Elle nous quitte en automne, et revient au printemps charmer de nouveau nos oreilles et animer nos bocages.

---

[1] « J'ai entendu de ces voix saisissantes qui vous percent jusqu'à l'âme, et qui ne laissent en repos aucune de vos fibres; mais, ô lèvres humaines, instrument de la pensée de l'être raisonnable, je ne sais si jamais vous m'avez fait tomber dans la rêverie comme les accents sonores de l'Oiseau qui charme les nuits du printemps ! Ce n'est pas dans nos villes qu'il faut l'entendre, dans nos bosquets étroits qui conservent toujours un reste de bruit; il faut l'avoir entendu, comme nous, au milieu des campagnes, lorsque l'air est pur, la nature attentive, le calme illimité. Quelle légèreté dans ses batteries ! quelle passion dans ses soupirs ! quelle vivacité dans ses cadences ! Ici sa voix

L'Alouette est un autre musicien des champs et des bruyères. Son joli ramage est l'hymne d'allégresse qui devance le printemps et accompagne le premier sourire de l'aurore. On l'entend dès les beaux jours qui succèdent aux jours froids et sombres de l'hiver, et ses accents sont les premiers qui frappent l'oreille du cultivateur vigilant. Le chant matinal de l'Alouette etait, chez les Grecs, le signal auquel le moissonneur devait commencer son travail, et il le suspendait durant la partie de la journée où les feux du midi d'été imposent silence à l'Oiseau. L'Alouette se tait, en effet, au milieu du jour ; mais quand le soleil s'abaisse vers l'horizon, elle remplit de nouveau les airs de ses modulations variées et sonores ; elle se tait encore lorsque le ciel est couvert et le temps pluvieux ; du reste, elle chante pendant toute la belle saison. Comme dans presque toutes les espèces d'Oiseaux, le ramage est un attribut particulier au mâle : on le voit s'élever presque perpendiculairement et par reprises, et décrire, en s'élevant, une courbe en forme de vis ou de colimaçon : il monte souvent fort haut, toujours chantant et forçant sa voix à mesure qu'il s'éloigne de la terre, de sorte qu'on l'entend aisément, lors même qu'on peut à peine le distinguer à la vue : il se soutient longtemps en l'air, et il descend lentement jusqu'à trois à quatre mètres au-dessus du sol ; sa voix

s'adoucit, ses accents se voilent ; c'est comme un secret qu'il n'ose confier aux nuits silencieuses ; puis tout à coup sa voix éclate, forte comme celle du musicien en délire : l'écho la répète ; c'est la nature tout entière qu'il prend à témoin de la vivacité de son amour. Une mélancolie profonde saisit l'âme lorsqu'en voyageant la nuit vous entendez ces sons passionnés sortir des broussailles qui croissent dans nos cimetières ! Quel silence et quelle mélodie ! » — M. l'abbé PAUVERT, *Harmonie de la religion et de l'intelligence humaine*, t. I.

s'affaiblit à mesure qu'il en approche ; enfin il s'y précipite comme un trait, et il est muet aussitôt qu'il s'y pose.

Jamais la nature ne se montra plus prodigue de moyens que dans la fabrication des gosiers harmonieux des Oiseaux chanteurs. Aussi quels charmes n'a pas leur voix tantôt brillante et sonore, tantôt douce et flûtée, si expressive, si mélodieuse pendant le silence d'une belle soirée, lorsque les vents et les murmures s'apaisent, comme pour écouter les concerts de ces musiciens de la nature ! Déjà l'orchestre prélude par quelques essais ; tout à coup s'avance le Rossignol, jeune Orphée du printemps. Il commence l'hymne céleste que lui apprit le Grand-Être, lorsqu'il fit palpiter la première fois son sein du feu de la vie ; ses rivaux répètent en cadence le refrain immortel des louanges de la nature ; ils sont accompagnés des accents plaintifs de la Fauvette et des soupirs mélancoliques de la Frésaie, qui s'exhalent par instants du sommet d'un vieux chêne. Les Oiseaux, sous la feuillée, saluent en chœur cette immense Puissance qui leur donna l'être ; et lorsque le soleil radieux resplendit au matin dans l'orient, chacune de ces créatures célèbre le père du jour par de délicieuses harmonies. La Veuve au plumage en deuil sur les bords du Sénégal, le Bengali écarlate sous les ombrages des fleuves de l'Inde, le Merle à cent langues parmi les forêts américaines, élévent chaque jour aux cieux, sur ces terres fécondes, l'hommage de leur reconnaissance et l'expression de leurs transports, tandis que l'écho redit sans se lasser de si douces chansons. Oh ! qui nous transportera sur ces rives fortunées pour entendre ces ravissants concerts, au milieu des bocages embaumés et des solitudes remplies de charmes secrets et de grandes pensées ! Que mon oreille n'a-t-elle été frappée de ces accents! Je vous redirais dans un langage bien autre que ces paroles vulgaires les sentiments délicieux qu'ils auraient fait naître dans mon âme [1].

1 Nous avons fait mention du Merle à cent langues ou Merle *polyglotte*, Oiseau chanteur d'Amérique. Le cri habituel de cet Oiseau a une expression triste; mais dans la saison des œufs le chant du mâle est d'une mélodie ravissante. L'Européen qui entend cette voix vigoureuse et passionnée à travers le feuillage du Magnolia de la Louisiane, la compare avec l'hymne nocturne du Rossignol, et ressent, dit Audubon, un secret mépris pour ce qu'il admirait autrefois. Les Bignonia et les Ampelopsis s'enlacent autour des gros arbres, les dépassent, les couronnent et retombent en festons; des fleurs balsamiques, des grappes mûrissantes, des corymbes empourprés, une atmosphère tiède et lumineuse enivre tous vos sens à la fois. Levez les yeux : sur une branche de Magnolia la femelle repose; le mâle, aussi léger que le papillon, décrit autour d'elle des cercles rapides, remonte, redescend, remonte encore, ses belles plumes un peu développées, saluant de la tête sa douce compagne, et, toutes les fois que son vol s'élance vers le ciel, recommençant son chant de joie, le plus brillant de tous les chants. Il ne débute pas, comme le Rossignol, par de longs et mélancoliques soupirs; il attaque franchement son thème musical, qu'il module ensuite, qu'il gradue, qu'il varie avec un art incroyable, ayant soin de faire entrer dans la composition de son œuvre l'imitation des plus doux bruits dont la nature lui a fourni le modèle, le murmure des feuilles, le roulement lointain de la cataracte, le gazouillement du ruisseau voisin. Ce chant accompagne son vol; mais ce n'est qu'un prélude encore. Lorsqu'il vient se poser sur le rameau qui soutient sa compagne, ses notes deviennent moins brillantes, plus moelleuses, plus exquises. Puis il repart, s'abaisse, remonte, parcourt de l'œil tous les environs, pour s'assurer que nul ennemi ne menace son repos; il bat des ailes, et semble par ses mouvements cadencés exécuter dans les airs une danse folâtre; puis il revient se percher près de sa compagne, et, pour *finale* de ce grand concerto, lui donne la traduction la plus exacte de toutes les mélodies, de tous les cris, de tous les sifflements, de tous les accents qui appartiennent aux autres Oiseaux et même aux Quadrupèdes : c'est l'aboiement du Chien, le beuglement du Bison, le miaulement du Chat-Cervier; c'est le chant de la Linotte et de la Perdrix, le glapissement du Renard et le caquet de la Poule; c'est la voix stridente du Hibou, voix si fidèlement imitée, qu'elle jette la terreur parmi les petits Oiseaux du voisinage, et les met en fuite au milieu du jour, comme si leur ennemi nocturne les poursuivait à la clarté du soleil. Enfin une note particulière de la femelle se fait entendre : c'est un son triste, étouffé, qui impose silence au Moqueur; aussitôt celui-ci cesse son chant, et le couple s'occupe à chercher un lieu favorable pour l'établissement de son nid. C'est sur l'Oranger, le Figuier, le Poirier, à la

§ V

Nids des Oiseaux.

Je me souviens d'avoir été enfant... Temps d'inno-
cence, où la conquête d'un nid vaut mieux que la
conquête de la gloire, où l'Oiseau qui vous suit et qui
boit à votre bouche, suffit pour satisfaire l'imagination
et le cœur.

Aussitôt que les Oiseaux sont appariés, ils s'occupent
de la construction de l'édifice où doit loger leur postérité.
Les uns l'établissent dans les trous qu'ils creusent en
terre, les autres le posent dans les fentes des rochers ou
sur des tertres élevés. On en voit encore sur les roseaux,
sur les arbustes, dans l'intérieur des maisons, sous les
toits, à la cime des arbres, ou suspendus à l'extrémité
des branches flexibles; enfin, en quelque endroit qu'ils
le posent, c'est toujours sous quelque abri, hors de la
portée de l'homme et de l'insulte des animaux. Les petites
branches de bois sec, les feuilles sèches, le foin, la paille,
le lichen, la mousse, le crin, la laine, le coton, la soie,
les toiles d'araignée, les plumes et le duvet, tout est
mis en usage pour la construction de cet élégant édifice.
Il est ordinairement creux, d'une forme hémisphérique
pour mieux concentrer la chaleur, et d'une capacité
exactement proportionnée au nombre et au volume des
individus qui doivent s'y loger. Les dehors sont composés de matières grossières qui servent de fondement;

jonction de deux rameaux, qu'il construit le petit édifice. Pendant l'incuba-
tion, le mâle va chercher les Insectes, et les apporte à sa femelle, qui le
remercie par un petit cri plein de tendresse. Lorsque l'époque de l'éclosion
est sur le point d'arriver, la mère se laisse prendre sur son nid plutôt que
de l'abandonner.

on y trouve des épines, des joncs, du gros foin et de la mousse la plus épaisse. Sur cette première assise encore informe, on voit des matériaux plus délicats, étendus, entrelacés, pliés en rond, et disposés de manière à fermer l'entrée aux vents, aux Insectes et aux Reptiles; enfin la couche intérieure est tapissée de laine, de duvet, de coton, de peur que les œufs ne se froissent, et pour entretenir une douce chaleur autour de la mère et des petits.

On ne peut voir sans étonnement avec quelle diligence les Oiseaux travaillent à la construction de cette moelleuse couchette : l'excellence de la vue dont ils sont pourvus leur sert à découvrir de loin les matériaux qui leur conviennent. Ils ont soin de bien les secouer en tout sens pour en ôter la poussière, et ils les tiraillent ensuite pour les rendre souples. Ils n'emploient jamais les cheveux d'hommes : les poils des animaux ayant plus de roideur sont aussi plus propres à être tressés et enlacés avec les autres matériaux; d'ailleurs les cheveux, étant très-longs et très-flexibles, pourraient s'entortiller aux pieds des jeunes ou des vieux, et entraîner ainsi quelque petit hors du nid, lorsque le père et la mère s'envolent.

L'art que les Oiseaux emploient dans la construction du nid est telle, que les plus habiles artistes parmi les hommes ne pourraient rien inventer ni exécuter de plus parfait.

Parmi les Oiseaux marins, les Goëlands, les Mouettes, les Guillemots, choisissent, dans l'Islande et la Norwége, les endroits inaccessibles aux hommes et les rochers les plus escarpés pour placer leurs nids. C'est un spectacle curieux de voir le poste que choisit chaque espèce sur les rochers taillés en amphithéâtre. Le Cormoran occupe le sommet; on voit ensuite sur des bandes circulaires les nids du Goëland cendré, de la Mouette grise tachetée, du petit Guillemot, du Pingouin, du Macareux; le petit Guillemot niche toujours au dernier rang, presque à la base du rocher.

Les Flamants n'ont pour nid que de petits tas de terre glaise, relevés d'environ un demi-mètre en pyramide au milieu de l'eau, où leur base baigne toujours, et dont le sommet tronqué, creux et lisse, sans aucun lit de plumes ni d'herbes, reçoit immédiatement les œufs que l'Oiseau couve en reposant sur ce monticule les jambes pendantes, comme un homme assis sur un tabouret [1].

Le Merle pose ordinairement son nid dans les buissons ou sur les arbres d'une hauteur médiocre. Le dehors est revêtu de mousse, de paille et de feuilles sèches; l'intérieur est fait d'une sorte de carton assez ferme, composé avec de la boue mouillée ou du limon gâché, battu, fortifié avec des brins de paille et de petites racines. M. Salerne raconte qu'un observateur ayant en-

---

[1] Les Flamants ont le plumage d'un beau rose avec les ailes et le dos d'un rouge vif. Ils vivent toujours en troupes, disposés en rangs alignés comme ceux des soldats; cet alignement est observé quand ils pêchent, quand ils se reposent et même quand ils volent. Lorsqu'ils sont à terre, ils établissent une sentinelle pour veiller à la sûreté du bataillon; à l'approche de quelque danger, l'Oiseau placé en vedette pousse un cri aigu, ressemblant au son de la trompette, et ce signal fait partir toute la troupe. C'est un spectacle imposant que celui d'une troupe de ces magnifiques Oiseaux, quand ils arrivent en Europe pour y passer l'été. On les voit s'approcher en ordre régulier, figurant dans le ciel un triangle de feu. Arrivés au-dessus des plaines marécageuses qui sont le terme de leur migration, leur vol se ralentit; ils planent pendant quelques instants, puis ils tracent dans les airs une spirale conique, et enfin abordent. Après cette descente majestueuse, la petite armée se range en bataille sur le rivage, la sentinelle est placée, et la pêche commence.

fermé un Merle et sa femelle, au temps de la ponte, dans une grande volière, ils commencèrent par poser de la mousse pour base du nid, ensuite ils répandirent sur cette mousse de la poussière, dont ils avaient rempli leur gosier; puis, piétinant dans l'eau pour se mouiller les pieds, ils détrempèrent cette poussière, et continuèrent ainsi couche par couche, avec tant d'activité que l'ouvrage fut terminé en huit jours.

De tous les Oiseaux de nos contrées, les Chardonnerets et les Pinsons sont ceux qui savent le mieux construire leur nid, en rendre le tissu solide et lui donner une forme élégante. Ils les posent ordinairement sur les arbres. Ils choisissent presque toujours les branches faibles, celles qui ont beaucoup de mouvement: quelquefois ils nichent dans les taillis, rarement dans les arbustes épineux. Dans tous les cas, le nid touche par plusieurs endroits aux branches latérales, de manière qu'il ne peut être dérangé par le vent ni par les orages. Ils travaillent d'abord au fondement de l'édifice, qui consiste en petites racines, en gros lichens et en bouses desséchées. Tous ces matériaux sont entrelacés avec beaucoup d'art et liés entre eux par des toiles d'Araignée. Ils élèvent ensuite sur ce fondement les parois ou les parties latérales du nid, qui sont composées de mousse fine, de petits lichens, de joncs, de la bourre des Chardons, assemblés de manière à présenter un tissu ferme et durable. Mais ce qu'il y a de véritablement admirable dans ce chef-d'œuvre d'architecture, c'est que le dehors du nid est tapissé du même lichen dont le tronc de l'arbre est revêtu; au moyen de cet ingénieux stratagème, la couleur du nid est confondue avec celle de l'arbre, et l'on ne peut le distinguer, surtout lorsqu'il se trouve situé entre des rameaux un peu épais. Lorsque la paroi extérieure est achevée, l'Oiseau travaille à la couche intérieure; et d'abord, il bouche par dedans toutes les ouvertures du fond et des côtés avec des plumes un peu plus grandes et des brins de mousse moins soyeuse. Le lit intérieur où doivent être déposés les œufs est garni de plumes fines, de petits poils et de flocons de laine ou de coton; cette dernière couche forme une espèce de feutre très-doux, très-bien peigné, qu'on ne peut rompre qu'avec difficulté. Le bec et les pattes sont les seuls instruments qu'ils emploient pour la construction de cet ouvrage : avec le bec ils ramassent tous les matériaux nécessaires, et ils se servent de leurs pieds avec une habileté étonnante, soit pour les disposer partout où le besoin le requiert, soit pour en affermir la texture.

Il y a quelques espèces d'Oiseaux, plus petits encore que ceux dont nous venons de parler, qui bâtissent leur nid avec une habileté bien plus merveilleuse, puisqu'ils pratiquent un couvert qui met à l'abri des injures de l'air la mère et sa couvée. Tels sont le Troglodyte, le Roitelet, la Mésange à longue queue, etc. Les deux premiers nichent près de terre, sur quelques branchages épais ou même sur le gazon; souvent ils se placent sous un tronc ou contre une roche, ou bien sous l'avance de la rive d'un ruisseau; quelquefois aussi sous le toit de chaume d'une cabane isolée, dans un lieu sauvage et jusque sur la loge des charbonniers et des sabotiers qui travaillent dans les bois. Ils amassent pour cela beaucoup de mousse de longueur inégale, mal arrangée à l'extérieur et disposée en boule, ce qui donne à ces nids une figure entièrement difforme. Mais ce n'est qu'une ruse du petit architecte; car, comme il pose son nid très-bas, les dénicheurs le trouveraient facilement; il lui donne exprès cet extérieur sauvage, qui paraît moins un nid qu'une poignée de mousse jetée au hasard. La structure intérieure renferme cependant un art très-remarquable. Les côtés sont composés d'un tissu de mousse très-ferme, très-serré, et le dedans est garni de plumes fines, soyeuses, et de poils d'animaux entrelacés avec beaucoup d'intelligence. Le sommet est allongé pour rejeter la pluie; la base est plus ronde et élargie pour loger la couvée. L'entrée du nid mérite aussi d'être observée; c'est une petite ouverture ronde, faite à côté de la partie supérieure du cône, et bordée tout alentour de filaments et de brins de mousse plus forts et plus allongés, afin de l'empêcher de s'agrandir par les fréquentes entrées et sorties du mâle et de la femelle. Ce trou est si petit, qu'il faut le chercher avec le doigt pour le trouver.

Rien n'est plus curieux que l'art recherché avec lequel certaines Mésanges construisent leur nid. Elles y emploient ce duvet léger qui se trouve aux aigrettes des fleurs du Saule, du Peuplier, du Tremble, des Chardons, du Pissenlit, et savent entrelacer cette matière filamenteuse avec tant d'art, qu'elles en forment un tissu épais, serré et presque semblable à du drap. Elles fortifient les dehors avec des fibres et de petites racines qui pénètrent dans la texture et font en quelque sorte la charpente du nid. Elles garnissent le dedans du même duvet non ouvré, pour que leurs petits y soient mollement; elles le ferment par en haut et le suspendent, avec du Chanvre ou l'écorce de l'Ortie, à la bifurcation d'une branche mobile, située sur le courant d'un ruisseau. Cette position leur procure en abondance les Insectes aquatiques, dont ils font leur nourriture, et met leurs petits en sûreté contre les Rats, les Lézards, les Couleuvres et les autres animaux rampants, qui, au moral comme au physique, sont toujours les plus dangereux. Ce nid, par sa forme extérieure, ressemble tantôt à un sac, tantôt à une bourse fermée, tantôt à une cornemuse aplatie. Il a son entrée dans le flanc, et presque toujours tournée du côté de l'eau. C'est une petite ouverture à peu près ronde, de quatre à cinq centimètres de large, dont le contour se relève extérieurement en un rebord plus ou moins saillant.

Les nids du Toucnam-Courvi des Indes. du Baglafecht, du Guit-Guit, de la Penduline, du Baya, etc., offrent une architecture à peu près semblable. Au nid de ce dernier

Fig. 45*.

on trouve intérieurement plusieurs chambres, dont l'une sert à la femelle pour y couver ses œufs, et une autre est occupée par le mâle, qui, pendant que sa compagne remplit ses devoirs maternels, l'égaye par ses chants. On cite aussi en faveur du mâle un trait de prudence qu'on n'a point encore observé dans les autres Oiseaux qui suspendent leurs nids : on dit que lorsque la femelle a quitté ses œufs pour aller prendre sa nourriture. il va frapper avec ses ailes les parois du nid, afin d'en resserrer les bords et d'en fermer absolument l'entrée aux animaux. Partout où l'on voit subsister des espèces faibles, non protégées par l'homme, il y a à parier que ce sont des espèces industrieuses.

Le nid du Gros-Bec d'Abyssinie est un chef-d'œuvre

* Nid du Baya.

de prévoyance et d'industrie. C'est une pyramide creuse, séparée en deux par une cloison et suspendue au-dessus de l'eau à l'extrémité d'une petite branche. La première des deux chambres est une espèce de vestibule, ouvrant à l'est, dans lequel l'Oiseau s'introduit d'abord ; ensuite il grimpe le long de la cloison intermédiaire ; puis il redescend jusqu'au fond de la seconde chambre, où sont les œufs. Par l'artifice assez compliqué de cette construction, les œufs sont à couvert de la pluie, de quelque côté que souffle le vent, et il faut remarquer qu'en Abyssinie la saison des pluies dure six mois. C'est une observation générale, que les inconvénients développent l'industrie, à moins qu'étant excessifs ils ne la rendent inutile et ne l'étouffent entièrement. Ici il y avait à se garantir nonseulement de la pluie, mais des Singes, des Écureuils, des Serpents, etc. L'Oiseau semble avoir prévu tous ces dangers, et, par des précautions raisonnées, les avoir écartés de sa progéniture.

Le Troupiale-Baltimore, Oiseau de la Louisiane, établit sa demeure sur les collines à pente douce et bâtit son nid merveilleux sur le Tulipier, arbre magnifique qui se couvre de larges fleurs. Pour préparer ce berceau aérien, le Baltimore va ramasser les filaments d'une plante parasite, de la Caragate musciforme (*Tillandsia usneoïdes*), appelée aussi *Barbe espagnole;* il en attache habilement un brin par ses deux extrémités à deux branches voisines l'une de l'autre ; la femelle arrive ensuite et pose en travers une seconde fibre sur la première. Bientôt les fibres se superposent et forment un réseau, qui prend peu à peu la forme d'un nid. Ce nid ne contient aucune substance chaude ; il ne se compose que des filaments dont nous avons parlé, tissés de manière à laisser passer l'air à travers les mailles qui forment son réseau. Ces Oiseaux semblent avoir compris que la chaleur excessive qui approche incommoderait leurs petits; aussi placent-ils leur nid du côté nord-est; mais dans les régions moins chaudes que la Louisiane, telles que la Pensylvanie et l'État de New-York, ils le placent toujours vers le midi, et tapissent l'intérieur avec de la laine et du coton.

Un nid d'une construction vraiment admirable est celui d'un petit Oiseau de l'Orient, de la Fauvette *couturière*. Cette industrieuse mère compose le tissu de son nid de fibres menues de plumes, de duvet, d'aigrettes de Chardon; puis elle file avec son bec et ses pattes le coton qu'elle va recueillir sur les Cotonniers; elle pratique ensuite des trous le long du bord de plusieurs feuilles à limbe solide et large, et dans ces trous elle passe son fil de manière à coudre ensemble plusieurs feuilles, qui forment ainsi une petite tente suspendue, enveloppant parfaitement le nid que l'Oiseau veut cacher aux étrangers et aux ennemis[1].

Fig. 46*.

Parmi les nids remarquables des Oiseaux de nos contrées, nous devons mentionner celui du Loriot et de l'Hirondelle. Le Loriot fait son nid sur des arbres élevés, quoique souvent à une hauteur fort médiocre. Il l'attache ordinairement à la bifurcation d'une petite branche, et il enlace autour des deux rameaux qui forment cette

---

* Nid de la Fauvette *couturière*.

[1] Le colonel Sykes a vu plusieurs de ces nids où l'Oiseau avait littéralement noué son fil en terminant.

bifurcation de longs brins d'herbe ou de Chanvre, dont les uns, allant droit d'un rameau à l'autre, forment le bord du nid par-devant, et les autres, pénétrant dans le tissu du nid, ou passant par-dessous et venant se rouler sur le rameau opposé, donnent la solidité à l'ouvrage. Ces longs brins de Chanvre ou de paille qui prennent le nid par-dessous, en sont l'enveloppe extérieure; le matelas intérieur, destiné à recevoir les œufs, est tissu de petites tiges de Gramen dont les épis sont ramenés sur la partie convexe, et paraissant si peu dans la partie concave, qu'on a pris plus d'une fois ces tiges pour des fibres de racines. Enfin, entre le matelas intérieur et l'enveloppe extérieure, il y a une quantité assez considérable de Mousse, de Lichen et autres matières semblables, qui servent d'ouate intermédiaire, et rendent le nid plus impénétrable au dehors et tout à la fois plus mollet au dedans [1].

Celui de l'Hirondelle est un chef-d'œuvre de maçonnerie. C'est ordinairement un demi-sphéroïde creux, allongé par ses pôles, bâti en dehors avec de la terre gâchée, et matelassé en dedans de plumes et de duvet. Elle l'attache à un mur, à une poutre, à une saillie de roche, sous les avant-toits des maisons; mais il est toujours recouvert d'une corniche ou d'un péristyle. Ce nid, lorsqu'il est situé dans l'angle formé par deux murs, ne représente alors que le quart d'un demi-sphéroïde adhérent par ses deux faces latérales à la paroi de la muraille, et par son équateur à la corniche supérieure; son entrée,

[1] On a découvert, en Australie, un Oiseau singulier que l'on a nommé *Ptilonorhynchus holosericeus*, ou Oiseau à berceau satiné (*bower bird*), qui construit pour sa demeure une sorte de berceau, où il met en œuvre les matériaux les plus divers.

qui est fort étroite, est située près de cette plate-bande. Pour la maçonnerie, les Hirondelles choisissent de préfé-rence la terre remuée par les Vers, et que l'on trouve le matin çà et là sur les planches de jardin nouvellement la-bourées ; elles la portent avec leur bec, seul instrument dont elles se servent pour la poser et la gâcher [1].

Enfin on connaît une espèce de Moineau, le Répu-blicain, qui vit en troupes nombreuses aux environs du

Fig. 47 [2].

cap de Bonne-Espérance, et construit son nid sous une sorte de toiture commune à toute la colonie.

Telle est la prodigieuse variété qui règne dans la construction du nid des Oiseaux, et qui annonce dans

[1] L'Hirondelle salangane est une petite espèce de l'Archipel des Indes, dont le nid passe pour un aliment très-substantiel. On est partagé sur l'origine des matériaux employés à sa construction : les Chinois disent que c'est du frai de Poisson ; les Javanais, que c'est le suc balsamique d'un arbre nommé Calambouc. L'opinion la plus généralement admise aujourd'hui, est que la Salangane compose son nid en entassant symétriquement des Varechs du genre *Gelidium*, qu'elle a recueillis à la surface des eaux et macérés avec sa salive.

[2] Nid du Républicain.

quelques espèces un si haut degré d'intelligence. A la vue de tous ces ouvrages ingénieux exécutés avec tant d'art, ce n'est point vers ces créatures, simples instruments de la Providence, que doit se tourner notre admiration, mais vers l'Esprit suprême qui gouverne le monde, et dont la sagesse et la bienveillance ont doué ces races innombrables de toutes les facultés propres à exécuter les travaux qui ont pour résultat leur conservation et leur bien-être [1].

1 Nous venons d'admirer les Oiseaux dans la construction de leurs nids ; nous avions déjà étudié l'architecture si intéressante des Insectes : nous vondrions faire remarquer aussi parmi les Mammifères tout l'art déployé par certaines espèces dans leurs travaux souterrains. Nous nous bornerons à signaler la Taupe parmi les habiles mineurs appartenant à la classe des mammifères.

La Taupe, dans le creusement de ses galeries souterraines, ne cherche pas seulement sa sûreté et celle de ses petits, mais de plus elle travaille pour vivre. C'est pour se procurer les Insectes dont elle se nourrit qu'elle pratique ces nombreux boyaux qui partent de son domicile et se dirigent dans tous les sens. Elle ne fait point de provisions, elle vit au jour le jour : chaque repas est pour elle le prix d'un pénible travail, et comme elle change d'endroit toutes les fois qu'elle chasse, on comprend comment le sol est bientôt miné en tous sens. Quoiqu'en creusant ces chemins elle ait surtout en vue sa nourriture, elle n'oublie pas sa sûreté. Si quelques-uns communiquent fortuitement, il en est d'autres qu'elle fait rencontrer à dessein ; elle finit même par les soumettre tous à un système parfaitement combiné, au centre duquel se trouve son domicile ; c'est dans la disposition de ce gîte qu'elle est admirable de prévoyance et d'exécution. Pour qu'il risque le moins possible d'être foulé ou écrasé, elle le place au pied d'un mur, d'un arbre ou d'une haie. Là elle construit une butte convexe avec de la terre, non pas soulevée, mais pétrie et tassée avec le plus grand soin. Dans l'intérieur elle ouvre deux galeries circulaires et placées l'une au-dessus de l'autre et communiquant par cinq boyaux. La supérieure aboutit par trois routes au sommet du gîte. C'est au-dessous de la galerie inférieure qu'habite la Taupe, dans une excavation au fond de laquelle est un trou. Cette ouverture, que recouvre ordinairement un matelas d'herbage, est l'entrée d'un chemin de retraite remontant vers quelqu'une des routes latérales. Dans cet édifice ainsi excavé le moindre bruit retentit comme un coup de tonnerre, et la Taupe, avertie, fuit aussitôt. Si c'est le boyau qui entame son domicile, celui-ci est assez résistant pour que l'animal ait plus de temps qu'il ne faut pour gagner sa route de sauvetage, et pour faire

§ VI

Naissance des petits et tendresse maternelle.

Qui n'aimerait à vous voir et à vous décrire, gracieuses productions du Créateur, qui, à l'élégance
des formes et à la douceur des chants, joignez le
plus doux des sentiments, celui de l'amour maternel !

PAUVERT.

Après un temps déterminé par la nature, les petits
parvenus aux portes de la vie brisent les liens fragiles et
paraissent à la lumière. C'est une famille faible, deman-
dant avec une clameur constante de la nourriture. Quelle
passion alors, quels sentiments, quels soins affectueux
s'emparent des nouveaux parents! Ils volent transportés de joie, ils portent les morceaux les plus délicieux à
leurs petits, les distribuent également à tous, et courent
promptement en chercher d'autres. Mais, hélas! ce moment de plaisir deviendra bientôt un temps d'inquiétude : tout à l'heure ils auront à craindre ces mêmes

bien du chemin avant que l'instrument destructeur ait découvert son habitation. C'est dans une chambre voisine de la sienne que la petite Taupe place sa
famille; la Taupe ordinaire l'élève dans un nid pratiqué à deux ou trois toises
de son domicile. Elle s'y rend par trois ou quatre chemins différents, et n'oublie jamais d'ouvrir au-dessous du lit de ses petits son précieux chemin de
retraite. Il est un cas pourtant où elle néglige cette précaution : c'est quand
elle est forcée de s'établir dans un terrain marécageux; car si elle craint
l'Homme, elle redoute encore plus l'eau : or, comme ce boyau ouvrirait une
voie à l'inondation, entre deux dangers elle choisit le moindre : animal vraiment intelligent, tout aussi admirable dans ce qu'il ne fait pas que dans ce
qu'il fait !
Il est inutile sans doute de faire observer que la taupinière qui est le domicile de la Taupe diffère beaucoup des autres taupinières, qui sont toujours
en grand nombre dans le lieu habité par cet animal : celles-ci sont formées
uniquement de la terre que la Taupe rejette après avoir creusé. Ce sont les
déblais de ses travaux.

ennemis au-dessus desquels ils planaient avec mépris. Le Chat sauvage, la Martre, la Belette, chercheront à dévorer ce qu'ils ont de plus cher; la Couleuvre rampante gravira pour avaler leur progéniture : quelque élevé, quelque caché que puisse être leur nid, ils sauront le découvrir, l'atteindre, le dévaster; et les enfants, cette aimable portion du genre humain, mais toujours malfaisante par désœuvrement,

Cet âge est sans pitié [1],

violeront sans raison ces dépôts sacrés de l'amour. Quelle douleur pour la tendre mère, lorsque, revenant le bec chargé, elle trouve son nid vide et ses petits en proie à un ravisseur impitoyable! Elle jette sur le sable sa provision désormais inutile : son aile languissante et abattue peut à peine la porter sous l'ombre d'un arbre voisin pour y pleurer sa perte. Là, livrée à la plus vive douleur, elle gémit et déplore son malheur. Pourquoi le temps des grandes jouissances est-il toujours accompagné d'inquiétudes cruelles, même dans les êtres les plus libres et les plus innocents? Ce couple heureux qui s'est réuni par choix, qui a établi de concert et construit en commun son domicile d'amour, et prodigué les soins les plus tendres à sa famille naissante, craint à chaque instant qu'on ne la lui ravisse; et s'il parvient à l'élever, c'est aux dépens de son repos et de sa tranquillité. Son attachement, fortifié par la vue de ces petits êtres qui lui doivent l'existence, s'accroît encore tous les jours par les nouveaux soins qu'exige leur faiblesse. Qu'on en juge par l'exemple de la Poule, qui, sans cesse occupée du

[1] La Fontaine.

besoin de ses petits, ne cherche de la nourriture que pour eux ; si elle n'en trouve point, elle gratte la terre avec ses ongles pour lui arracher les aliments qu'elle recèle dans son sein, et elle s'en prive en leur faveur : elle les appelle lorsqu'ils s'égarent, les met sous ses ailes à l'abri des intempéries, et les couve une seconde fois. Elle se livre à ces tendres soins avec tant d'ardeur et de souci, que sa constitution en est sensiblement altérée, et qu'il est facile de distinguer de toute autre Poule une mère qui mène ses petits, soit à ses plumes hérissées et à ses ailes traînantes, soit au son enroué de sa voix et à ses différentes inflexions, toutes expressives et ayant toutes une forte empreinte de sollicitude et d'affection maternelle.

Le temps arrive néanmoins où les petits, parés de leurs plumes et impatients de sortir de l'assujettissement de leur enfance, essaient le poids de leurs ailes et désirent la libre possession des airs. C'est dans une soirée calme, douce et tranquille, au moment où les rayons du soleil s'affaiblissent, que cette jeune famille parcourt du nid l'étendue des cieux, jette ces regards dans les campagnes voisines, et cherche un endroit où elle puisse voler Ces jeunes élèves se hasardent enfin ; ils voltigent autour des branches voisines ; ils voudraient prendre l'essor, mais ils n'osent se hasarder jusqu'à ce que leurs parents les exhortent et les guident [1]. Enfin, devenus plus hardis,

[1] On a observé que les Aigles et les Hirondelles donnent à leurs petits les premières leçons du vol en les animant de la voix, en leur présentant d'un peu loin la nourriture, et en s'éloignant encore à mesure qu'ils s'avancent pour la recevoir. On en a vu encore les pousser doucement hors du nid, jouer devant eux et avec eux dans l'air, comme pour leur offrir un secours toujours présent, et accompagner leurs actions d'un gazouillement si expressif, qu'on croyait en entendre le sens.

ils prolongent leur vol peu à peu ; et quand la crainte est entièrement bannie et qu'ils se trouvent en pleine jouissance de leur être, alors les parents, quittes envers eux et la nature, abandonnent avec joie leur famille à ses propres forces, et s'en séparent quelquefois pour toujours.

L'affection maternelle est donc, de toutes les passions des Oiseaux, celle qui est la plus forte. On n'en sera pas surpris, si l'on fait attention que ce sentiment fait sur le père et la mère une vive impression, que son exercice dure assez longtemps, et qu'ils acquièrent relativement à l'éducation de leur famille des idées qui leur deviennent aussi familières que celles qui regardent leur propre conservation ; il semble même qu'il existe souvent dans l'animal un intérêt plus vif qu'il ne serait capable de l'éprouver pour lui-même. On voit des Oiseaux, lorsque les petits sont menacés de périr par le froid ou la pluie, les couvrir constamment de leurs ailes, au point qu'ils en oublient le besoin de se nourrir et meurent quelquefois sur eux. La faim n'a point, dans ces animaux, des symptômes d'activité pareils aux mouvements que leur fait faire le soin de sauver leurs petits ou de chercher ce qui convient pour les nourrir. Le besoin de secours qu'ont ces êtres faibles semble doubler le courage des parents, et produit ce caractère de chaleur et d'enthousiasme qui ne calcule pas le péril ou qui le méprise[1]. Une Poule, qui fuit à l'approche du plus petit

---

[1] Les petits Colibris, par audace de tendresse, vont jusque dans les mains du ravisseur porter de la nourriture à leurs petits. « Je montrai au P. Montdidier, raconte Labat, un nid de Colibris, qui était sur un appentis auprès de la maison ; il l'emporta avec les petits, lorsqu'ils eurent quinze à vingt jours, et les mit dans une cage, à la fenêtre de sa chambre, où le père et la

Roquet, s'élance sur un Dogue, et se bat avec intrépidité, lorsqu'il s'agit de défendre sa couvée. Le Merle de *roche* se précipite avec courage sur ceux qui grimpent sur les rochers pour aller dénicher ses petits, et tâche de leur crever les yeux : tant l'amour paternel donne de courage aux animaux les plus timides! Mais quelquefois il inspire encore à ceux-ci une sorte de prudence et des moyens combinés pour sauver leur famille. Lorsqu'on s'approche de l'endroit où repose le nid de la Lavandière, elle vient au-devant de l'ennemi, plongeant et voltigeant comme pour l'entraîner ailleurs ; et quand on emporte sa nichée, elle suit le ravisseur, volant au-dessus de sa tête, tournant sans cesse, et appelant ses petits avec des accents douloureux.

Dans une circonstance aussi fâcheuse, les Perdrix manifestent encore plus de ruse et de finesse. Le mâle se présente d'abord et prend la fuite ; il s'envole pesamment en traînant l'aile, comme pour attirer l'ennemi par l'espérance d'une proie facile ; et fuyant toujours assez pour n'être point pris, mais pas assez pour décourager le chasseur, il s'écarte de plus en plus de la couvée. D'un autre côté, la femelle, qui part un instant après le mâle, s'éloigne beaucoup plus et toujours dans une autre direction. A peine s'est-elle abattue, qu'elle revient sur-le-champ en courant le long des sillons, et s'approche de ses petits, qui sont blottis, chacun de leur côté, dans les herbes et dans les feuilles. Elle les rassemble promp-

mère ne manquaient pas de venir donner à manger à leurs enfants, et s'apprivoisèrent tellement, qu'ils ne sortirent presque plus de la chambre, où, sans cage et sans contrainte, ils venaient manger et dormir avec leurs petits. Je les ai vus souvent tous les quatre sur le doigt du P. Montdidier, chantant comme s'ils eussent été sur une branche d'arbre. »

tement, et, avant que le Chien, qui s'est emporté après le mâle, ait eu le temps de revenir, elle les a déjà emmenés fort loin, sans que le chasseur ait entendu le moindre bruit. Cet amour de la Perdrix pour ses petits est si violent, que souvent il dégénère en fureur contre les couvées étrangères. Dans les lieux où l'abondance du gibier rend la nourriture rare, la Perdrix poursuit et tue impitoyablement tous ceux qui ne lui appartiennent pas.

La Poule-Faisane, au contraire, a beaucoup moins d'empressement pour sa progéniture : elle abandonne, sans beaucoup d'inquiétude, ceux qui s'égarent et qui la quittent; mais en même temps elle a une sensibilité plus générale pour tous les petits de son espèce. Il suffit de la suivre pour avoir droit à ses soins; elle devient la mère commune de tous ceux qui ont besoin d'elle.

La Poule de nos basses-cours, dont nous parlons si souvent parce que ses mœurs nous sont plus connues, est douée d'un sentiment non moins affectueux et plus général. Si on lui donne à couver des œufs de Cane ou de tout autre oiseau de rivière, son attachement n'est pas moindre pour ces étrangers qu'il le serait pour ses propres poussins; elle ne voit pas qu'elle n'est que leur nourrice ou leur bonne, et non pas leur mère; et lorsqu'ils vont, guidés par la nature, s'ébattre ou se plonger dans la rivière voisine, c'est un spectacle attendrissant de voir la surprise, les inquiétudes de cette pauvre nourrice, qui, pressée de les suivre au milieu des eaux, mais retenue par une répugnance invincible pour cet élément, s'agite incertaine sur le rivage, tremble et se désole, voyant toute sa couvée dans un péril évident pour elle, sans oser lui donner de secours. Parmi nous, on ne doit pas s'attendre à trouver des sentiments aussi

affectueux, des soins aussi constants, des détails de tendresse aussi intéressants de la part de ces âmes cosmopolites dont la vaste sensibilité embrasse l'univers. La
paternité, la parenté, l'amitié, tous ces liens si forts pour
les hommes plus concentrés, se relâchent à mesure que
les affections prennent plus d'étendue. Vivons en société
avec les amis du genre humain, et en intimité avec ceux
pour qui le genre humain est un peu moins que leurs
amis.

§ VII

Migrations des Oiseaux.

Qui commande à la Cigogne d'aller, comme Colomb,
à la recherche de nouveaux cieux et de terres inconnues? Qui convoque l'assemblée, fixe le jour du départ, dispose la phalange et indique la route ?

POPE, *Essai sur l'Homme.*

Les Quadrupèdes, bornés, pour ainsi dire, à la motte
de terre sur laquelle ils sont nés, ne connaissent que
leur montagne, leur plaine ou leur vallée ; ils n'ont
nulle idée de l'ensemble des surfaces, nulle notion des
grandes distances, et par conséquent nul désir de les
parcourir. Mais les Oiseaux, doués de la faculté de s'y
rendre en peu de temps, entreprennent tous les ans de
longs et périlleux voyages sur la notion anticipée des
changements de l'atmosphère et de l'arrivée des saisons,
qui les déterminent à partir ensemble et d'un commun
accord dès que les vivres commencent à leur manquer,
dès que le froid ou le chaud les incommode. D'abord ils
paraissent se rassembler de concert pour entraîner leurs
petits et leur communiquer le même désir de changer de

climat, qu'ils ne peuvent encore avoir acquis par aucune
instruction ni expérience précédente. Le père et la mère
rassemblent leur famille pour la guider pendant la traversée, et toutes les familles se réunissent ensuite, non-
seulement parce que tous les chefs sont animés du même
désir, mais parce que, en augmentant les troupes, ils se
trouvent en force pour résister à leurs ennemis.

Ce désir de changer de climat, qui communément se
renouvelle deux fois par an, au printemps et en automne,
est une espèce de besoin si pressant, qu'il se manifeste
dans les oiseaux captifs par les inquiétudes les plus
vives. On a vu de jeunes Cailles, élevées en domesticité
presque depuis leur naissance, et qui ne pouvaient connaître ni regretter la liberté, éprouver régulièrement
deux fois tous les ans des agitations singulières : elles
allaient d'un bout de la cage à l'autre, puis s'élançaient
contre le filet qui leur servait de couvercle, et souvent
avec une telle violence, qu'elles retombaient tout étour-
dies. Lorsque le temps de la migration approche, les
Oiseaux libres non-seulement se réunissent en troupes,
mais encore s'exercent à faire de longs vols, de grandes
tournées avant d'entreprendre leur plus grand voyage.
Au reste, tous les Oiseaux ne sont pas voyageurs, et
les circonstances de ces migrations varient même dans
les espèces qui aiment à changer de climat. Il y en a qui
partent seuls, d'autres avec leurs femelles et leurs familles ; d'autres marchent par petits détachements, ou
en troupes nombreuses.

Les Râles voyagent ordinairement seuls. Cet Oiseau,
dont le vol est court et pesant au moment où la saison
du départ arrive, recueille toutes ses forces pour fournir
au mouvement de sa longue traversée. Il prend son essor

la nuit, et, secondé d'un vent propice, il se porte dans nos provinces méridionales, d'où il tente le passage de la Méditerranée.

Les anciens et les modernes se sont beaucoup occupés du passage des Cailles. Les uns l'ont chargé de circonstances plus ou moins merveilleuses; les autres, considérant combien cet Oiseau vole difficilement, l'ont révoqué en doute; mais il est certain qu'au même temps où elles disparaissent de nos contrées, elles passent à Malte, dans les îles de Pontia, de Caprée, vers le golfe Adriatique, pour se rendre ensuite dans des pays plus méridionaux. Les observations des voyageurs à ce sujet sont en si grand nombre et si multipliées, qu'il n'est plus permis d'en douter : il y a deux migrations tous les ans, l'une au printemps et l'autre en automne, et c'est la nuit, suivant Bélon[1], qu'elles voyagent.

Les Rolliers, les Bisets, ont des saisons marquées pour leurs migrations, et passent régulièrement tous les ans des contrées septentrionales dans celles du Midi.

Les Grives viennent au commencement de l'automne, avec ces volées innombrables d'Oiseaux de toute espèce qui, aux approches de l'hiver, traversent la mer Baltique et passent de la Laponie, de la Sibérie, de la Livonie, en Pologne, en Prusse, et de là dans des climats plus tempérés.

Tous les ans, un peu après l'équinoxe d'automne, les Hirondelles abandonnent nos contrées septentrionales, pour n'y reparaître qu'au commencement du printemps

---

1 Savant médecin, né dans le Maine, vers 1518, s'acquit l'estime de Henri II et de Charles IX. Il fut tué, près de Paris, par un de ses ennemis, en 1564. Il voyagea en Judée, en Égypte, dans la Grèce, etc. On a de lui plusieurs ouvrages d'histoire naturelle, tous savants, exacts et curieux.

suivant. Olaüs Magnus[1] et Kircher[2], renchérissant sur
ce qu'Aristote et Pline avaient avancé, ont écrit que,
dans les pays septentrionaux, les pêcheurs tirent souvent
dans leurs filets, avec le poisson, des groupes d'Hirondelles pelotonnées, se tenant accrochées les unes aux
autres, bec contre bec, pieds contre pieds, ailes contre
ailes; que ces Oiseaux, transportés dans les poêles, se
ı animent assez vite, mais pour mourir bientôt après; et
que celles-là seules conservent la vie après leur réveil,
qui, éprouvant dans son temps l'influence de la belle
saison, se dégourdissent insensiblement, quittent peu à
peu le fond des lacs, reviennent sur l'eau, et sont enfin
rendues par la nature même, et avec toutes les gradations, à leur véritable élément. Cette opinion a eu
beaucoup de partisans. White a publié de nouvelles
observations qui favorisent cette assertion. Enfin tout
récemment le général Jacqueminot a communiqué à
M. Aimé Martin une observation sur un fait dont il a
lui-même été témoin, et qui prouverait qu'au moins l'é-
migration n'est pas toujours générale en Europe. Pendant son séjour en Volhynie, où il était prisonnier, des
ouvriers employés à briser la glace d'un lac mirent à
découvert une masse noire et compacte arrêtée dans de
grands roseaux, et qu'on reconnut bientôt être composée
d'Hirondelles; si solidement liées entre elles par le bec
et par les pattes, qu'il fallut en sacrifier quelques-unes
pour s'en procurer une demi-douzaine. Ces Hirondelles,

---

[1] Archevêque d'Upsal (Suède), il succéda à son frère en 1544, parut avec
éclat au concile de Trente en 1546, et souffrit beaucoup dans la suite pour
la religion catholique.

[2] Célèbre jésuite, natif de Fulde, un des plus grands philosophes et des
plus habiles mathématiciens du XVIIe siècle. On a de lui un grand nombre
d'ouvrages pleins d'érudition. Il mourut en 1680, à quatre-vingt-deux ans.

ayant été déposées dans une salle bien chauffée, se dé-
gourdirent peu à peu et revinrent à la vie [1].

Ce fait singulier de l'immersion des Hirondelles au
fond de l'eau pour y passer l'hiver, n'a pas été révoqué
en doute par Cuvier.

Les voyages des Oies, des Grues et des Cigognes sont
les plus longs et les plus célèbres. Ces oiseaux se mettent
en ordre pour voyager, et forment un triangle, comme
pour fendre l'air plus aisément. Quand la force du vent
menace de rompre leurs lignes, ils se resserrent en
cercle, ce qu'ils font aussi quand l'Aigle les attaque.
Leur passage a lieu le plus souvent pendant la nuit, et
leur voix éclatante avertit de leur marche. La conduite

Fig. 48[*].

de la troupe est confiée à un chef placé en tête des deux
files, au sommet de l'angle mouvant; il ouvre la marche,
porte les premiers coups à la résistance de l'air, fraie le
chemin, et toute la bande le suit en observant l'ordre le

[1] Voyez *Lettres à Sophie*. p. 510, édit. Charpentier.
[*] Grue.

plus parfait. Dans le vol de nuit, le chef fait entendre fréquemment une voix de réclame, pour prévenir de la route qu'il tient : elle est répétée par la troupe, et chacun répond, comme pour faire connaître qu'il suit et garde sa ligne. Comme les efforts de ce chef sont très-violents, et qu'il ne pourrait les supporter pendant tout le voyage, on le voit, lorsqu'il est atteint par la fatigue, céder le poste à son plus proche voisin et prendre rang à l'extrémité de l'une ou de l'autre des deux files.

Outre ces migrations lointaines, et qui arrivent tous les ans dans des saisons déterminées, il y a des Oiseaux qui arrivent quelquefois comme par hasard et en grandes troupes dans d'autres pays : les Becs-Croisés, les Casse-Noix, sont sujets à ces migrations irrégulières et qui n'arrivent qu'une fois en vingt à trente ans.

La Bergeronnette, la Lavandière, les Traquets, les Rossignols, les Fauvettes, les Gobe-Mouches, le Rouge-Gorge, le Loriot, etc., arrivent parmi nous au printemps et disparaissent en automne. La Bécasse descend des hautes montagnes au commencement du mois d'octobre, pour venir dans les bois des collines inférieures et jusque dans nos plaines, où elle passe l'hiver et regagne ensuite les hauteurs au retour du printemps.

Un des Oiseaux voyageurs les plus célèbres est la Colombe *émigrante* de l'Amérique septentrionale. Elle émigre du sud au nord et de l'est à l'ouest, depuis le golfe du Mexique jusqu'à la baie d'Hudson, et ces migrations sont réglées non sur les vicissitudes des saisons, mais sur les moyens de subsistance que lui offrent les contrées où elle voyage. La rapidité de son vol tient du prodige. On a tué à New-York des Pigeons de passage qui arrivaient de la Caroline et avaient franchi en six heures un espace de six cents kilomètres. Le nombre des individus qui composent leurs légions voyageuses est incroyable. Audubon, parcourant le Kentucky dans l'automne de 1813, en vit passer au-dessus de sa tête cent soixante-trois bandes en vingt minutes; à la fin les bandes se touchèrent, et un immense nuage de Pigeons lui déroba la lumière du soleil; leurs ailes produisaient un sifflement monotone qui provoquait le sommeil. Supposons, dit-il, une colonne d'un mille de largeur; supposons qu'elle effectue son passage en trois heures : comme sa vitesse est d'un mille par minute, sa longueur sera de cent quatre-vingts milles, composés chacun de mille sept cent soixante yards : si chaque yard carré est occupé par deux Pigeons, on trouvera que le nombre de ces Oiseaux est de un milliard cent quinze millions cent trente-six mille (1,115,136,000). Or, chaque individu consommant dans une journée une demi-pinte de fruits, la nourriture d'une bande exige huit millions sept cent douze mille (8,712,000) boisseaux de graines par jour.

Les troupes émigrantes se trouvent bien au-dessus de la portée d'une forte carabine; dès qu'un Faucon vient menacer leur arrière-garde, on serre les rangs, une masse compacte se forme, exécute les plus belles évolutions aériennes, se précipite vers la terre avec impétuosité; puis, après avoir lassé la persévérance de l'ennemi par ces zigzags multipliés, elle rase le sol avec une vitesse inconcevable, et, se levant de nouveau comme une colonne majestueuse, elle reprend ses ondulations, imitant dans l'air, mais sur une échelle démesurée, la marche sinueuse d'un Serpent.

Dès que les bataillons ailés aperçoivent de loin une quantité suffisante de nourriture, ils se disposent pour une halte. On les voit voler en tournant pour explorer les environs; et ces mouvements circulaires, dans des plans diversement inclinés, font briller tour à tour les belles couleurs de leur plumage, tantôt d'un bleu clair, tantôt pourpre, suivant les aspects : bientôt ils se glissent dans les bois et disparaissent sous le feuillage. Ils dépouillent les arbres de leurs fruits, et découvrent adroitement, sous les feuilles desséchées qui jonchent le sol, les fruits et les graines de l'année précédente. Vers midi, ils vont se reposer sur les arbres voisins; mais lorsque le soleil disparaît à l'horizon, tous s'envolent en même temps, et retournent en masse vers le juchoir commun, situé souvent à plus de quatre cents kilomètres de leur réfectoire. Ce juchoir est toujours un bois de haute futaie où ils sont fidèles à se rendre. C'est là que des troupes de chasseurs et de fermiers viennent les attendre et les tuer par milliers pendant la nuit.

Au reste, tous les Oiseaux sont sujets à changer de climat ou à modifier leur séjour dans quelques saisons de l'année. Quant aux causes qui déterminent ces migrations périodiques, il en est deux dont il est assez facile de se rendre compte. En effet, lorsque les Oiseaux ne trouvent plus dans un pays les aliments qui leur conviennent, il est nécessaire qu'ils passent dans des contrées qui leur fourniront en abondance la proie sans laquelle ils ne peuvent subsister. Il est si vrai que c'est là la cause générale et déterminante des migrations des Oiseaux, que ceux-là partent les premiers qui vivent d'insectes voltigeants et, pour ainsi dire, aériens, parce que ces Insectes manquent les premiers. Ceux qui vivent de Larves, de Fourmis et d'autres Insectes terrestres, en trouvent plus longtemps et partent plus tard. Ceux qui se nourrissent de baies, de petites graines et de fruits qui mûrissent en automne et qui restent sur les arbres tout l'hiver, n'arrivent aussi qu'en automne et passent la mauvaise saison dans nos campagnes. Ceux qui vivent des mêmes aliments que l'homme et de son superflu, fréquentent pendant toute l'année les lieux habités. Enfin de nouvelles cultures introduites dans un pays donnent lieu à la longue à de nouvelles migrations. C'est ainsi qu'après avoir établi à la Caroline la culture de l'Orge, du Riz et du Froment, les colons y ont vu arriver régulièrement chaque année des volées d'Oiseaux qu'on n'y connaissait point, et à qui l'on a donné, d'après cette circonstance, les noms d'Oiseaux de riz, d'Oiseaux de blé, etc. D'ailleurs il n'est pas rare de voir dans les mers d'Amérique des essaims d'Oiseaux attirés par des nuées de Papillons si considérables, que l'air en est obscurci.

Une autre cause non moins puissante est le besoin d'échapper aux variations de la température. C'est ainsi qu'une multitude d'espèces, après avoir passé le printemps et l'été dans nos climats, se retirent à la fin de l'automne et vont dans les régions méridionales retrouver une plus douce température. Réciproquement, beaucoup d'autres espèces ne fréquentent nos côtes que pendant la saison froide, et les quittent à la fin de l'hiver pour se rapprocher des régions polaires.

Quelle que soit la cause qui détermine ces migrations périodiques, aussitôt que la tiède haleine des vents printaniers a réchauffé la terre, développé les germes des plantes et les premières pousses des arbres, et fait éclore de toutes parts les légions d'Insectes et de Larves, on voit accourir des extrémités de l'horizon méridional de légers escadrons d'Oiseaux pour qui la Providence a préparé ce somptueux banquet, des asiles protecteurs et de frais bocages. Entraînés par le secret penchant qui les pousse à promener leur destin de contrée en contrée, et guidés par cette science sûre des météores, qui est un des plus étonnants attributs de leur instinct, ces charmants aéronautes montent sur l'aile des vents, s'élèvent au-dessus de la région des tempêtes, et s'élancent des rives africaines ; ils franchissent sans boussole les mers, les montagnes, les royaumes, et viennent aborder sur une terre hospitalière en la saluant de leurs chansons. Ils arrivent, joyeux comme à une fête : chacun reprend son domaine, sa cime, son champ, son buisson ; le Loriot retrouve ses futaies, le Rossignol son bosquet solitaire, l'Hirondelle sa fenêtre, le Rouge-Gorge le tronc mousseux de son vieux Chêne, et le petit Traquet ses Ajoncs fleuris [1].

Ces troubadours voyageurs nous quittent vers l'équinoxe d'automne, plusieurs même longtemps avant cette époque, et reprennent le chemin de contrées plus prospères, plus en harmonie avec les intimes conditions de leur nature qui les sollicitent et les pressent. Ils n'ont pas plutôt disparu, que l'on voit s'avancer sur les nuages sombres du nord, pour les remplacer dans nos climats, les Oiseaux aquatiques qui désertent les rivages glacés des régions septentrionales. Rangés sur une longue file, ou pressés en phalange, ou disposés en triangle, les Grues,

---

[1] Il semble qu'un instinct particulier fasse retrouver aux Oiseaux leur route à travers les espaces de l'air, puisque l'on a vu des individus appartenant à certaines espèces d'un pays, et transportés en captivité dans un autre, prendre immédiatement la route de leur patrie dès qu'ils étaient rendus à la liberté. Le fait a été notoirement observé aux États-Unis pour des Chardonnerets, des Rouges-Gorges et des Troupiales qui avaient été apportés du Canada, et qui, mis en liberté, ont repris tout de suite la direction du Nord.

les Sarcelles, les Oies, les Canards sauvages, traversent l'atmosphère brumeuse et mélancolique, et viennent s'abattre, vers le soir, sur les prairies inondées, parmi les joncs des marais, ou dans les clairières des bois humides. Là ils élèvent par intervalles, durant les ténèbres, de grandes clameurs suivies d'un profond silence; leur voix est triste comme l'hiver qu'ils ramènent, comme le murmure de la bise dans les forêts dépouillées. Les chantres mélodieux de la saison des fleurs nous avaient été envoyés pour charmer notre oreille, les passagers qui nous arrivent avec les frimas fournissent à notre table des mets recherchés. Ainsi les Oiseaux du nord sont la manne des aquilons, comme les Rossignols sont les dons des zéphyrs : de quelque point de l'horizon que le vent souffle, il nous apporte un présent de la Providence [1].

En terminant ce paragraphe, disons un mot sur la répartition des Oiseaux à la surface du globe. L'Amérique

---

[1] Nous ne connaissons rien de plus gracieux, de plus touchant que ces vers de Racine le fils sur les migrations des Oiseaux; il suffit de les avoir lus une fois pour qu'ils restent à jamais gravés dans la mémoire :

> Ceux qui, de nos hivers redoutant le courroux,
> Vont se réfugier dans des climats plus doux,
> Ne laisseront jamais la saison rigoureuse
> Surprendre parmi nous leur troupe paresseuse.
> Dans un sage conseil par les chefs assemblé,
> Du départ général le grand jour est réglé,
> Il arrive, tout part; le plus jeune peut-être
> Demande, en regardant les lieux qui l'ont vu naître,
> Quand viendra ce printemps par qui tant d'exilés
> Dans les champs paternels se verront rappelés.

Qu'il y a de charmes dans ces derniers traits où le petit Oiseau est représenté jetant un regard d'adieu sur la fenêtre, l'arbre, le buisson qu'il va quitter et qui porte encore le nid natal; sur les eaux, les vallons, les bois où il essaya ses premiers chants et qui furent témoins de ses premières joies, joies mystérieuses, ineffables, attachées par la Providence au berceau de tous les êtres sensibles !

tropicale et la Malaisie forment les contrées où les espèces
sont le plus nombreuses; vient ensuite l'Europe. Cette
partie du monde occupe, avec l'Amérique, le premier
rang pour le nombre des Oiseaux de proie ou rapaces. Les
Oiseaux chanteurs et la classe des grimpeurs prédominent
d'une manière notable en Amérique. L'ancien et le nouveau continent comptent dans l'hémisphère septentrional,
surtout au voisinage des régions arctiques, un grand
nombre d'espèces communes; et, quant aux espèces qui
ne le sont pas, elles offrent cependant entre elles une assez
frappante analogie. Mais à mesure que l'on descend en
latitude, le nombre des espèces locales va en augmentant,
et les caractères des Faunes ornithologiques, suivant les
différents méridiens, deviennent plus tranchés : de façon
que sous les tropiques les formes des Oiseaux d'Asie,
d'Afrique et d'Amérique diffèrent notablement. Il y a
cependant quelques espèces communes aux diverses régions des contrées équinoxiales; elles appartiennent pour
la plupart à la classe des Rapaces et des Palmipèdes. La
famille des Busards, par exemple, renferme plusieurs
espèces qui sont très-cosmopolites. La *Soubuse* (*Falco
pygargus*) se trouve à la fois en Afrique, en Amérique et
en Europe; l'Autour commun (*Falco palombarius*) se
rencontre depuis la France jusqu'en Afrique et en Sibérie.
Le Faucon ordinaire a été aperçu dans presque toutes les
contrées tempérées et chaudes de l'Europe; il s'avance
d'un côté jusqu'au cap de Bonne-Espérance et de l'autre
jusqu'en Amérique et en Australie. De là le nom de
Faucon *pèlerin* imposé à cet animal dans sa livrée du jeune
âge, dont la couleur particulière avait fait croire à l'existence d'une espèce spéciale. Dans la classe des Échassiers,
le Héron commun n'est pas moins cosmopolite; on le

rencontre sous tous les climats, dans tous les lieux peu
habités. Les Flamants ou Phénicoptères ont été observés
en Europe et au nouveau monde, dans les conditions atmosphériques les plus différentes. On les voit pêcher dans
les plus grands fleuves de l'Amérique tropicale et s'élever
sur les Andes à une hauteur de plus de quatre mille
mètres. Mais ce sont par-dessus tout les palmipèdes de la
tribu des Longipennes dont l'habitation a des limites singulièrement reculées. Le pétrel *géant* se rencontre depuis
le cap Horn jusqu'au Cap. Diverses espèces de Mouettes
fréquentent à la fois les mers des deux hémisphères. Enfin
on peut citer encore, comme un des Oiseaux les plus répandus, notre Moineau, qui se trouve depuis l'Europe
jusqu'au Bengale.

On compte en Europe cinq cent trois espèces d'Oiseaux
dont un bon nombre se retrouve en Asie et en Afrique.
Cent trente espèces sont communes à l'Europe et à l'Amérique du Nord, à savoir trente-neuf espèces terrestres,
trente-huit échassiers et soixante-trois palmipèdes. Un
des Oiseaux les plus caractéristiques des contrées septentrionales, que l'on rencontre sous les latitudes élevées des
deux mondes, est le *Lagopède* ou Perdrix de neige, dont
les espèces se trouvent à la fois dans les hautes régions
montagneuses et dans les contrées arctiques.

La famille des Corbeaux est une des plus cosmopolites
de l'Europe. Le Corbeau *commun* se rencontre depuis le
Groënland jusqu'au cap de Bonne-Espérance, et depuis la
baie d'Hudson jusqu'au golfe du Mexique.

§ VIII

Le Condor. — L'Aigle et le Cygne. — Les Oiseaux-Mouches.

Si nous avions les ailes de la Colombe émigrante, nous pourrions traverser en deux jours l'océan Atlantique et aller visiter les longues chaînes de montagnes, les forêts profondes, les lacs immenses, les vastes savanes et les plages maritimes des deux Amériques. C'est là que la lumière jette avec profusion ses plus brillants reflets sur le plumage des Oiseaux. Quelle variété de nuances! Quelles richesses de teintes! Réunissez toutes les fleurs, celles qui croissent dans les prairies, celles qui s'entr'ouvrent au sein des eaux, celles qui cherchent la fraîcheur sous l'ombrage des bois, vous diriez, en les comparant aux Oiseaux, que c'est sur elles que la nature a essayé son coloris. Sans doute elle est admirable dans ces fleurs qui, nées près du soleil, semblent lui emprunter la vivacité de ses feux : voyez, par exemple, au milieu des déserts du nouveau monde le plus beau des Cactus dilater sa large corolle : des reflets ardents comme ceux qui courent sur le cuivre en fusion dessinent le limbe de ses pétales rouges, où retombent de nombreuses étamines d'or ; mais que le Colibri vienne à se poser sur cette fleur flamboyante, la fleur pâlit, et l'Oiseau brille sur elle comme un saphir sur une étoffe empourprée.

L'Amérique méridionale est la patrie du Condor, le plus grand de tous les Oiseaux qui volent ; il a jusqu'à quatre mètres d'envergure. Il habite principalement la chaîne des Andes, dans l'Amérique méridionale ; des âpres sommets de ces montagnes, situées sous l'équateur et hautes de cinq mille mètres au-dessus de la mer, il descend dans les vallons, dans les plaines, jusqu'aux rochers contre lesquels viennent se briser les vagues de l'océan Pacifique; puis il remonte et plane dans l'espace au-dessus de l'immense Cordilière, à un niveau qui dépasse de quatorze mille mètres celui du rivage qu'il vient de quitter. Ce n'est pas seulement la puissance de son vol qui est remarquable ici, mais surtout cette transition de la zone torride à la zone glaciale, qui deviendrait promptement mortelle pour l'homme le plus robuste, et que le Condor accomplit en quelques minutes, sans que ces vicissitudes de la température influent en rien sur sa santé. Il se retire la nuit dans la crevasse de quelque rocher : aussitôt que les premiers rayons du soleil viennent se réfléchir sur les neiges éternelles qui l'entourent, son col, enfoncé entre ses épaules, se redresse, il secoue la tête, s'incline au bord du roc, agite ses ailes et prend l'essor. Son premier élan n'a d'abord rien de vigoureux, il décrit une courbe descendante, comme si les lois de la gravitation triomphaient de ses efforts; mais bientôt il se relève; ses ailes arrondies, ses remiges écartées, le soutiennent

Fig. 19 **.

* Condor.

dans les airs, presque sans opérer de battements : des oscillations à peine sensibles lui suffisent pour se transporter dans toutes les directions : tantôt son vol est horizontal, et on le voit dessiner avec grâce les mille sinuosités des falaises et des promontoires; tantôt il rase le sol, et la mince couche d'air qui le supporte suffit à sa navigation, aussi bien que s'il s'appuyait sur une masse profonde de cet élément. Tantôt, enfin, il se perd dans la nue, d'où il domine les deux Océans : là, dès que sa vue perçante a découvert une proie, il tombe sur elle comme une flèche en produisant avec ses ailes, ordinairement peu bruyantes, un fracas épouvantable.

Si des pentes escarpées des Andes vous descendez sur les rives du Mississipi, vers la fin de l'automne, au moment où des milliers d'Oiseaux fuient le nord et se rapprochent du soleil, vous y serez témoin de spectacles qui exciteront au plus haut degré votre intérêt et votre admiration. Quand vous rencontrerez deux arbres dont la cime dépasse toutes les autres, et qui s'élèvent en face l'un de l'autre sur les bords du grand fleuve, levez les yeux : l'Aigle est là, perché sur le faîte de l'un des arbres ; son œil étincelle et roule dans son orbite, comme un globe de feu. Il contemple attentivement la vaste étendue des eaux ; souvent son regard se détourne et s'abaisse sur le sol ; il observe, il attend ; tous les bruits sont écoutés, recueillis par son oreille vigilante : le Daim qui effleure à peine les feuillages ne lui échappe pas. Sur l'arbre opposé, sa compagne est en sentinelle : de moment en moment son cri semble exhorter le mâle à la patience. Il y répond par un battement d'ailes, par une inclination de tout son corps et par un glapissement aigu et strident, qui ressemble au rire d'un maniaque ; puis il se re-

dresse, immobile et silencieux comme une statue. Les Canards, les Poules d'eau, les Outardes passent au-dessous
de lui, en bataillons serrés que le cours du fleuve emporte vers le sud; proies que l'Aigle dédaigne et que ce
mépris sauve de la mort. Enfin un son lointain, que le
vent fait voler sur le courant, arrive à l'ouïe des deux
époux : ce bruit a le retentissement et la raucité d'un
instrument de cuivre: c'est la voix du Cygne[1]. La.femelle
avertit le mâle par un appel composé de deux notes : tout
le corps de l'Aigle frémit; deux ou trois coups de bec dont
il frappe rapidement son plumage, le préparent à son
expédition. Il va partir.

Le Cygne vient, comme un vaisseau flottant dans l'air,
son col de neige étendu en avant, l'œil étincelant d'inquiétude. Le battement précipité de ses ailes suffit à peine
à soutenir la masse de son corps, et ses pattes, qui se
reploient sous sa queue, disparaissent à l'œil. Il approche
lentement, victime dévouée. Un cri de guerre se fait entendre. L'Aigle part avec la rapidité de l'étoile qui file.
Le Cygne a vu son bourreau; il abaisse son col, décrit
un demi-cercle et manœuvre, dans l'agonie de sa terreur,
pour échapper à la mort. Une seule chance de succès lui
reste, c'est de plonger dans le courant; mais l'Aigle a
prévu le stratagème; il force sa proie à rester dans l'air,
en se tenant sans relâche au-dessous d'elle et en mena-
çant de la frapper au ventre ou sous les ailes. Cette
habile tactique, que l'homme envierait à l'Oiseau, ne
manque jamais d'atteindre son but. Le Cygne s'affaiblit,
se lasse et perd tout espoir de salut; mais alors son en-

---

[1] Dans l'Amérique, les bandes voyageuses des Cygnes s'annoncent de loin,
dans le calme des nuits polaires, par leur cri ou plutôt par leur chant, dont
les sons rappellent celui du violon.

nemi craint encore qu'il n'aille tomber dans l'eau du fleuve; un coup des serres de l'Aigle frappe la victime sous l'aile et la précipite obliquement sur le rivage.

Tant de prudence, d'activité, d'adresse, ont achevé la conquête : vous ne verriez pas sans effroi le triomphe de l'Aigle; il danse sur le cadavre; il enfonce profondément ses armes d'airain dans le cœur du Cygne mourant; il bat des ailes, il hurle de joie; les dernières convulsions de l'Oiseau semblent l'enivrer, il lève sa tête chauve vers le ciel, et ses yeux se colorent d'un pourpre enflammé. Sa femelle vient le rejoindre. Tous deux ils retournent le Cygne, percent sa poitrine de leur bec, et se gorgent du sang chaud qui en jaillit[1].

Les espèces nombreuses et diverses des Oiseaux, portées par leur instinct et fixées par leurs besoins dans les différents districts de la nature, se partagent, pour ainsi dire, les airs, la terre et les eaux; chacune y tient sa place, et y jouit de son domaine et des moyens de subsistance que l'étendue ou le défaut de ses facultés restreint ou multiplie. Si tous s'unissent par des rapports insensibles, il n'en est plus de même lorsque, considérés isolément vers les extrémités de la longue chaîne que leur réunion forme, ils ne s'offrent plus qu'avec les singularités qui particularisent chaque genre ou chaque espèce. Quelle immense distance, en effet, entre le Condor planant à plusieurs milliers de mètres au-dessus du pic le plus élevé du Chimborazo, ou cet Aigle audacieux dont les serres enlèvent une proie que son bec robuste déchire toute vivante, et le petit Oiseau-Mouche à plumage d'or, dont le bec ne sert qu'à sucer des sucs miellés au sein des

---

[1] Voyez le bel ouvrage sur les Oiseaux du naturaliste américain Audubon.

fleurs, et dont les pieds délicats ne semblent point faits, par leur petitesse, pour le supporter sur les rameaux des arbres !

On ne peut nommer l'Oiseau-Mouche sans se rappeler la description magnifique que Buffon en a faite. « De tous les êtres animés, dit-il, voici le plus élégant pour la forme et le plus brillant pour les couleurs. Les pierres et les métaux polis par notre art ne sont pas comparables à ce bijou de la nature ; elle l'a placé, dans l'ordre des Oiseaux, au dernier degré de l'échelle de grandeur : *maxime miranda in minimis*. Son chef-d'œuvre est le petit Oiseau-Mouche ; elle l'a comblé de tous les dons qu'elle n'a fait que partager aux autres Oiseaux : légèreté, rapidité, prestesse, grâce et riche parure, tout appartient à ce petit favori. L'émeraude, le rubis, la topaze brillent sur ses habits ; il ne les souille jamais de la poussière de la terre, et dans sa vie tout aérienne on le voit à peine toucher le gazon par instants : il est toujours en l'air, volant de fleur en fleur ; il a leur fraîcheur comme il a leur éclat ; il vit de leur nectar, et n'habite que les climats où sans cesse elles se renouvellent. C'est dans les contrées les plus chaudes du nouveau monde que se trouvent toutes les espèces d'Oiseaux-Mouches. Elles sont aussi nombreuses et paraissent confinées entre les deux tropiques ; car celles qui s'avancent en été dans les zones tempérées n'y font qu'un court séjour : elles semblent suivre le soleil, s'avancer, se retirer avec lui et voler sur l'aile des zéphyrs à la suite d'un printemps éternel... Leur bec est une aiguille fine, et leur langue un fil délié ; leurs petits yeux noirs ne paraissent que deux points brillants. Leur vol est continu, bourdonnant et rapide ; le battement des ailes est si vif, que l'Oiseau, s'arrêtant dans les airs, pa-

raît non-seulement immobile, mais tout à fait sans action.
On le voit s'arrêter ainsi quelques instants devant une
fleur, et partir comme un trait pour aller à une autre. Il
les visite toutes, plonge sa petite langue dans leur calice,
sans jamais s'y fixer, mais aussi sans les quitter jamais. »
Voilà une de ces descriptions auxquelles Buffon, par les
brillantes couleurs de sa palette, a imposé le cachet de
l'immortalité.

Nulle part les espèces d'Oiseaux-Mouches ne sont plus
nombreuses, ne sont plus multipliées que dans les vastes
forêts du Brésil et de la Guyane. Dans ces immenses solitudes, où la nature étale à profusion un luxe imposant
et majestueux ; là où des fleuves roulent leurs ondes dans
d'immenses bassins, où d'épaisses vapeurs pompées par
les rayons d'un soleil brûlant et rapproché, fertilisent,
fécondent et font éclore une profusion de germes ; là
où s'épanouissent sans cesse de nouvelles fleurs, où les
arbres ne perdent jamais leur feuillage, vivent ces Oiseaux
délicats, à l'abri des ennemis sans nombre qui menacent
leur existence, et qu'ils n'évitent que par la prestesse de
leurs brusques mouvements. Dans ces forêts, filles des
siècles, apparaissent çà et là des clairières : ce sont les
endroits que les Oiseaux-Mouches affectionnent, et où
ils si rendent de préférence pour butiner. Si cependant
sur le flanc d'un morne s'élève un grand arbre d'Éry-
thrine [1], des Eugénia [2], ou si des Orangers couverts de
fleurs croissent aux alentours des cabanes, alors, attirés

---

[1] Les Érythrines sont des Légumineuses, hautes de sept à huit mètres,
portant des fleurs d'un beau rouge de corail qui forment des épis courts et
serrés aux extrémités des branches.

[2] Autrement appelés Jambosiers ; ce sont des arbres et des arbrisseaux exotiques de la famille des Myrtes. La plupart sont remarquables par la beauté de
leurs fleurs ou par la bonté de leurs fruits.

par leurs corolles, ils font de ces arbres leur rendez-vous, voltigent ou se reposent à peine quelques secondes sur les plus grosses branches, ou, le plus souvent, se balancent ou semblent immobiles devant ces fleurs. Rien ne porte plus d'étonnement dans l'âme du voyageur qui foule pour la première fois, et dans l'âge des émotions, le sol des Amériques, que ces scènes pittoresques et neuves qui s'offrent ainsi à ses regards. En pénétrant dans les forêts du Brésil ou de la Guyane, on est émerveillé des proportions gigantesques des arbres chargés de fleurs et de fruits, supportant sur leurs rameaux des plantes étrangères, qui forment, comme les jardins de Babylone, des parterres aériens. La variété de ces végétaux a les plus grands charmes, et les beaux dessins du comte de Clarac et de M. Ruggendas peuvent à peine en donner une idée complète. Les moindres buissons sont formés de Lantana[1], de Mélastomes; des Bignonia serpentent ou s'enlacent sur les troncs des arbres, grimpent jusqu'à leur cime, retombent, se relèvent, pour former dans les ravins, sur les fondrières, des arches de verdure et de fleurs; des berceaux aussi élégants que variés. A ce mélange ou à cet heureux assemblage de la nature végétale, aux Épidendres parasites, aux larges Héliconia[2], aux Bolets d'un rouge fulgide, ajoutez les Tangaras de toute couleur, des Guits-Guits azurés, des Oiseaux-Mouches resplendissants, et vous aurez encore une idée bien imparfaite de la rare beauté de ces sites lointains.

Ce qu'on a toujours le plus admiré dans les Oiseaux-

---

1 Ou Camara, arbrisseaux dont la plupart ont un feuillage odorant.

.2 Les Héliconia ou Bihaï sont de très-belles plantes ou herbes vivaces, ressemblant au Bananier, et dont les feuilles simples et engaînées à leur base ont jusqu'à deux mètres de long.

Mouches après leur petite taille, c'est la splendeur et la riche élégance de leur plumage, dont rien ne peut égaler la magnificence. Beaucoup d'Oiseaux, en effet, sont remarquables par les couleurs qui les embellissent et par l'heureuse alliance des teintes; mais le plus souvent ces couleurs, quelle que soit leur vivacité, sont mates, tandis que les plumes des Oiseaux-Mouches jouissent de l'éclat extraordinaire des métaux et des pierres les plus précieuses. Leur corps est assez communément d'un vert doré, mêlé de reflets divers de cuivre de Rosette ou de fer spéculaire; et ce riche vêtement, qui chatoie sous le soleil, revêt encore quelques autres espèces, telles que les Jacamars, les Couroucous, etc. Il n'en est pas de même des ornements qu'on remarque sur la tête ou sur la gorge des Oiseaux-Mouches et des Colibris : ils semblent caractéristiques d'un très-petit nombre de familles; nulle description ne peut rendre le luxe et la richesse des teintes qui affectent le brillant des gemmes les plus rares. Certes, quelle que soit la pompe avec laquelle on veuille exprimer minutieusement les jeux de la lumière sur ces parties, on sera toujours au-dessous de la vérité. Ce n'est point par métaphore qu'on a dit que certaines espèces étincelaient des feux du rubis, que d'autres avaient leurs habits brodés de pourpre et d'or, et enrichis de saphirs; que l'émeraude, la topaze, l'améthyste, les couvraient de splendeur, et les faisaient plutôt ressembler à des bijoux sortis des mains du lapidaire qu'à des êtres animés.

Les espèces d'Oiseaux-Mouches sont nombreuses, et présentent toutes autant de variété que de richesse dans leurs ornements. Nous n'en décrirons que quelques-unes.

L'Oiseau-Mouche Sapho a été nommé ainsi par Lesson à cause de sa queue resplendissante, qui rappelle, par son développement comme par ses belles couleurs, la queue si belle du Mercure ou Oiseau-Lyre de la Nouvelle-Hollande. Ce savant naturaliste voyageur a voulu faire revivre dans nos souvenirs, par cette dénomination, la lyre d'or de la célèbre Lesbienne : la queue de cet Oiseau-Mouche ressemble, en effet, à un luth antique dont les cordes seraient rompues. La gorge, la poitrine, le devant du cou, sont recouverts par un plastron de plumes écailleuses, d'où jaillissent les teintes les plus pures du vert d'émeraude. Une bandelette d'un vert doré s'étend de l'œil et descend sur les côtés du cou. Tout le plumage en dessus, ainsi que les petites couvertures des ailes, sont d'un vert doré métallique; mais les plumes du croupion et les couvertures supérieures de la queue, bien plus étoffées qu'à l'ordinaire, jouissent de l'éclat le plus vif du cinabre pur. Les rectrices qui composent la queue étincellent diversement sous les rayons de la lumière qui viennent les frapper; leur éclat le plus ordinaire est celui du cuivre rouge chatoyant en or; mais parfois ces riches couleurs métalliques se changent en pourpre ou en violet sombre. A ces nuances d'un luxe sans pareil vient s'adjoindre le noir de velours, qui forme sur leurs bords extérieurs d'étroits liserés, ou qui les termine par une plaque quadrilatère. On ignore quelles peuvent être les mœurs de l'Oiseau-Mouche Sapho.

Combien est somptueuse, combien est riche et variée cette nature que nous connaissons si peu ! Cette nature, si bonne et si sublime, qui jette à pleines mains sur ce globe les germes de la vie, féconde les abîmes, anime les glaces hyperborées, couvre de poupre, d'or, de rubis ou d'opale, les êtres les plus disparates, place les Oiseaux de Paradis dans de profondes forêts habitées par des

Nègres cruels, et relègue loin des regards de l'homme civilisé ce qu'elle a créé de plus riche, ce qu'elle a doté des dons les plus merveilleux ! Quel magique tableau doivent offrir ces lianes festonnées où l'Oiseau-Mouche Sapho, étincelant sous le sombre feuillage, suspend son nid ouaté, berceau de ses amours, et n'étale que pour les yeux de sa douce compagne une parure qui semble exclusivement faite pour la séduction !

Le Rubis-Topaze est le plus commun de tous les Oiseaux-Mouches, et cependant c'est lui sur lequel les yeux se portent avec le plus d'admiration. « Il a les couleurs et il jette le feu, dit Buffon, des deux pierres précieuses dont nous lui donnons le nom. » L'éclat extraordinaire que possède, en effet, ce petit Oiseau, n'est pas facile à rendre, et l'éclat des pierres précieuses qui scintillent sur sa tête et sur sa gorge échappe aussi bien aux descriptions qu'à la peinture.

Des plumes écailleuses recouvrent toute la tête, depuis les narines, sur lesquelles elles s'avancent considérablement en s'allongeant un peu, jusqu'au haut du cou; elles forment ainsi une calotte étendue qui jouit de l'extraordinaire éclat du rubis, auquel se joindraient les reflets violets de l'iode en vapeur; la lumière, en frappant sur ces plumes, les fait chatoyer depuis la couleur de feu jusqu'au plus riche violet; d'autres plumes écailleuses occupent le dessous du gosier, s'étendent sur la gorge et les côtés du cou, jusqu'au haut de la poitrine, et paraissent vertes et veloutées dans l'obscurité, mais brillent des teintes les plus admirables du vermeil ou de la topaze glacée d'or; à ces deux nuances, si somptueuses et si belles, se joint, sur la partie supérieure du dos, un noir de velours dont il a l'aspect soyeux. Le cou, la poitrine, le ventre, le dos, les ailes et la queue, ont leurs nuances particulières assorties avec un art infini.

L'Oiseau-Mouche aux huppes d'or est l'ornement des *Campos* du Brésil, non loin des sources de la rivière San-Francisco. Richesse de parure, grâce de formes, élégance dans le port, éclat dans le plumage, tout en lui est fait pour plaire. Le moindre souffle des vents devrait l'emporter dans le vague des airs, le moindre orage gâter ses plumes si éclatantes; et cependant ce petit être, livré sans défense aux embûches des Oiseaux de rapine et des Reptiles immondes, brave dans sa vie aérienne les atteintes de ses ennemis, ne redoute point les dangers des variations subites de la température des tropiques, et remplit paisiblement sa carrière au milieu des plaines découvertes de l'intérieur du nouveau monde. Les forêts vierges et profondes élèvent l'âme du voyageur, et impriment à ses pensées des sentiments d'une immensité qui le confond. Les *Campos,* au contraire, ou ces terrains uniformes qui dessinent leur vaste surface en certaines parties du Brésil, sans avoir le monotone aspect de nos plaines de France, font naître des sensations douces et paisibles, reposent agréablement la vue par les ondulations légères du sol, où se mêlent de gras pâturages, des gazons frais et d'un vert gai, et des bouquets touffus de bois que donne l'Araucaria au feuillage sombre. Des vallées, des nappes d'eau, des cabanes agrestes, des troupeaux errants, animent, vivifient ce paysage; et c'est là que semble exclusivement vivre, au milieu d'une nature riante, le petit Oiseau-Mouche dont nous allons essayer de décrire la resplendissante parure.

Ce qui caractérise cette espèce d'une manière aussi gracieuse que peu commune sont deux huppes aplaties,

composées de six plumes rangées en éventail et qui partent du devant de la tête au niveau des yeux pour se
diriger horizontalement et imiter un deltoïde. Ces deux
huppes jouissent de l'éclat le plus extraordinaire ; elles
étincellent avec le brillant de l'or et celui du cuivre
rouge ; les reflets du rubis et ceux de l'émeraude, le
rouge de feu, le vert le plus pur, le jaune le plus éclatant, chatoient de manière à éblouir les yeux et à surpasser
la description qu'on chercherait à faire de ces teintes si
fugitives et si belles. Les plumes écailleuses du front
s'étendent entre les deux huppes, et brillent d'un vert
métallique uniforme, tirant sur le bleu de l'acier. Un
camail d'un noir violâtre, nuancé de ponceau sombre,
s'étend depuis la gorge jusque derrière les yeux, s'arrête, descend sur les côtés du cou pour se terminer
devant la poitrine par des plumes longues, finissant en
une seule pointe prolongée, de manière à imiter un
rochet tombant en pointe en devant. Ce violâtre indécis,
tirant sur le bleu non métallique, et dont la teinte veloutée
est très-foncée, tranche nettement sur le blanc de lait
de la poitrine, de manière à dessiner un large collier
blanc, etc.

Nous avons commencé l'histoire de l'Oiseau-Mouche
par une description de Buffon, terminons-la par celle que
l'incomparable Audubon a donnée de l'Oiseau-Mouche
petit-rubis, appelé aux États-Unis l'Oiseau-Murmure
(*Humming-Bird*), à cause du bourdonnement de ses
ailes.

« Quel est celui qui, voyant cette mignonne créature
bourdonner dans le vague des airs, soutenue par ses
ailes harmonieuses, voler de fleur en fleur avec des mouvements vifs et gracieux, et parcourir les vastes régions

de l'Amérique, sur lesquelles on dirait qu'il va semer des rubis et des émeraudes; quel est celui, dis-je, qui, voyant briller cette particule de l'arc-en-ciel, ne sentira pas son âme s'élever vers l'Auteur d'une telle merveille? Car si Dieu n'a pas doté tous les hommes du génie qui crée à son exemple, il ne refuse à aucun le don de l'admiration. — Quand le soleil ramène le printemps et fait éclore par milliers les germes du règne végétal, alors apparaît ce petit Oiseau-Mouche, se jetant çà et là, porté sur ses ailes de fée; il inspecte avec soin chaque fleur épanouie, et en retire les Insectes qui s'y étaient introduits, de même qu'un fleuriste diligent veille sur sa plante chérie pour la délivrer des ennemis intérieurs qui pourraient altérer le tissu délicat de ses pétales. On le voit suspendu dans les airs, qu'il frappe d'un frémissement si rapide, que son vol simule une complète immobilité; il plonge un regard scrutateur dans les recoins les plus cachés des corolles, et par les mouvements légers de ses plumes il semble, éventail vivant, rafraîchir la fleur qu'il contemple; il produit en même temps au-dessus d'elle un murmure doux et sonore, bien propre à assoupir les Insectes qui y sont occupés à butiner. Tout à coup il enfonce dans la corolle son bec long et menu; sa langue molle, fourchue, et enduite d'une salive glutineuse, s'allonge délicatement, et va toucher l'Insecte, qu'elle ramène aussitôt avec elle dans le gosier de l'Oiseau. Cette manœuvre s'exécute en un clin d'œil, et ne coûte à la fleur qu'une gouttelette de nectar, enlevée en même temps que le petit Scarabée; larcin qui n'appauvrit pas la plante et la délivre d'un parasite nuisible.

« Les prairies, les vergers, les champs et les forêts sont tour à tour visités par le *Humming-Bird*, et partout il trouve plaisir et nourriture. Sa gorge est au-dessus de toute description : c'est tantôt l'éclat mobile du feu, tantôt le noir profond du velours; son corps, qui brille en dessus d'un vert doré, traverse l'espace avec la vitesse de l'éclair, et tombe sur chaque fleur comme un rayon de lumière. Il se relève, se précipite, puis revient, monte ou descend, toujours par bonds aussi brusques que rapides... C'est ainsi qu'il nous apparaît dans les provinces septentrionales de l'Union, s'avançant avec les beaux jours et se retirant prudemment aux approches de l'automne.

« Que de plaisirs n'ai-je pas éprouvé à étudier les mœurs, et à suivre la vive expression des sentiments d'un couple de ces créatures célestes pendant la saison des œufs ! Le mâle étale son riche poitrail pour en faire reluire les écailles, pirouette sur une seule aile, et tournoie autour de sa douce compagne; puis se jette sur une fleur épanouie, charge son bec de butin, et vient déposer dans le bec de son amie l'Insecte et le miel qu'il a recueillis pour elle... Lorsque ses attentions délicates sont accueillies, son allure est vive et peint le bonheur; et tandis que la femelle se régale des mets qu'il lui a présentés, il l'évente avec ses ailes. Quand la ponte approche, le mâle redouble de soins, et manifeste son dévouement par un courage supérieur à ses forces : il ne craint pas de donner la chasse à l'Oiseau-Bleu et au Martin; il ose même se mesurer avec le Gobe-Mouche *tyran*, et, tout fier de son audace, il retourne vers sa compagne en agitant joyeusement ses ailes résonnantes... Chacun peut comprendre, mais nul ne peut exprimer par des paroles ces témoignagnes de tendresse courageuse et fidèle que le mâle, si débile en apparence,

donne à sa femelle pour justifier sa confiance et la sécurité qu'elle devra conserver sur le nid où va bientôt la
retenir l'amour maternel.

« Dans le nid de cet Oiseau-Mouche, que de fois j'ai
jeté un regard furtif sur sa progéniture nouvellement
éclose ! Deux petits, gros comme une Abeille, nus,
aveugles et débiles, pouvaient à peine soulever le bec
pour recevoir leur nourriture. Mais combien d'alarmes
douloureuses ma présence faisait éprouver au père et à
la mère ! Ils rasaient d'un vol inquiet mon visage, des-
cendaient sur le rameau le plus voisin, remontaient,
volaient à droite, à gauche, attendaient avec une inquiétude manifeste le résultat de ma visite ; puis, dès
qu'ils s'étaient assurés que ma curiosité était inoffensive,
quels transports de joie ils faisaient éclater ! Je croyais
voir, dans leur expression la plus naïve, les angoisses
d'une pauvre mère qui craint de perdre son fils atteint
d'une maladie dangereuse, et le bonheur de cette mère
quand le médecin vient d'annoncer que la crise est passée
et que l'enfant est sauvé [1]. »

1 La vignette placée au titre de ce volume représente l'Oiseau-Mouche et
son nid parmi des plantes intertropicales. Les Souï-Mangas (*Cinnyris*), charmants petits Oiseaux aux couleurs métalliques, remplacent dans l'ancien
monde les Colibris du nouveau (Afrique, Indes).

CHAPITRE X

LES MAMMIFÈRES

En considérant ces diverses modifications de la matière vivante, suivant l'ordre et l'harmonie que nous y apercevons, qui peut se défendre d'un sentiment d'admiration pour cette main créatrice de tous les êtres? Les bois et les champs, les montagnes et les vallons, peuplés de races libres et vagabondes, offrent à l'espèce humaine de riches proies et des compagnons utiles dans ses travaux.

VIREY.

Le nom même donné à cette classe d'animaux nous rappelle une preuve frappante de l'Intelligence prévoyante qui les a créés, nous voulons parler de la formation du lait chez les femelles. A l'instant où le jeune naît, sa nourriture est prête. Tous les détails de cette disposition sont admirables. D'abord le liquide préparé est d'une nature nourrissante; qualité qu'aucun autre produit des sécrétions des corps ne possède : on ne connaît aucun procédé chimique pour imiter la nature dans la composition de ce fluide et faire du lait avec des herbes. Il faut observer, en second lieu, l'organe destiné à le séparer du sang et les canaux par lesquels le jeune animal l'extrait de cet organe. Enfin il ne faut pas oublier que le lait ne se forme que dans le moment où il devient nécessaire. Il n'y a dans l'état d'une gestation avancée aucun rapport qui nous soit intelligible avec la sécrétion du lait. Lorsqu'une partie du corps a besoin d'un supplément de nourriture et l'attire, il ne paraît pas probable qu'une production nouvelle de nourriture se

forme dans une autre partie du corps ; c'est ce que personne ne conjecturerait d'avance sans avoir connaissance
du phénomène. Tout le système lacté est un miracle prolongé. Ce qui doit ajouter à notre admiration, c'est que
le nombre des mamelons, chez les femelles, est propor-
tionné au nombre des petits que la femelle doit produire.
La Chienne, la Laie, la femelle du Lapin, du Chat et du
Rat, ont de nombreux mamelons, parce que leurs portées
sont nombreuses ; tandis que dans la Vache, la Jumént,
etc., qui ne portent qu'un jeune, les mamelons sont
rassemblés et en petit nombre. Comment expliquer des
proportions si bien raisonnées, si on ne les rapporte à un
Créateur intelligent ?

Seize cent trente Mammifères, répartis dans deux cent
soixante-seize genres, ont été étudiés et sont recueillis
dans les diverses collections publiques d'Europe ; et l'on
peut évaluer à deux mille ceux qui seront bientôt enre-
gistrés dans nos livres d'histoire naturelle. Mais trop de
pays nous restent encore à explorer pour qu'on ne doive
pas porter à plus de trois mille le total des animaux de
cette classe vivant sur la surface de notre planète.

La classe des Mammifères est de toutes la plus nécessaire à nos besoins ; car, indépendamment des services
journaliers que nous recevons du Bœuf, du Cheval, de
l'Ane, du Mulet, en Europe ; du Dromadaire, du Chameau, du Bison, du Buffle, en Afrique et en Asie ; du
Renne et du Chien dans les régions polaires ; du Lama
au Pérou, de l'Éléphant aux Indes ; soit pour porter, soit
pour traîner des fardeaux ; plusieurs autres espèces nous
sont encore fort utiles dans une multitude d'occasions.
Le Chien se dresse à la chasse, à la garde des troupeaux
ou de la maison ; dans l'Inde, les Guépards, les Caracals

s'emploient aussi à la chasse, de même que les Furets en Orient et en Europe. Le Chat, la Mangouste, l'Ichneumon, la Belette, apprivoisés, délivrent nos maisons d'une foule de parasites nuisibles, comme les Souris et les Rats. La Vache, la Chèvre, la Brebis, les femelles de Chameaux, de Rennes, les Cavales, les Anesses, etc., fournissent le lait, le beurre et le fromage, dont plusieurs nations font leur unique nourriture. La Vigogne, la Chèvre de Syrie, les Moutons *mérinos*, le Lapin, le Chat d'Angora, le Chameau, nous présentent chaque année leurs riches toisons. La chair de tous les Mammifères ruminants est la plus saine et la plus agréable; celle des rongeurs est plus fine, plus délicate. Les Chinois nourrissent le Rat *caraco* pour le manger. Les Américains recherchent les Tatous sur leurs tables, et la chair des

Pangolins est estimée aux Indes. Les peuples maritimes ne dédaignent pas celle des Phoques, des Marsouins, des Lamantins et des Morses. De même les Nègres trouvent fort bonne la viande de Rhinocéros, d'Hippopotame et d'Éléphant; celle des Écureuils, des Gerboises, etc., est estimée des divers habitants de l'Afrique; mais on

* Talou.

II   17

ne fait guère usage en Europe que de celle des Lièvres et des Lapins parmi les rongeurs. La chair des Chameaux n'est pas mauvaise au goût des Arabes; celle des Gazelles est fort recherchée; les Cerfs, les Rennes, les Élans ont une viande plus dure; nous sommes habitués à celle du Bœuf, du Mouton, du Chevreau, etc. On ne mange pas ordinairement en Europe la chair du Cheval, que les Tartares estiment au-dessus de toute autre; mais on fait un grand usage de celle du Porc, qui est défendue aux peuples de l'Orient, parce qu'elle cause des maladies de peau et des indigestions mortelles dans les pays chauds.

Non-seulement les Mammifères nous fournissent des aliments savoureux et bien plus restaurants que les substances végétales, mais nous en tirons encore une foule de produits utilisés par l'industrie. Les peaux du Buffle, du Bœuf, du Veau, du Renne, de l'Élan, du Daim, sont très-renommées, et une multitude d'arts tirent de grands avantages de celles du Cheval, du Mouton, de la Chèvre, de l'Ane, ainsi que du crin, de la soie de Cochon, des cornes, du poil, de la bourre, des os, de la moelle, des tendons, de la graisse, du saindoux, du suif, du sang, des boyaux, etc. On connaît les précieuses fourrures de la Martre, de la Zibeline, du Chinchilla, de l'Hermine, du Castor, etc.

§ Ier

Coup d'œil sur l'économie de la nature; rôles des animaux carnivores. — Les Cétacés, Baleine, Cachalot, Dauphin.

Pour bien comprendre la grande économie de la nature, il ne faut pas s'arrêter aux faits isolés; il faut s'élever aux résultats généraux, et ne considérer les individus que dans leurs rapports avec le bien général de leur propre espèce et des autres espèces qui lui sont associées. Avec cette manière large d'étudier la nature, on ne tarde pas à se convaincre que tout est subordonné, dans la grande famille des êtres, à un système de bien-être universel.

Ainsi, des deux grandes divisions dans lesquelles ont été partagés les habitants du globe, herbivores et carnivores, ces derniers, dont l'existence semble au premier abord avoir pour but d'accroître la somme des maux pour tous les êtres sensibles qui les entourent, nous apparaissent sous un point de vue tout opposé, dès que nous venons à les considérer dans l'ensemble de leurs rapports. En effet, une fois la mort établie par le Créateur comme une irrévocable condition de la vie, il a dû entrer dans ses desseins de bienveillance de rendre aussi doux que possible, pour chacune de ses créatures, ce triste terme de toute existence. Ce but a été atteint par la création des races carnivores, chargées de prévenir, dans les espèces soumises à leur domination, les douleurs de la maladie et les longues misères d'une caducité qu'aucun soin, aucune sympathie, ne viendraient alléger. Dans ce système, où les êtres sont soudainement détruits et promptement remplacés, tout ce qui est faible et cassé est bientôt délivré de ses maux, et le monde n'est habité que par des myriades d'êtres doués de toutes leurs facultés et jouissant de tous les bienfaits de l'existence.

Outre ce service qui délivre la nature du spectacle quotidien d'une somme de souffrances énorme, il en est un autre encore dont sont redevables à l'existence des races déprédatrices les espèces mêmes qui deviennent leur proie : c'est le contrôle qu'exercent les carnivores sur

l'excessive multiplication des espèces douces et paisibles,
en détruisant un grand nombre d'individus pleins de
jeunesse et de vigueur. Sans ce frein salutaire, chaque
espèce s'accroîtrait jusqu'à une exubérance funeste, qui
ne tarderait pas à faire périr par le fléau de la famine le
groupe tout entier. La nature a donc sagement établi une
gradation successive d'êtres qui se contiennent réciproquement dans les limites convenables, une hiérarchie
de pouvoir et une source de gouvernement dans le vaste
empire des corps organisés. Elle a placé sur la terre des
arbitres suprêmes pour y maintenir l'équilibre entre les
espèces vivantes et y faire régner la subordination. Les
végétaux fournissent l'aliment à tout le corps social; les
animaux herbivores et frugivores s'en nourrissent, et par
là ils en modèrent la trop grande multiplication, l'action
des carnivores intervient alors pour empêcher ces derniers
de dépasser le nombre fixé dans les prévisions providen-
tielles. Indépendamment de cette organisation générale,
il existe dans la nature diverses provinces qui sont régies
par des chefs inférieurs à l'homme, ce souverain de tous
les êtres vivants : le Lion, le Tigre, l'Ours, le Loup, etc.,
sont, pour ainsi dire, les maîtres des animaux terrestres;
l'Aigle, le Vautour, le Faucon, commandent dans les vastes
provinces de l'air; les Cachalots et les Requins ont été re-
légués dans l'empire des ondes. C'est par ce moyen que le
grand drame de la vie universelle se continue sans relâche;
et quoique les acteurs, si on les considère comme individus, changent à chaque instant, chaque rôle n'en demeure pas moins rempli sans interruption, les générations
succédant aux générations. Ainsi la face de la terre se
renouvelle sans cesse, et la vie se transmet avec le bien-
être par un héritage qui ne s'épuise jamais.

Cette même police de la nature, qui est pour les animaux terrestres un bienfait si grand, s'étend de même sur les habitants des mers, pour qui elle n'est pas un moindre bienfait. Ainsi la nature a placé aux deux pôles les espèces colossales des Cétacés comme deux puissances de compression, pour diminuer la quantité trop nombreuse des animaux qui fourmillent dans les mers glacées ; car sous les zones chaudes de l'Océan il existe un nombre infini de Poissons déprédateurs qui suffisent pour maintenir l'équilibre entre les races vivantes. Au nord, un seul Cachalot tient lieu de vingt mille Brochets et exerce la même destruction.

La plus grande marque du pouvoir de l'homme est sans doute celui qu'il prend sur la Baleine, cette dominatrice des mers. Quand on considère que les plus grands et les plus puissants des animaux viennent expirer aux pieds d'un matelot, qu'une poignée de pauvres pêcheurs met en fuite des milliers de Cétacés que ni leur force prodigieuse, ni la rapidité de leur course, ni le froid, ni les tempêtes de l'Océan, ni les glaces des pôles, ne peuvent soustraire à la main de l'homme, il est, sans contredit, le roi de la terre, et l'empire lui a été donné sur tout ce qui existe. Ce n'est plus la violence, c'est l'habileté et l'industrie qui commandent dans l'univers ; la masse du corps n'est rien : l'intelligence, l'âme fait tout. Telle est la distance immense que la nature a mise entre nous et la brute ; l'un commande et règne, l'autre ne peut qu'obéir et ramper ; et ce n'est pas un vain titre que l'Être suprême nous a donné sur tous les animaux, les marques en sont empreintes sur la Baleine gigantesque et sur l'Éléphant colossal. Ils sont devenus nos esclaves, et nous apportent le tribut de leurs riches dépouilles.

C'est parmi les Cétacés que se trouvent les plus grands animaux connus. Ces géants du règne animal, occupant les espaces immenses des mers, doivent être mis en rapport avec la vaste surface qu'ils sont appelés à animer. Ainsi les terres étendues et désertes de l'Afrique sont la patrie des plus grands Quadrupèdes, tels que l'Éléphant africain, le Rhinocéros, l'Hippopotame, etc. etc.; ainsi les plateaux de l'Asie nourrissent l'Éléphant asiatique, le Tigre; Bornéo, les grands Orangs, etc.

La Baleine se nourrit non de gros Poissons, comme on pourrait le croire en considérant sa masse, mais de Vers, de Mollusques, de Zoophytes, tels que les Actinies, les Planorbes, l'Argonaute arctique, les Clios, les Méduses, etc.: comme ces petits animaux sont en nombre infini dans les mers polaires, la Baleine n'a qu'à ouvrir son énorme gueule pour les engloutir par milliers; elle les brise facilement sous ses fanons tranchants, tandis qu'une proie plus dure et plus osseuse résisterait à leur compression[1].

Les Cachalots, au contraire, dont la gueule est armée de dents formidables, exercent un empire redouté parmi les légions d'animaux qui peuplent les mers; ils ne se contentent pas de repousser l'ennemi qui les attaque, ils cherchent une proie, il leur faut des victimes.

Parmi les Mammifères marins, il en est un qui a frappé

---

[1] Objet de l'ardente soif du gain de la plupart des peuples maritimes, la Baleine s'est réfugiée aux dernières limites du pôle sans pouvoir y trouver un abri. Quelle était donc la quantité énorme de ces Cétacés, pour pouvoir fournir à la consommation qui s'en fait depuis tant d'années? Quel spectacle la Baleine doit offrir dans ces froides contrées, près des montagnes de glace qui reflètent au loin les rayons obliques du soleil, près des côtes nues du Groënland, sans cesse revêtues d'écharpes de neige, et au milieu des bancs de glace sur lesquels voyage l'Ours polaire ou le Loup affamé, tandis que de voraces Oiseaux maritimes se disputent les moindres parcelles des cadavres des animaux qui ont été façonnés pour vivre dans ces âpres climats!

l'imagination des peuples et qui a joué de tout temps un
grand rôle dans les représentations artistiques : nous voulons parler du Dauphin, dont le nom retrace à notre esprit les fictions gracieuses de l'Hellénie, et nous rappelle
ces habitants des mers que les poëtes grecs célébrèrent à
l'envi dans leurs vers, en les dotant des plus rares qualités. Qui ne conserve le souvenir d'Arion attirant par les
sons enchanteurs de sa lyre des Dauphins avides d'harmonie et transportant sur leur dos le chantre qui avait
su les charmer, pour le soustraire à ses ennemis? Les
imaginations ardentes n'ont pas besoin des sentiments
profonds ni des idées lugubres que fait naître un climat
horrible, pour inventer des causes fantastiques, pour
produire des êtres surnaturels et enfanter des dieux. Le
plus beau ciel a ses orages; le rivage le plus riant a sa
mélancolie. Les champs thessaliens, ceux de l'Attique et
du Péloponèse n'ont point inspiré cette terreur sacrée,
ces noirs pressentiments, ces tristes souvenirs, qui ont
donné naissance à cette sombre mythologie du Nord qui
se plaît au milieu de palais de nuages et de fantômes
vaporeux, au-dessus des promontoires menaçants, des
lacs brumeux, et des noires forêts de la valeureuse Calé-
donie ou de l'héroïque Irlande; mais la vallée de Tempé,
les pentes fleuries de l'Hymette, les rives de l'Eurotas, les
bois mystérieux de Delphes, et les heureuses Cyclades,
ont ému la sensibilité des Grecs par tout ce que la nature
peut offrir de contrastes pittoresques, de paysages roman-
tiques, de tableaux majestueux, de scènes gracieuses,
de monts verdoyants, de retraites fortunées, d'images
attendrissantes, d'objets touchants, tristes, funèbres
même, et cependant remplis de douceur et de charmes.
Les bosquets de l'Arcadie ombrageaient des tombeaux,

et les tombeaux étaient cachés sous des tiges de roses.

Le génie grec a donc étendu son influence magique jusque sur le Dauphin, il l'a embelli par le prestige des illusions; mais c'est la reconnaissance qui lui a donné une nouvelle vie; c'est pour des bienfaits qu'il a été divinisé. Les anciens, amateurs-nés du merveilleux, ont vanté son adresse, son agilité, ses jeux, sa tendresse pour l'homme, sa constance, et même sa gratitude. Mais il faut laisser aux poëtes à célébrer ce Pilade marin.

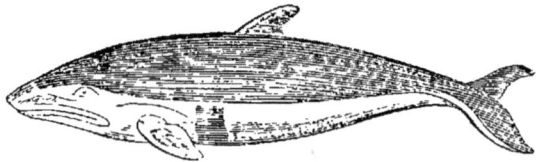

Fig. 51*.

Le Dauphin se trouve sur la surface de toutes les mers: on le rencontre dans les climats heureux des zones tempérées, sous le ciel brûlant des mers équatoriales, et parmi ces énormes montagnes de glace que le temps élève sur la surface de l'Océan polaire comme autant de monuments funèbres de la nature expirante : partout on le voit, léger dans ses mouvements, rapide dans sa natation, étonnant dans ses bonds, se plaire autour de l'homme, charmer par ses évolutions vives et folâtres l'ennui des calmes prolongés, animer les immenses solitudes de l'Océan, disparaître comme l'éclair, s'échapper comme l'Oiseau qui fend l'air, reparaître, s'enfuir, se montrer de nouveau, se jouer avec les flots agités, braver les tempêtes, et ne redouter ni les éléments, ni la distance, ni les tyrans des mers.

* Dauphin.

Revenu dans ces retraites paisibles que son goût s'est plu à orner, l'homme jouit encore de l'image du Dauphin, que la main des arts a tracée sur les chefs d'œuvre qu'elle a créés; il en parcourt la touchante histoire dans les productions immortelles que le génie de la poésie présente à son esprit et à son cœur; et lorsque, dans le silence d'une nuit paisible, dans ces moments de calme et de mélancolie où la méditation et de tendres souvenirs donnent tant de force à tout ce que son âme éprouve, il laisse errer sa pensée de la terre vers le ciel, et qu'il lève les yeux vers la voûte éthérée, il voit encore cette même image du Dauphin briller parmi les constellations.

§ II

Les animaux domestiques. — Le Chameau. — Le Renne.
— Le Chien, etc.

> L'or et la soie ne sont pas les vraies richesses de l'Orient,
> c'est le Dromadaire qui est le trésor de l'Asie. BUFFON.

Une philosophie stupide veut que l'homme ait été jeté sur la terre, infirme de tous points et dans toute l'abjection de la misère, imbécile, sans idées, sans voix, sans mémoire ni désir, marchant à quatre pattes, ne relevant que de la matière et ne tendant qu'à la matière. Si l'homme avait jamais existé dans l'état abject qu'on lui prête, s'il avait reçu dans le sein de sa mère la forme quadrupède, comment eût-il abandonné cet état de son propre mouvement, et de la condition de l'animal qui le courbait vers la terre se fût-il élevé à l'attitude droite? Si l'homme eût commencé à marcher sur les pieds et sur les mains, assurément il n'aurait point changé; il n'y a que le prodige d'une seconde création qui eût pu faire de lui ce qu'il est maintenant, et ce que son histoire et l'expérience nous attestent à chaque pas [1].

« Pourquoi embrasserions-nous des paradoxes dénués de preuves et même entièrement contradictoires, dit un beau et grave génie, quand la constitution de l'homme, l'histoire de son espèce, et toute l'analogie de l'organisation terrestre, nous conduisent à d'autres résultats? De toutes les créatures que nous connaissons, aucune ne s'est éloignée de son organisation originelle jusqu'à se prêter à une autre qui soit inconciliable avec la première : elles ne peuvent agir qu'avec des pouvoirs inhérents à leur organisation, et la nature ne manque pas de moyens pour retenir chaque créature dans la sphère qu'elle lui a assignée. Tout dans l'homme est approprié à la forme que nous lui voyons maintenant; c'est pour elle que tout s'explique dans son histoire, et sans elle il n'y a plus qu'obscurité et contradiction. »

De quoi l'homme eût-il vécu avant d'avoir appris l'agriculture et soumis les animaux utiles? Ceux-ci soutiennent leur vie par les végétaux; il n'en est point qui n'ait l'expérience journalière de leur reproduction, et qui ne sache dès sa naissance choisir ceux qui lui conviennent. Mais qui aurait montré à l'homme, dans l'état de dégradation profonde où on le suppose, les premiers fruits des vergers dispersés dans les forêts, et les racines alimentaires cachées dans le sein de la terre? N'aurait-il pas dû mille fois mourir de faim avant d'en avoir recueilli assez pour le nourrir, ou de poison avant d'en savoir faire le choix, ou de fatigue et d'inquiétude avant d'en avoir formé au-

---

[1] Voyez l'opinion matérialiste de la génération spontanée et de la transformation graduelle des espèces, longuement réfutée dans notre *Nouveau Traité des sciences géologiques*, ch. XII, p. 315, 2e édition.

tour de son habitation des tapis et des berceaux? Si la
Providence l'eût abandonné à lui-même en sortant de
ses mains, que serait-il devenu? Aurait-il dit aux campagnes : « Forêts inconnues, montrez-moi les fruits qui
sont mon partage! Terre, entr'ouvrez-vous, et découvrez-
moi dans vos racines mes aliments! Plantes d'où dépend
ma vie, manifestez-vous à moi, et suppléez à l'instinct
que m'a refusé la nature? » Aurait-il eu recours, dans sa
détresse, à la pitié des bêtes, et dit à la Vache, lorsqu'il
mourait de faim : « Prends-moi au nombre de tes enfants,
et partage avec moi une de tes mamelles superflues? »
Quand le souffle de l'aquilon faisait frissonner sa peau,
la Chèvre sauvage et la Brebis timide sont-elles accourues
pour le réchauffer de leurs toisons? Lorsque, errant sans
défense et sans asile, il entendait la nuit les hurlements
des bêtes féroces qui demandaient de la proie, suppliait-il
le Chien généreux en lui disant : « Sois mon défenseur,
et tu seras mon esclave? » Qui aurait pu lui soumettre
tant d'animaux qui n'avaient pas besoin de lui, qui le
surpassaient en ruses, en legèreté, en force, si la main
qui, malgré sa chute, le destinait encore à l'empire,
n'avait abaissé leurs têtes à l'obéissance[1]?

On ne peut donc douter que Dieu n'ait créé dès le
commencement un certain nombre d'animaux plus immédiatement utiles à l'homme, et qu'il a mis, pour ainsi
dire, à son service. Plusieurs sont évidemment destinés
à vivre près de nous dans l'état de domesticité : les uns
pour nous fournir des aliments, les autres pour nous
fournir la matière de nos vêtements, d'autres pour porter
ou traîner des charges, d'autres pour nous rendre diffé-

---

[1] Voyez Bernardin de Saint-Pierre, *Études de la nature*.

rents services encore. L'organisation spéciale de ces
espèces est l'indice de leur destination et du rôle qu'elles
devaient remplir.

« Plaçons-nous en imagination dans les conseils du
Créateur, au jour où il décréta l'œuvre de l'univers. Nous
savons qu'il veut animer, en les peuplant de bêtes sauvages, les sables des déserts, les montagnes, les forêts;
mais aussi il veut peupler les champs, que l'homme
cultivera, d'animaux qui resteront sous sa main et lui
offriront toutes les ressources que chacun de nous connaît. Chargés d'organiser les animaux qui vivront de
proie, nous leur donnerons une grande puissance musculaire, pour qu'ils puissent bondir au loin et saisir la
légère Antilope; nous les pourvoirons de griffes puissantes, et nous armerons leur bouche de dents terribles
propres à déchirer la chair vivante et à broyer les os.
Mais, pour ce qui est des hôtes qui doivent habiter les
champs de l'homme, et dormir dans ses étables, nous leur
refuserons cette faculté de la course, qui s'exercerait con-
trairement au but proposé; nous n'armerons pas leurs
pieds de griffes inutiles, et leur mâchoire ne recevra que
des dents inoffensives. Nous leur interdirons la nourriture animale; car autrement les troupeaux deviendraient
inutiles à l'homme, puisqu'ils devraient, pour vivre, se
dévorer eux-mêmes. Nous supprimerons donc les dents
laniaires, pour ne laisser que celles qui sont propres à
broyer les végétaux, et nous écarterons du Bœuf et de
la Brebis aussi bien le goût que la faculté de se nourrir
de chair. Quant aux armes, nous négligerons de les en
pourvoir, parce que nous les laisserons en sûreté sous
la garde de l'homme. Pour les serrer autour de lui, nous
les douerons d'affection pour sa société; s'ils sont forts,

nous les ferons doux et timides, ou nous laisserons à
l'homme le moyen de perfectionner en eux ces qualités. Enfin, destinés qu'ils sont à vivre longtemps avec
l'homme et à mourir auprès de lui, nous donnerons à
leur habillement des qualités précieuses, pour rendre
utiles à l'homme leurs nombreuses dépouilles. Voilà ce
que nous eussions fait, c'est-à-dire précisément ce qui
existe ; ce que notre intelligence a conçu, une intelligence
suprême l'a donc exécuté [1] ! »

Sans les animaux domestiques, l'homme ne pourrait
pas subsister dans l'état de civilisation ; car qui pourrait
cultiver la terre sans le Bœuf et le Cheval ? Quand on
envisage que la subsistance de tant de peuples repose
entièrement sur le travail des bestiaux, et que la société
humaine dépend principalement de l'agriculture, on ne
peut considérer sans effroi quel serait l'état de l'homme,
si aucune de ces races n'avait été créée, ou si elles venaient à disparaître par quelque grande épizootie. Sans
la multiplication des Bœufs, par exemple, la vie humaine
serait tellement précaire, qu'il est douteux qu'une nation
pût subsister dans nos climats, privée de leur secours.
La chair, le lait, les peaux, la graisse qu'ils nous donnent après leur mort, ne sont que la moindre portion
des avantages que nous en tirons pour tant d'usages domestiques, pour traîner, pour porter et surtout pour le
labourage, où nul travail humain ne peut suppléer ces
animaux.

Sans le Chameau, on verrait l'Arabe, confiné dans ses

---

[1] M. L. DESDOUITS, *l'Homme et la Création, ou Théorie des causes finales
dans l'univers*, ouvrage où sont esquissés à grands traits, mais avec une
remarquable vigueur de talent, les ravissantes harmonies de l'œuvre du
Créateur.

déserts, mener la vie la plus misérable ; mais avec cet animal, qui est pour lui une voiture toute vivante, l'Arabe traverse les solitudes, vit du lait des Chamelles, en mange la chair, et se fait des habits et des tentes avec leurs poils. A défaut de roulage et de diligences, de locomotives et de bateaux à vapeur, les populations de l'Asie et de l'Afrique emploient la caravane, sans laquelle il n'existerait aucune grande communication en Orient. Pour la conduire à travers les océans de sable qui séparent les régions habitées, ces populations ont le Chameau, ce *vaisseau du désert*, sur lequel le nomade aime

Fig. 52*.

à se glorifier de n'avoir jamais fait naufrage[1]. Ce poétique surnom nous indique déjà que le Chameau est l'élément primitif, essentiel, des associations voyageuses qui se

---

* Dromadaire ou Chameau à une bosse.

[1] A propos du Chameau, nous devons rappeler l'admirable description du désert par Buffon : « Qu'on se figure un pays sans verdure et sans eau, un soleil brûlant, un ciel toujours sec, des plaines sablonneuses, des montagnes encore plus arides sur lesquelles l'œil s'étend et le regard se perd, sans pouvoir s'arrêter sur aucun objet vivant ; une terre morte, et, pour ainsi dire,

forment en caravanes : nulle bête de bât ou de selle n'y résout, en effet, aussi bien que le Chameau, le problème de l'économie et de la facilité du transport. Pour le fardeau comme pour la longue course, il défie également tous les animaux dont on lui fait des auxiliaires. Sa nourriture n'entraîne d'ailleurs presque aucune dépense ; car il vit de quelques biscuits d'orge salé et de plantes arides et coriaces dont le sol le plus ingrat est toujours abondamment fourni. Il peut enfin braver l'affreux tourment de la soif jusqu'à rester plus d'une semaine entière sans s'abreuver[1] ; et c'est dans ces conditions qu'il porte de trois cents à cinq cents kilogrammes, c'est-à-dire de quoi nourrir et désaltérer des familles entières de voyageurs. Ainsi destiné aux traversées du désert, il franchit les espaces uniformes, les solitudes immenses où l'on ne

écorchée par les vents, laquelle ne présente que des ossements, des cailloux jonchés, des rochers debout ou renversés, un désert entièrement découvert où le voyageur n'a jamais respiré sous l'ombrage, où rien ne l'accompagne, rien ne lui rappelle la nature vivante : solitude absolue, mille fois plus affreuse que celle des forêts ; car les arbres sont encore des êtres pour l'homme qui se voit seul ; plus isolé, plus dénué, plus perdu dans ces lieux vides et sans bornes, il voit partout l'espace comme son tombeau ; la lumière du jour, plus triste que l'ombre de la nuit, ne renaît que pour éclairer sa nudité, son impuissance, et pour lui présenter l'horreur de sa situation, en reculant à ses yeux les barrières du vide, en étendant autour de lui l'abîme de l'immensité qui le sépare de la terre habitée, immensité qu'il tenterait en vain de parcourir ; car la faim, la soif et la chaleur brûlante pressent tous les instants qui lui restent entre le désespoir et la mort. Cependant l'Arabe, à l'aide du Chameau, a su franchir et même s'approprier ces lacunes de la nature ; elles lui servent d'asile ; elles assurent son repos, et le maintiennent dans son indépendance. »

[1] Ce précieux avantage est dû à une particularité d'organisation extrêmement remarquable. Le Chameau possède, indépendamment des quatre estomacs qui se trouvent dans les animaux ruminants, une cinquième poche qui lui sert de réservoir pour conserver de l'eau. Ce liquide y séjourne sans se corrompre et sans que les autres aliments puissent s'y mêler. Lorsque l'animal est pressé par la soif, ou qu'il a besoin de délayer les nourritures sèches et de les macérer par la rumination, il fait remonter dans sa panse et jusqu'à l'œsophage une partie de cette eau par une simple contraction de muscles.

voit que ciel et sable, et il s'oriente parmi leurs dunes flottantes dont les changements gigantesques, rapides, continuels, troublent la vue et rappellent les vagues et les lames les plus terribles de l'Océan. A tous ces avantages le Dromadaire ou Chameau coureur joint la faculté de parcourir jusqu'à huit cents kilomètres en quatre jours. La souche sauvage du Chameau est inconnue; car cet animal domestique est soumis à l'homme depuis les temps les plus reculés. Née à côté des populations arabes et indiennes, la race des Chameaux a été pour elles le lévier de leur civilisation stationnaire.

Le Cheval, qui, par sa grandeur, sa force et sa fierté, paraît indomptable, est à peine accoutumé au mors et au barnais, qu'il se prête à tout ce qu'on exige de lui. Il fléchit sous la main qui le gouverne : attentif et docile à notre voix, à nos signes, il marche et s'arrête, accélère et ralentit ses pas; tourne à droite, à gauche, suivant nos désirs; il ne se refuse à rien, sert de toutes ses forces, s'excède même souvent et meurt pour mieux obéir. Le Cheval est toute la possession du Tartare; sa chair, son lait, ses peaux, satisfont à tous ses besoins; il monte sur ce fier quadrupède, et, les armes à la main, parcourt toute l'étendue de ses steppes immenses.

Qui peut faire vivre heureux, au milieu des neiges et des frimas, ces Lapons, ces Samoïèdes, ces Jakutes et cette foule de nations polaires? Qui peut leur fournir une nourriture suffisante, lorsque la terre y semble avoir des entrailles d'airain pour ses habitants? le Renne. Ce précieux animal est pour ces peuples une richesse qui ne tarit jamais; il leur tient lieu de tout, et ne leur coûte rien. Avec sa peau ils se font des vêtements, ils se nourrissent de sa chair et de son lait, ou ils s'en servent comme du Cheval pour tirer des traîneaux, des voitures; il marche avec bien plus de diligence et de légèreté, fait aisément cent vingt kilomètres par jour, et court avec autant d'assurance sur la neige gelée que sur une pelouse. La conformation de ses pieds longs et larges l'empêche d'y enfoncer; quant à celle qui tombe du ciel, ses yeux en sont garantis par une membrane placée sous les paupières. Le Renne donne seul tout ce que nous tirons

Fig. 53.

du Cheval, du Bœuf et de la Brebis. Son régime est en harmonie avec la stérilité des contrées hyperboréennes; il se nourrit pendant l'hiver d'une espèce de lichen blanc qu'il sait trouver sous les neiges épaisses en les fouillant avec son bois et les détournant avec ses pieds. Ainsi le Renne, qui offre dans ses quatre mamelles un lait plus gras que celui de la Vache, dans son pelage une fourrure plus chaude que celle de la Brebis, et dans sa course un service plus rapide que celui du Cheval, ne traîne le Lapon et le Samoïède avec la rapidité de l'éclair sur les mers de neiges glacées, que parce que le Créateur, splen-

* Renne.

dide jusque dans ces froides régions, fait croître partout sous l'empire des neiges de riches prairies de mousses savoureuses. En été, le Renne vit de boutons et de feuilles d'arbres, plutôt que d'herbes, que les rameaux avancés de son bois ne lui permettent pas de brouter aisément.

Partout où l'homme vit, le Chien compte des races dociles et soumises. Le nègre australien a apprivoisé le Dingo; les Papous des îles Malaisiennes, le Poull; les Javanais et les Sumatranais ont deux espèces, et les Indiens le Quano et le Chien de l'Himalaya. Les Esquimaux ont pour compagnon de leur yourte le Chien boréal, le même que les Kamtschadales attachent à leurs traîneaux. Chaque attelage se compose de douze Chiens qui peuvent tirer jusqu'à seize quintaux; et les relais de poste sont même assurés par ces animaux, qui franchissent en vingt-quatre heures jusqu'à deux cents verstes. Pour accomplir ces voyages rapides, on les chausse pour le verglas; on les couvre de fourrures quand il gèle trop fort. Sobres et peu délicats, on les nourrit de poissons secs ou même de leurs arêtes décharnées. Sans le Chien du Nord, les toundres de la Sibérie, ces marécages glacés pendant une grande partie de l'année, seraient inhabitables. Si le Chameau est le vaisseau du désert, le Chien est le courrier des glaces. Sur ces toundres, l'atmosphère est sombre et brumeuse. A l'horizon serpente un ruban rouge, précurseur du jour; le brouillard s'épaissit et persiste, mais des arcs-en-ciel apparaissent pour illuminer le ciel; il en jaillit des milliers de paillettes lumineuses qui voltigent dans l'éther, et donnent aux nuées un aspect fantastique. Le soleil finit par pénétrer l'atmosphère en dissipant les brouillards qu'il déchire, et sa lumière pâle éclaire de

vastes surfaces solitaires, vêtues de neige, blafardes
comme un immense linceul voilant la nuit entière.
Dans ces déserts de neige, un traîneau glisse, emporté
par des attelages de Chiens, que le conducteur stimule
et encourage de la voix, en nommant chacun d'eux par
son nom. Mais souvent des ouragans viennent ensevelir
hommes et bêtes, et les engloutissent dans des fondrières
que des nappes de neige recouvrent, en ne laissant rien
paraître du désastre, et imitant la mer, qui, dans sa furie,
a accumulé des vagues pour leur faire succéder un calme
trompeur d'eaux paisibles à la surface, quand ses abîmes
ont dévoré hommes et vaisseaux. Et cependant chaque
hiver les Tungouses nomades vont s'établir sur ces âpres
plaines glacées, pour y chasser les Renards bleus et noirs
et les Martres-Zibelines, qui y pullulent[1].

Le Chien domestique possède, indépendamment de la
beauté de sa forme, de la vivacité, de la force et de la
légèreté, les plus précieuses qualités intérieures. Il vient
mettre au service de son maître son courage, sa force,
ses talents ; il attend ses ordres pour en faire usage, il le
consulte, il l'interroge, il le supplie ; un coup d'œil suffit,
il entend les signes de sa volonté. Sans avoir, comme
l'homme, la lumière de la pensée, il a toute la chaleur
du sentiment ; il a de la fidélité, de la constance dans ses
affections. Il est tout zèle, tout ardeur, tout obéissance.
Plus sensible au souvenir des bienfaits qu'à celui des
mauvais traitements, il subit ceux-ci et les oublie, ou
ne s'en souvient que pour s'attacher davantage. Loin de
s'irriter ou de fuir, il s'expose de lui-même à de nouvelles épreuves ; il lèche cette main, instrument de

[1] Voyez LESSON, Mœurs des Mammifères.

douleur, qui vient de le frapper; il ne lui oppose que la plainte, et la désarme enfin par la patience et la soumission.

Le Chien est le seul animal qui connaisse toujours son maître et les amis de la maison; le seul qui, lorsqu'il arrive un inconnu, s'en aperçoive; le seul qui entende son nom et qui reconnaisse la voix domestique; le seul qui, lorsqu'il a perdu son maître et qu'il ne peut le retrouver, l'appelle par ses gémissements; le seul qui, dans un voyage long qu'il n'aura fait qu'une seule fois, se souvienne du chemin et retrouve la route; le seul enfin dont les talents naturels soient évidents et l'éducation toujours heureuse. On voit quel puissant auxiliaire

Fig. 54*.

la Providence a donné à l'homme dans le Chien. Sans son secours, non-seulement l'homme n'aurait pu se rendre maître de l'univers, mais, sans cesse attaqué lui-même par les bêtes sauvages, il se serait vu à chaque instant menacé dans son existence : grâce à ce fidèle animal, l'homme règne partout en roi absolu, et ses ennemis naturels ne sont plus aujourd'hui que ses esclaves.

* Chien.

§ III

L'Orang-Chimpanzé et l'Orang-Outang. — L'Homme n'est pas un
Singe-Orang modifié. — Conclusion des trois premières parties de
cet ouvrage.

> L'Homme, au milieu de sa grandeur, n'a pas compris
> sa destinée; il s'est fait semblable aux animaux sans
> raison.   PS. XLVIII, 12.

Les Orangs constituent, dans la famille des Singes, un
genre qui comprend deux espèces principales, le Chimpanzé, qui est confiné
sur la côte occidentale
d'Afrique, dans les fo-
rêts du Congo et de la
Guinée, et l'Orang-Ou-
tang (mot malais qui si-
gnifie *Homme des bois*),
qui a pour patrie la Co-
chinchine et les îles in-
diennes de Bornéo et de
Sumatra.

Fig. 55 *.

Tyson, naturaliste anglais, publia en 1699 une mono-
graphie de l'Orang-Chimpanzé, dans lequel il signale
vingt-cinq caractères de dissemblance avec l'homme.
Nous noterons seulement quelques-unes de ces différences
organiques. Le Chimpanzé a les bras assez longs pour
atteindre les genoux; les doigts des mains sont aussi
excessivement longs, excepté le pouce, qui est comparativement d'une brièveté telle, qu'il se termine vis-à-vis
la ligne d'où partent les phalanges des quatre autres
doigts; le front est très-abaissé et fuyant en arrière, de

* Orang-Outang.

sorte que l'angle facial, en déduisant la saillie osseuse
sourcilière, n'a que 50 degrés ; les oreilles sont très-
développées ; les lèvres longues, mobiles, extensibles ;
le nez est épaté, sans ailes distinctes, et situé à une
distance moyenne des yeux et des lèvres. Ce Singe a de
plus que l'homme deux vertèbres dorsales qui donnent
également attache à deux côtes en plus, ce qui porte
à 14, au lieu de 12, le nombre de ces os protecteurs du
thorax.

L'Orang-Outang a le museau très-proéminent, et
l'angle facial est encore plus aigu que celui du Chimpanzé. Son nez, tout à fait aplati à la base, ne s'élève
que près des ouvertures nasales. Les yeux sont petits,
rapprochés ; leur forme est ovalaire, et leur plus grand
diamètre placé dans le sens vertical. La lèvre supérieure
est séparée des narines par une distance considérable ;
deux sacs membraneux occupent les côtés du larynx et
assourdissent la voix ; il a sur la poitrine comme des
fanons pendants qui se grossissent quand il est animé
par des sensations fortes. Les membres antérieurs, ou
bras, sont si démesurément longs, qu'ils atteignent à
terre quand l'animal est debout ; la main est aussi très-
longue relativement à sa largeur ; les membres postérieurs sont proportionnellement beaucoup plus courts ;
et le pouce des pieds, très-déjeté en arrière, forme un
angle de 90 degrés avec les autres doigts.

Leurs dents canines, dépassant les autres dents, exigent un vide dans la mâchoire opposée, pour s'y loger
quand la bouche se ferme. Tous deux sont couverts de
poils assez épais, longs et rigides. Ils se nourrissent de
fruits, de mollusques terrestres, de reptiles, grenouilles,
insectes, jeunes pousses d'arbres, etc.

Ni l'un ni l'autre n'ont été créés pour la station bipède sur le sol. Ce qui le prouve, c'est que dans l'une et l'autre espèce les pieds de derrière ont les pouces libres et opposables aux autres doigts, et que les doigts des pieds sont longs, flexibles et préhenseurs comme ceux de la main, conformation qui ne permet aux pieds de se poser que sur le tranchant extérieur. Il y a plus : outre que le bassin est étroit et très-défavorable pour l'équilibre, ces Singes ont le tibia et le péroné des jambes articulés comme les deux os qui composent l'avant-bras, c'est-à-dire de manière à être d'une mobilité égale aux extrémités supérieures aussi bien qu'aux inférieures. Ainsi les mouvements de pronation et de supination, que l'avant-bras chez l'homme exécute seul, sont, chez les Singes, propres aux jambes, ce qui ne permet jamais à la station bipède d'être solide ni assurée.

Un Chimpanzé, mort à Liverpool en 1818, avait, suivant le docteur Troill, la plus grande répugnance à se tenir debout. Lorsqu'il marchait, il n'appuyait point sur le sol la face palmaire des mains ni la plante des pieds, mais, repliant fortement les doigts, le corps se trouvait porter en entier sur les poignets. Quant aux Orangs-Outangs, la station bipède est impossible au delà de quelques instants, par l'excès du poids des parties antérieures, qui ne seraient point tenues en équilibre par des faisceaux de muscles assez puissants en arrière : il n'est pas jusqu'à la marche sur les quatre pieds qui ne soit gênée par le grand allongement des bras, disposition qui fait que les Orangs, dont le corps est presque toujours en repos sur les membres inférieurs, sont obligés, lorsqu'ils veulent se déplacer, de s'appuyer sur les doigts des mains et des pieds, repliés de manière que leurs longs bras font l'office de béquilles qui supportent le poids du corps et permettent de le lancer en avant, absolument de la même manière que le font les culs-de-jatte qui implorent la pitié publique dans les rues. Tout, dans sa structure, dit le docteur Abel (1820), annonce qu'il est destiné à vivre dans les arbres, qu'il est habile à grimper sur les troncs et à s'accrocher à leurs branches, au moyen desquelles il passe d'arbre en arbre. La tête, qui tombe en avant et hors de la ligne de gravité, est d'ailleurs un obstacle puissant qui s'oppose à l'allure bipède.

Tels seraient les ancêtres du genre humain, s'il faut en croire quelques philosophes spéculatifs[1]. Mais comment s'est opérée cette transformation du Singe en homme? Les uns ne s'occupent pas de la solution de cette question; les autres répondent que l'*habitude* suffit pour expliquer cette métamorphose. Mais cette explication est réellement

---

[1] Voyez LAMARCK, *Philos. zool.*; BORY DE SAINT-VINCENT, *Dict. d'Hist. nat.*, t. XII, etc. etc. — « L'Orang-Outang de Sumatra, dont on a raconté le meurtre, était probablement moins bête que la moitié des marins qui l'assommèrent. C'est donc avec beaucoup de sens que Maupertuis aurait préféré une heure d'observation d'un Orang-Outang à la conversation du plus savant homme; et nous croyons, dût-on s'en égayer, qu'il serait de la plus haute importance pour l'avantage des sciences morales qu'on se donnât la peine d'élever des Orangs dès le berceau et loin de leurs aînés, en employant, pour les instruire, les procédés par lesquels on parvient à élever nos muets de la triste condition d'infirmes à la dignité d'hommes. En vain contre la possibilité de réaliser notre vœu l'on arguerait de cette humeur indomptable et sauvage que la plupart des auteurs attribuent aux Orangs. « Ce serait une grande sim-
« plicité, disait Jean-Jacques, de s'en rapporter là-dessus à des voyageurs
« grossiers, sur lesquels on serait quelquefois tenté de faire la même question
« qu'ils se mêlent de résoudre sur d'autres animaux... Ces voyageurs font sans
« façon, sous les noms de Pongo, d'Orang-Outang, etc., des bêtes de ces
« mêmes êtres dont les anciens faisaient des divinités. Peut-être, après des
« recherches plus exactes, on trouvera que ce ne sont ni des bêtes ni des
« dieux, mais des hommes. » En ajoutant *ou à peu près* à sa phrase, Rousseau l'eût rendue parfaitement orthodoxe. » — LESSON, *Hist. nat. des Mammifères.*

d'une inqualifiable absurdité. Comprenez-vous, en effet, que l'habitude de grimper aux arbres et d'empoigner les branches avec les doigts des pieds, comme avec ceux des mains, puisse à la fin transformer ces pieds préhenseurs en pieds non préhenseurs et semblables à ceux de l'homme, sans que la même transformation s'opère dans les mains? Comprenez-vous que l'habitude d'avoir deux bras qui touchent à terre quand vous êtes debout, vous les raccourcisse de la moitié et allonge vos jambes d'autant; qu'une habitude dépendante d'une conformation organique toute spéciale, et contraire à la station bipède, doive finir cependant par faire marcher sur deux pieds? Comprenez-vous que l'habitude de regarder avec des yeux ovalaires, dont le grand diamètre est vertical, place enfin ce diamètre dans le sens horizontal? Comprenez-vous que l'habitude de naître avec quatorze côtes en fasse perdre deux pour n'en plus laisser jamais que douze?... Non sans doute, vous ne comprenez point comment l'habitude a pu opérer toutes ces merveilleuses métamorphoses et beaucoup d'autres que nous croyons inutile de mentionner; mais vous comprenez bien qu'elle a dû, au contraire, opposer un obstacle invincible à tous ces changements organiques, qui étaient nécessaires cependant pour faire d'un Singe un homme au moins physique. Et si ce n'est pas à l'habitude qu'il faut attribuer ces miracles, qu'on nous indique donc quelque autre voie par laquelle ils ont pu s'accomplir. Les savants ont eu des Chimpanzés, des Orangs-Outangs, pendant des années, à leur disposition; ils en ont eu de jeunes qu'ils nourrissaient avec de la bouillie, d'adultes, etc.; sont-ils parvenus à modifier leur organisation en quelque point? Ils n'ont seulement pas changé la forme d'un poil dans le pelage

hideux qui recouvre ces animaux. Leur ont-ils appris
à articuler, à comprendre quelques mots de langage?
Non, pas même un seul: les Singes les plus parfaits
ayant à cet égard moins d'aptitude que le Perroquet
stupide [1].

Et à quelle époque ces Singes ont-ils été placés dans
des circonstances plus favorables, dans de meilleures
conditions, pour manifester au moins quelque tendance
à passer de l'état de brute à l'état d'homme? Encore une
fois, à quelle cause attribuer des changements organiques
si profonds? Inutiles questions: on ne le sait pas, on ne

---

[1] Le larynx des Quadrumanes, même les plus élevés, offre cette particularité organique, qu'il y a un trou percé entre le cartilage thyroïde et l'os yoïde;
de manière que l'air, sortant de la trachée-artère, pénètre par cette ouverture
dans deux grands sacs membraneux, situés sous la glotte de chaque côté; ainsi
il y a pour ces animaux impossibilité physique de parler, l'air qui s'échappe
de la gorge étant forcé, par la concavité du ventricule au-dessus de la glotte,
de se refouler vers les sacs membraneux du larynx, où la voix est nécessairement engouffrée et étouffée. — CAMPER, *Diss. de organo loquelæ Simiarum.*

Les *naturalistes* que nous combattons ne cessent de comparer avec le Singe
les tribus d'hommes placées au plus bas degré de la civilisation, le Hottentot,
l'Alfourous, le Peschewrais, etc. Cette comparaison est vraiment idiote. Est-ce
que ces peuplades ont une organisation physique différente de celle des autres
hommes? Est-ce qu'ils n'ont pas le langage, instrument de tout perfectionnement intellectuel et moral? Est-ce que, placés dans d'autres conditions, ils ne
deviendraient pas bientôt aussi civilisés que leurs détracteurs malavisés?...
L'homme est essentiellement perfectible; mais le Singe reste Singe éternel-
lement, aussi bien sous le rapport moral que sous le rapport physique. « Il
n'est rien qu'une bête, » comme dit la Fontaine. « Le Créateur n'a pas voulu
faire pour le corps de l'homme, dit Buffon, un modèle absolument différent
de celui de l'animal; il a compris sa forme, comme celle de tous les animaux,
dans un plan général; mais, en même temps qu'il lui a départi cette forme
matérielle semblable à celle du Singe, il a pénétré ce corps animal de son
souffle divin. S'il eût fait la même faveur, je ne dis pas au Singe, mais à l'espèce la plus vile, à l'animal qui nous paraît le plus mal organisé, cette espèce
serait bientôt devenue la rivale de l'homme : vivifiée par l'esprit, elle eût primé
sur les autres, elle eût pensé, elle eût parlé. Quelque ressemblance qu'il y ait
donc entre le Hottentot et le Singe, l'intervalle qui les sépare est immense,
puisqu'à l'intérieur il est rempli par la pensée et au dehors par la parole. »

le peut savoir. Il n'y a rien dans la science, rien dans l'histoire, ni dans les traditions des peuples, qui rende le moins du monde vraisemblable qu'une pareille modification ait jamais eu, ait jamais pu avoir lieu, soit dans la nature physiologique du Singe, soit dans une espèce animale quelconque[1].

Mais si l'on ne peut rien produire à l'appui d'une opinion hasardée avec une si incroyable légèreté, nous avons, nous, à lui opposer un fait qui ruine fondamentalement le système : c'est que l'espèce transformable et l'espèce transformée existent ensemble et au même lieu, et cela depuis un temps immémorial. Comment est-il arrivé que, dans des circonstances absolument les mêmes, une partie de l'espèce Orang ait subi cette altération profonde qui en fait l'espèce humaine, tandis que l'autre n'a point changé? Comment les circonstances qui ont influé sur certains individus n'ont-elles point influé sur les autres? Dira-t-on que l'influence n'a pas été égale? Mais alors on devrait trouver, entre l'espèce qui a été souche et l'espèce dérivée, des nuances qui graduellement s'éloignassant de la première et conduisissent à la seconde; or on n'observe rien, on n'a jamais rien observé de semblable.

[1] Bien loin que les traditions des peuples appuient un sentiment aussi étrange, toutes, au contraire, nous entretiennent d'un âge d'or qui a été remplacé par l'âge de fer. Si l'homme n'était qu'un Singe modifié, eût-il rattaché à son berceau ces idées de félicité et de perfection? Fier de ses progrès en toutes choses, de sa marche ascendante, n'eût-il pas, au contraire, porté un regard de mépris sur son enfance? Avec quel orgueil n'eût-il pas comparé l'état auquel il se serait élevé par ses propres efforts avec l'état abject dans lequel il aurait été placé à son origine!... Et néanmoins c'est une doctrine tout opposée qui prévaut dans toute l'antiquité. Partout on rencontre le dogme de la déchéance et de la corruption croissante du genre humain. Chez tous les peuples on proclame que la vraie religion, c'était celle des Ancêtres : *Antiquitas proxime accedit ad deos,* dit Cicéron (*De Legibus,* lib. II, n° 11).

Ainsi ce Singe, que des philosophes ont regardé comme un être difficile à définir, dont la nature était au moins équivoque et moyenne entre celle de l'homme et celle des animaux, n'est dans la vérité qu'un pur animal, portant à l'extérieur un masque de figure humaine, mais dénué à l'intérieur de la pensée et de tout ce qui fait l'homme ; un animal au-dessous de plusieurs autres par les facultés relatives, et encore essentiellement différent de l'homme par le naturel, par le tempérament, et aussi par la mesure du temps nécessaire à l'éducation, à la gestation, à l'accroissement du corps, à la durée de la vie, c'est-à-dire par toutes les habitudes réelles qui constituent ce qu'on appelle *nature* dans un être particulier.

L'homme, élevant sa tête au sommet de toute la création, portant au loin son regard comme sa pensée, embrasse un vaste horizon intellectuel. Il a l'inspection d'un maître sur ses possessions et ses esclaves ; né pour gouverner, il doit avoir l'étendue des conceptions d'un roi sur le trône. Cette ardeur de domination qui lui est si éminemment départie parmi toutes les créatures, exprime le sentiment naturel de sa supériorité et l'ascendant que lui inspire sa dignité, sa force véritable sur ce globe. C'est encore parce qu'il voit tomber au-dessous de lui toute la chaîne des êtres, qu'en regardant au-dessus de lui il s'élance jusqu'à la contemplation d'un Être souverain et créateur, dont il se reconnaît le ministre ; pensée sublime, rayon éclatant, qui lui dévoile son auguste origine et ses immortelles destinées. Par l'idée de Dieu, il s'élève à tout ce qu'il y a de grand, d'infini, d'immense, en espace, en puissance, en durée, en intelligence. Il y a donc, pour ainsi parler, l'infini entre sa pensée et celle

du plus intelligent des Quadrupèdes. Aussi l'homme gé-
néralise ses idées ; il les abstrait ou les sépare des simples
sensations physiques ; il leur donne un corps par la parole ; il les grave par l'écriture ; enfin il vit par la pensée
dans un monde rationnel tout autre que ce monde physique dans lequel rampent et sont plongées les bêtes brutes.
C'est dans ce noble et éclatant univers qu'il contemple
les rapports moraux des choses, comme la vertu et le
vice, la beauté ou la laideur, l'harmonie ou le désordre,
le juste ou l'injuste, la vérité ou l'erreur, etc., toutes relations que l'animal se montre incapable d'apercevoir.
Alors l'homme peut mesurer sa course et choisir sa destinée ; c'est un habitant des cieux, pour ainsi dire voyageant sur une terre d'épreuves, s'exerçant dans une lice
de dangers, sous le regard de Dieu ; mais l'animal, destiné à une existence toute mortelle et précaire, ne peut et
ne fait que ce qu'ordonne en lui la nature, il périt comme
la fleur, sans souvenir de ses ancêtres, comme sans espérance en l'avenir [1].

[1] Cher lecteur, en terminant l'esquisse rapide que je viens de tracer du
règne animal, permettez-moi de livrer à vos méditations un problème qui se
présente sur la distribution des espèces animales à la surface du globe. Cette
distribution, que je n'ai pu, faute d'espace, étudier avec vous, montre que
chaque espèce a son aire d'habitation plus ou moins déterminée. Quelle en est
la cause ? on n'a pu la pénétrer encore. Tout ce qu'on peut constater, c'est
que les caractères de la plupart des animaux sont adaptés aux conditions
physiques et climatologiques dans lesquelles ils vivent ; mais ces conditions
ne suffisant pas pour rendre compte de leur différence d'organisation. Plusieurs genres sont complétement isolés dans le règne animal, et apparaissent
comme les derniers débris d'un monde zoologique qui n'existe plus. D'autres
offrent de singulières anomalies. On serait porté à croire qu'il est survenu à
la surface du globe des révolutions qui ont exercé la plus grande influence
sur la distribution des animaux ; que des genres primitivement fort répandus,
et qui comptaient un grand nombre d'espèces, ont vu leurs domaines se resserrer, parce que les conditions qui leur convenaient ne se sont plus trouvées
réunies que dans des contrées circonscrites. D'autres genres, au contraire,

CONCLUSION

Nous venons d'arrêter un moment nos yeux et notre
pensée sur le spectacle de cette nature terrestre, où la
puissance et la sagesse de Dieu se déploient, avec une variété sans bornes, en chefs-d'œuvre de grâce, de beauté,
de perfection, qui confondent et ravissent. Sur cette scène
admirable, nous avons vu que chaque créature a son langage, son moyen d'expression, par lequel elle se manifeste et parle à l'homme. La terre parle par toutes ses
productions; le minéral, le végétal, l'animal, parlent par
leurs formes, par leurs mouvements, par leurs qualités
et leurs phénomènes. La nature est cet arbre merveilleux
dont il est fait mention dans la fable orientale, arbre
immense, aux mille cris, aux innombrables voix; toutes
ses feuilles chantent, et forment en chantant, sous le
ciel, un perpétuel concert d'ineffable harmonie, qui varie
selon l'ordre des saisons, selon l'heure de la nuit ou du
jour.

Portez vos regards dans les profondeurs des cieux,

---

par une cause ou une raison inverse, se sont prodigieusement répandus. Les
progrès de l'espèce humaine entraînent la destruction de certaines espèces
nuisibles ou sauvages, et tendent à en propager d'autres qui étaient origi-
nairement peu multipliées. Même depuis les temps historiques, bien des espèces animales ont ainsi disparu. Les animaux viennent se joindre à l'homme
pour hâter la destruction de quelques espèces; en sorte que la multiplicité
des formes animales tend à décroître, tandis que les variétés des espèces qui
se conservent vont en augmentant. Le globe a donc passé par des états de
distribution zoologique différents, et la répartition actuelle des animaux nous
présente simplement un de ces états.

abaissez-les dans la poussière de la terre, partout vous
trouverez la nature se présentant avec une apparence
d'infinité, qui est le caractère propre de son Auteur.
C'est un palais où le moindre des serviteurs porte la
livrée du prince. Les astres dans le ciel, les flots de
lumière qui inondent l'espace, l'innombrable multitude
des êtres qui se meuvent sur notre planète, les relations
qui les lient harmonieusement les uns aux autres et
chaque partie au tout, écrasent de leur volume, de leur
petitesse, de leur nombre ou de leur distance, l'imagination de l'homme; mais la puissance et la sagesse du
Créateur sont présentes partout; ce qui nous échappe,
son œil le voit, son gouvernement l'embrasse. Il sait
combien d'atomes de lumière remplissent l'espace, combien de molécules aqueuses sortent du sein des mers et
combien y retournent; il sait le nombre des soleils qui
resplendissent dans l'incommensurable étendue; il a
compté les êtres de chaque espèce qu'il devait appeler à
la vie; il a vu l'Insecte, qui sur un point imperceptible
est lui-même un point... Il n'y a pas d'infini pour Dieu :
rien n'est grand, rien n'est petit pour Celui qui est
lui-même sans mesure. Étudier ses ouvrages, c'est les
admirer : toute découverte qu'on y fait devient une
preuve de ses attributs divins. On y aperçoit en même
temps une similitude et une correspondance assez pro-
noncées pour constater qu'ils sont sortis de la même
main, et une diversité assez caractéristique pour nous
apprendre combien les plans de l'ouvrier furent vastes
et ses pensées fécondes. Les objets les plus uniformes
diffèrent par quelque côté, et pourtant l'unité existe : les
contrastes sont manifestes, et les rapports généraux
particuliers en découlent. Dans cette immense fabrique,

chaque individu forme un tout, sans cesser d'être partie harmonique de l'ensemble[1].

Dans tous les êtres il y a une idée, l'idée qui a présidé à leur création, et qui est à la fois le principe et la fin de leur existence. La sagesse qui les a formés brille, à travers leurs phénomènes et dans leur développement, par l'harmonie de leurs parties, par leurs rapports avec les autres existences et avec l'ensemble du monde, et c'est de cette manière qu'ils élèvent notre raison jusqu'à l'Être supérieur qui les a créés et qui les conserve. Mais cette intelligence, cette sagesse qu'ils révèlent, n'est pas à eux, ils ne comprennent pas l'idée qu'ils expriment : ce sont des symboles qui ignorent leur signification ; ils

---

[1] Parmi tant de créatures terrestres, aquatiques, aériennes, dont se compose le monde animé, pas une n'a le droit de se croire négligée. Le Ciron se repaît, et le Taureau superbe remplit à discrétion son double estomac. Quelle variété de mets le grand pourvoyeur était donc chargé d'apprêter ! Ici, il fallait des gramens ; là, du feuillage ; ailleurs, des racines ; à tel animal, des chairs ; à tel autre, des fleurs. Au milieu de tant de sollicitudes, la nature suffit à tous les besoins, et, gardienne intelligente, elle conserve ses magasins dans une inépuisable abondance. De même qu'elle assigne à chaque être son emploi direct ou indirect dans le système général, de même elle lui indique un genre particulier de nourriture. Si le trèfle avait été l'aliment exigé de tous les quadrupèdes ; s'il avait fallu du chêne ou du jasmin à tous les insectes, plusieurs plantes se fussent trouvées inutiles, et les autres eussent été dévorées jusqu'à la racine. Qu'a fait la volonté créatrice ? En multipliant les espèces dans le règne animal, elle les a diversifiées dans le règne végétal. Dans celui-ci, elle a varié les formes et les saveurs ; dans celui-là, les goûts et les penchants. Selon l'appétit ou l'importance des convives, elle les appelle par couples, par centaines ou par milliers, à la consommation de ses richesses. Toujours elle balance les besoins par la quantité, et les destructions par des générations nouvelles. Les espèces sont-elles plus nombreuses qu'il n'entre dans ses desseins, elle suscite un ennemi adroit ou puissant pour la débarrasser d'une population superflue. Leurs tribus commencent-elles, au contraire, à s'épuiser, elle en recueille les restes épars et les préserve d'une ruine totale, ainsi que le firent les Hébreux pardonnant aux Benjaminites retirés sur le rocher de Rhimmon, pour que le nom d'un des enfants de Jacob ne fût pas effacé parmi ses frères.

ne parlent qu'à l'homme intelligent, ou plutôt celui qui les a faits nous parle par eux ; il les emploie comme les lettres et les caractères d'un langage sublime pour se révéler à l'homme, l'homme, caractère le plus saillant, lettre la plus significative de ce monde de phénomènes. La science est cette interprétation de la nature qui nous élève, par l'observation des faits et des lois qui les régissent, jusqu'au Créateur. Voir, percevoir, concevoir avec conscience, puis exprimer ce qui a été vu, perçu, conçu, pour bénir et glorifier l'Auteur de tous les êtres, c'est le propre de la créature intelligente, c'est le rôle de l'homme sur la terre.

Oh ! que la contemplation de ce magnifique, de cet immense, de ce ravissant système de bienveillance qui embrasse tout ce qui pense, sent ou respire, est propre à élever, à grandir notre âme, à balancer, à adoucir toutes les épreuves de cette vie fugitive, à soutenir, à augmenter notre patience, notre résignation, notre courage, à nourrir, à exalter tous nos sentiments de reconnaissance, d'amour, de vénération pour cette bonté adorable *qui aime tout ce qui est, qui ne hait rien de tout ce qu'elle a fait, qui n'a rien créé, rien établi que par amour* [1].

1 *Sagesse*, XI, 25.

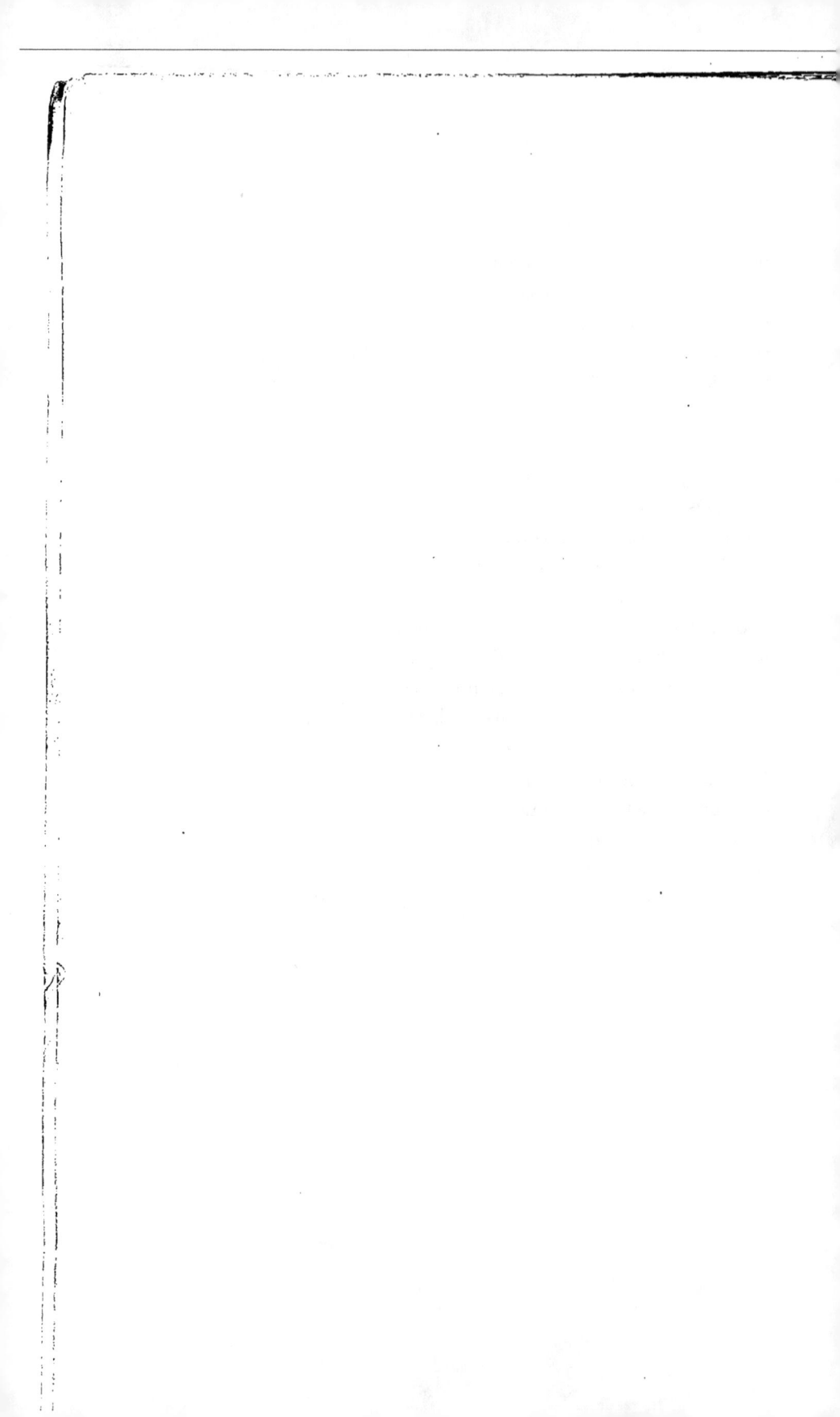

QUATRIÈME PARTIE

Le Créateur nous a distingués de ses autres ouvrages en nous donnant la raison. Voyez quel pouvoir il nous a donné, et combien l'empire de l'Homme s'étend au delà de l'Homme ! De quoi notre esprit n'est-il point capable ! Lui seul peut chercher Dieu, le connaître, et, s'élevant au-dessus des choses sensibles, le suivre dans ses opérations. C'en est assez pour prouver que l'Homme n'a pas été fait au hasard et sans réflexion. Il n'est rien dans la nature dont elle se glorifie davantage, ni qui lui fasse, en effet, un plus grand honneur.   SÉNÈQUE, *lib. de Benef.*, VI, c. 23.

L'HOMME

CHAPITRE I

DE L'HOMME ORGANIQUE

> C'est quelque chose de grand que l'Homme !
> SALOMON.
>
> Comme les flots de la mer, l'Homme a mille aspects.
> LE MÊME.
>
> Connais-toi toi-même.
> SOCRATE.

L'homme n'existait encore que dans la pensée de son Créateur; étonnés, épars, les animaux qui venaient d'éclore erraient dans les campagnes, au fond des solitudes inconnues; sous les rameaux des bois, les refrains de l'oiseau retentissaient aussi passionnés qu'au déclin des âges; comme de nos jours, le chœur des astres poursuivait sa course silencieuse; le rayon de l'aurore, le jour demi-voilé du crépuscule, n'étaient ni moins purs ni moins mélancoliques; les fleurs entr'ouvraient avec autant de grâce leurs calices odorants, et le souffle du matin s'imprégnait dès lors de leurs émanations parfumées. Pourtant Dieu n'avait pas encore vu que ses œuvres fussent parfaites, et la nature était comme un trésor qui n'a pas de maître. C'est que la terre et toutes ses richesses, ces globes enflammés qui roulent sur nos têtes, et toute leur harmonie, réunis tous ensemble, valent moins qu'une seule créature intelligente, qui peut connaître et chérir librement l'Auteur de tous ces phénomènes. En vain le temple était dressé, en vain les feux l'éclairaient, en vain l'encens y montait en nuage ; le prêtre de la création visible, l'Homme, y manquait encore ; et, le prêtre absent, le temple et l'autel s'élevaient inutiles.

Mais Dieu forme le corps de l'Homme et souffle sur lui l'esprit de la vie. Soudain l'Homme s'élance droit sur sa double base, élève à la fois ses yeux, son esprit et son cœur vers le ciel, puis laisse tomber un regard dominateur sur la création qui lui appartient ; tout est parfait ! L'intelligence et l'amour planent maintenant sur cette nature matérielle : toutes les créatures visibles tendent vers leur centre qui est l'Homme ; l'Homme lui-même s'élance vers Dieu, donnant l'impulsion à tous ces êtres irraisonnables ; tout est parfait ! et glorifié par une créature qui ennoblit, en se les appropriant, toutes celles qui n'ont pas le mérite de la liberté, Dieu voit que ses œuvres sont très-bonnes et rentre dans son repos, jetant un regard de complaisance sur ce monde et sur l'Homme, nature glorieuse où se célèbre sans cesse l'hyménée de l'esprit et de la matière [1].

En effet, retranchez l'Homme de dessus la terre, il n'y a plus de contemplateur des œuvres du Tout-Puissant. C'est en vain que les trois règnes étalent leurs innombrables trésors de sagesse et de bonté ; il n'y a plus de spectateur pour admirer les plus belles parties de la création terrestre, pour en étudier les rapports divers et la magnifique ordonnance, en saisir l'ensemble, la pro-

---

[1] Voyez l'élégant ouvrage de M. PAUVERT, *Harmonie de la religion et de l'intelligence humaine.*

gression, la convergence, et s'élever par cette échelle de merveilles jusqu'au trône de CELUI QUI EST, jusqu'à la source éternelle de toute perfection. Les animaux dans lesquels le sentiment est le plus développé jouissent, il est vrai, du bienfait de la création ; mais ils ne peuvent réfléchir sur ce bienfait, ni remonter à l'Auteur du bienfait. Toute la nature est un temple, et il n'y a plus d'adorateur dans ce temple : les animaux, comme les plantes, n'en sont que de purs ornements ; la Divinité y est sans cesse présente, et il n'y a plus de sacrificateur qui lui porte les hommages de toutes les créatures.

Rétablissons l'harmonie terrestre ; restituons à la chaîne son maître chaînon ; rendons l'Homme à notre monde, et il s'y trouvera des yeux pour en contempler les beautés, un cœur pour les sentir, et une bouche pour les célébrer.

§ Ier

Beauté et excellence du corps humain. — Témoignage de Buffon, de Bossuet, de saint Grégoire de Nysse, de saint Basile, de saint Jean Chrysostome, de Clément d'Alexandrie, de Herder, de Bonnet, de Bernardin de Saint-Pierre, de Galien.

> La science la plus intéressante et la plus importante pour l'Homme est celle de l'Homme même. MARSDEN.
> L'excellence de la beauté appartient à l'Homme, et c'est comme un admirable rejaillissement de l'image de Dieu sur sa face.   BOSSUET.

L'Homme réunit dans l'organisation de son corps les modulations et les concerts les plus agréables, les courbes les plus ravissantes. La beauté repose sur son visage, la grâce est empreinte dans chacun de ses traits. La noblesse et la dignité respirent dans son attitude et dans sa démarche; les proportions les plus harmoniques se révèlent dans la forme, la disposition et le jeu de ses membres; ses yeux, où brille une lumière pénétrante, un rayon tout céleste, ont des mouvements ineffables, et les contours de sa bouche sont dessinés par le doux renflement de deux lèvres vermeilles où siége le sourire qui répand la joie autour de lui, et d'où s'échappe en flots mélodieux la parole, présent divin, écho de ces voix intérieures, l'intelligence, le sentiment, la raison, qui constituent notre grandeur et établissent nos véritables titres à la domination de la terre. Toutes les parties de son corps se rapprochent sans gêne et s'agencent avec harmonie. Ses bras l'accompagnent et ne le portent pas. C'est par la moindre portion de lui-même qu'il touche la terre; il ne communique avec elle que par un point, comme s'il ne devait la fouler qu'en passant. Il marche, et l'on sent qu'il va donner des ordres; il s'arrête, et le sol, dont sa noble figure se détache, ne lui sert que comme de piédestal autour duquel les divers animaux se groupent en manière de bas-reliefs. Une ligne moelleuse et flexible semble descendre de sa tête à la plante de ses pieds : l'esprit de vie la parcourt tout entière, circule autour des formes, les anime, et fait briller sa teinte carminée à travers une peau diaphane : création merveilleuse où la vigueur et la grâce naissent l'une de l'autre et s'unissent sans efforts. L'homme a reçu de la nature, avec les plus belles formes de son corps, le sentiment de la Divinité dans son cœur, l'intelligence de ses ouvrages dans son esprit, l'instinct de l'infinité et de l'immortalité dans ses espérances.

On ne peut parler de l'Homme sans rappeler les éloquentes paroles de Buffon : « Tout annonce dans l'Homme le maître de la terre ; tout marque dans lui, même à l'extérieur, sa supériorité sur tous les êtres vivants : il se soutient droit et élevé ; son attitude est celle du commandement ; sa tête regarde le ciel, et présente une face auguste sur laquelle est imprimé le caractère de sa dignité ; l'image de l'âme y est peinte par la physionomie ; l'excellence de sa nature perce à travers les organes matériels, et anime d'un feu divin les traits de son visage ; son port majestueux, sa démarche ferme et hardie, annoncent sa noblesse et son rang ; il ne touche à la terre que par ses extrémités les plus éloignées ; il ne la voit que de loin et semble la dédaigner ; les bras ne lui sont pas donnés pour servir de piliers à la masse de son corps : sa main ne doit pas fouler la terre, et perdre par des frottements réitérés la finesse du toucher dont elle est le principal organe ; le bras et la main sont faits pour servir à des usages plus nobles, pour exécuter les ordres de la volonté, pour saisir les choses éloignées, pour écarter les obstacles, pour prévenir les rencontres et le choc de ce qui pourrait nuire, pour embrasser et retenir ce qui peut plaire, pour le mettre à portée des autres sens.

« Lorsque l'âme est tranquille, toutes les parties du visage sont dans un état de repos ; leur proportion, leur union, leur ensemble, marquent encore assez la douce harmonie des pensées, et répondent au calme de l'intérieur ; mais lorsque l'âme est agitée, la face humaine devient un tableau vivant où les passions sont rendues avec autant de délicatesse que d'énergie, où chaque mouvement de l'âme est exprimé par un trait, chaque action par un caractère dont l'impression vive et prompte devance la volonté, nous décèle et rend au dehors, par des signes pathétiques, l'image de nos secrètes agitations. »

Écoutez Bossuet commentant ces paroles de la Genèse : *Faisons l'Homme.* « *Faisons !* Dieu prend conseil lui-même, comme allant faire un ouvrage d'une plus haute perfection, et, pour ainsi dire, d'une industrie particulière, où reluisît plus excellemment la sagesse de son Auteur. Dieu n'avait rien fait sur la terre, ni dans la nature sensible, qui pût entendre les beautés du monde qu'il avait bâti, ni les règles de son admirable architecture, ni qui pût s'entendre soi-même à l'exemple du Créateur, ni qui de soi-même pût s'élever à Dieu et en imiter l'intelligence et l'amour, et comme lui être heureux. Pour donc créer un si bel ouvrage, Dieu consulte en lui-même ; et voulant produire un animal capable de conseil et de raison, il appelle en quelque manière à son secours un autre lui-même, à qui il dit : *Faisons.* »

Et un peu plus loin :

« Dieu nous montre dans la formation du corps de l'Homme un dessein et une attention particulière. C'est parmi les animaux le seul qui est droit, le seul tourné vers le ciel, le seul où reluit, par une si belle et si singulière situation, l'inclination naturelle aux choses hautes. C'est de là aussi qu'est venue à l'Homme cette singulière beauté sur le visage, dans les yeux, dans tout le corps. D'autres animaux montrent plus de force, d'autres plus de vitesse et plus de légèreté, et ainsi du reste : l'excellence de la beauté appartient à l'homme, et c'est encore un admirable rejaillissement de l'image de Dieu sur sa face[1]. »

Écoutons les Pères de l'Église expliquant ce même verset de la Genèse :

« Dieu, qui d'une seule parole avait fait sortir l'uni-

---

1 *Élévations sur les mystères,* 4º semaine.

vers du néant, délibère au moment où il s'agit de créer
l'Homme ; il tient conseil, il semble dessiner à l'avance
l'ouvrage nouveau qui va sortir de ses mains. Il s'arrête,
se parlant à lui-même : *Faisons*, dit-il, *l'Homme à notre
image ;* qu'il commande à tous les animaux, qu'il exerce
son empire sur toute la terre. Chose remarquable ! le
soleil, le firmament, les deux productions jusque-là les
plus admirables de ses mains divines, ont été formés sans
nul préliminaire. L'écrivain sacré ne nous apprend point
de quelle manière ils ont été produits autrement que par
la féconde parole du Tout-Puissant. Pour l'Homme seul,
un conseil, un examen réfléchi, une nature préexistante,
un dessein particulier qui exprime la forme dans laquelle
il va paraître, et le magnifique original dont il doit recevoir l'empreinte ! Parce qu'il est destiné à l'empire, son
Auteur en a tracé les caractères sur tout son être, tant
dans les qualités de son âme que dans la forme de son
corps. Tout en lui respire le commandement, tout annonce le roi de la nature [1]. »

« Quand l'empereur doit faire son entrée dans une

---

[1] S. Grégoire de Nysse. — « Jusque-là, dit saint Basile, nous n'avions
point vu dans l'histoire de la Genèse le doigt de Dieu appliqué sur une matière
corruptible ; pour former le corps de l'Homme, lui-même il prend de la terre,
et cette terre, arrangée sous une telle main, reçoit la plus belle figure qui ait
encore paru dans le monde... Comparez la formation de l'Homme avec celle des
autres ouvrages de la création. Dieu avait dit : *Que la lumière soit, et la lumière
fut ; que le firmament soit*, et à cette simple parole l'immense voûte du ciel
s'est déployée sur nos têtes. Les étoiles, le soleil et la lune, tout ce qui s'offre
à nos regards et à notre intelligence, a reçu l'être... Il n'en est pas ainsi de
l'Homme ; Dieu ne dit pas que l'Homme soit. Vous voyez ici bien plus que
dans la création de la lumière et de ces grands astres qui nous la dispensent.
Dieu prit du limon de la terre et en forma l'Homme. Si vous ne considérez
que la matière, dites, et vous aurez raison, avec le Psalmiste : *Qu'est-ce que
l'Homme ?* Portez vos regards sur la main qui l'a mise en œuvre, et vous vous
écrierez avec Salomon : *C'est quelque chose de grand que l'Homme !* »

ville, toutes les personnes attachées à son service prennent les devants, afin qu'à l'arrivée du maître tout se trouve disposé à le recevoir. Ainsi Dieu en a-t-il agi à l'égard de celui qu'il établissait le roi de l'univers. Par ses ordres le soleil s'est empressé de naître, le ciel de se développer, la lumière de dissiper les ténèbres pour éclairer et pour embellir son entrée triomphale[1]. »

« *Faisons l'Homme :* quelle expression nouvelle, extraordinaire ! Quel est donc l'être qui va être créé, pour qu'il faille que le Créateur se consulte et délibère auparavant avec lui-même? Votre étonnement va cesser. De toutes les créatures visibles, l'Homme est la plus noble, la plus excellente; c'est pour lui qu'ont été faits le ciel, la terre, les mers, les astres du firmament, et tous les animaux. C'est en raison de sa supériorité qu'il ne fut créé qu'après tous les autres. *Faisons l'Homme à notre image,* c'est-à-dire que comme Dieu ne connaît point de maître dans le ciel, ainsi l'homme n'en a point sur la terre.

« Il n'a point encore paru, et déjà il est investi de la souveraineté. Indépendamment du privilége de la raison qui assure notre supériorité sur tous les animaux, la seule forme de notre corps démontre notre excellence : tant nous l'emportons sur eux par la noblesse de la stature, la majesté des traits, la beauté et les rapports des parties diverses dont le corps humain se compose, digne séjour de l'âme intelligente à laquelle il est uni[2]. »

« Reconnaissez donc les tendres soins du Dieu qui, dès votre entrée dans le monde, vous a investis de l'empire et d'un commandement perpétuel, et contre lequel rien

---

[1] S. Jean Chrysostome, *Serm.* ii *in Gen.*, et *Hom.* viii *in Gen.*
[2] Id., *Hom.* xi *ad pop. Antioch.*

ne peut prescrire. Un Homme qui reçoit la puissance d'un Homme est un mortel qui reçoit d'un mortel, qui emprunte à celui qui lui-même ne possède que d'emprunt, condamné à perdre aussitôt qu'il reçoit. Vous, c'est de Dieu que vous tenez votre puissance; les titres en sont ineffaçables, parce qu'ils ne sont pas écrits sur des tables de pierre, sur des chartes périssables, que la corruption menace, mais qu'ils sont imprimés dans cette parole souveraine : *Qu'il commande!* Dès lors tout a été assujetti à l'empire de l'Homme, et l'est jusqu'à la consommation des choses [1]. »

« Dieu, en créant l'Homme à son image, a déployé sur sa personne toute sa magnificence; il en a fait un être privilégié, le chef-d'œuvre de ses mains, devenu par là un objet digne de ses complaisances. L'homme est donc aimé de Dieu... [2]. »

« Lève les yeux vers le ciel, ô Homme, s'écrie Herder, et réjouis-toi, en tremblant, de l'immense supériorité que le Créateur du monde t'a donnée, et qu'il a établie sur un principe aussi simple que la station droite. Si tu marchais incliné vers la terre comme l'animal, si ta tête était grossièrement formée pour le goût et l'odorat, si la structure de tes membres répondait à ces transformations, que deviendrait la puissance immortelle de ta pensée? Combien l'image de la Divinité en toi ne serait-elle pas dégradée?... Mais en formant tes membres pour l'attitude droite, la nature a tracé les nobles contours de ta tête; elle en a marqué dignement la place, et a commandé au cerveau, ce germe délicat et éthéré du ciel, d'en remplir

[1] S. BASILE.
[2] CLÉMENT D'ALEXANDRIE.

les capacités et d'étendre au loin ses branches. Le front
s'élève, riche de pensées et de souvenirs ; les organes
animaux se retirent et font place à la forme humaine.
A mesure que le cerveau s'élève, l'oreille descend : elle
est plus étroitement unie à l'œil, et ces deux sens ont
un accès plus intime auprès de l'enceinte sacrée où se
forment les idées. Le cervelet, la moelle épinière et les
principes vitaux des sens qui dominent dans l'animal,
sont subordonnés à l'encéphale. Les rayons qui, par leur
arrangement merveilleux, forment les corps striés[1], sont
mieux marqués et plus délicats dans l'Homme ; ce qui
indique qu'une lumière infiniment plus pure se concentre
dans cette région et part de là en divergeant. C'est ainsi,
pour me servir de cette image, que se forme la plante
qui, donnant naissance au bouton de la moelle épinière,
s'épanouit en une fleur éthérée dont le germe ne pouvait
se trouver que dans cet arbre céleste. »

« Contemplateurs des œuvres du Tout-Puissant, dit
un autre penseur profond, votre admiration s'épuise à
la vue de ce merveilleux ouvrage. Pénétrés de la noblesse
du sujet, vous voudriez en exprimer fortement toutes les
beautés ; mais votre pinceau trop faible ne répond pas à
la vivacité de vos conceptions.

« Comment, en effet, réussir à rendre avec énergie
ces admirables proportions, ce port noble, majestueux,
ces traits pleins de force et de grandeur, cette tête ornée
d'une agréable chevelure, ce front ouvert et élevé, ces
yeux vifs et perçants, éloquents interprètes des sentiments
de l'âme ; cette bouche, siége du ris, organe de la parole ;
ces oreilles dont la délicatesse extrême saisit jusqu'à une

[1] On appelle ainsi une portion du cerveau.

nuance de ton; ces mains, instruments précieux, source
intarissable de productions nouvelles; cette poitrine ouverte et relevée avec grâce, cette taille riche et dégagée,
ces jambes, élégantes colonnes et qui répondent si bien
à l'édifice qu'elles soutiennent; ce pied enfin, base étroite
et délicate, mais dont la solidité et les mouvements n'en
sont que plus merveilleux.

« Si nous entrons ensuite dans l'intérieur de ce bel
édifice, le nombre prodigieux de ses pièces, leur surprenante diversité, leur admirable construction, leur harmonie merveilleuse, l'art infini de leur distribution,
nous jetteront dans un ravissement dont nous ne sor-
tirons que pour nous plaindre de ne pas suffire à admirer
tant de merveilles.

« Les os, par leur solidité et par leur assemblage,
forment le fondement ou la charpente de l'édifice : les
ligaments sont les liens qui unissent ensemble toutes les
pièces. Les muscles, comme autant de ressorts, opèrent
leur jeu. Les nerfs, en se répandant dans toutes les parties, établissent entre elles une étroite communication. Les
artères et les veines, semblables à des ruisseaux, portent
partout le rafraîchissement et la vie. Le cœur, placé au
centre, est le réservoir ou la principale force destinée
à imprimer le mouvement au fluide et à l'entretenir. Les
poumons sont une autre puissance ménagée pour porter
dans l'intérieur un air frais et pour en chasser les vapeurs
nuisibles. L'estomac et les viscères de différents genres
sont les magasins et les laboratoires où se préparent les
matières qui fournissent aux réparations nécessaires.
Le cerveau, appartement de l'âme, est, comme tel,
spacieux et meublé d'une manière assortie à la dignité
du maître qui l'habite; les sens, domestiques prompts

et fidèles, l'avertissent de tout ce qu'il lui convient de savoir, et servent également à ses plaisirs et à ses besoins [1]. »

Après avoir entendu ces sublimes génies, prêtons l'oreille à la voix mélodieuse de Bernardin de Saint-Pierre :

« Le corps humain offre mille harmonies avec toutes les puissances de la nature, mais surtout avec celles de la terre. Le paysage le plus varié n'a rien d'aussi ravissant dans ses forêts aériennes, les groupes de ses montagnes, les sinuosités de ses vallons, les projections lointaines de ses plaines. Considérez l'Homme assis, couché, debout, dans un fond, sur une hauteur, vous découvrirez dans toutes ses attitudes et ses positions de nouvelles beautés. Les artistes, qui le dessinent depuis tant de siècles, trouvent ses formes aussi inépuisables que les moralistes qui l'étudient, ses passions ; il semble que son cœur ait autant d'instincts différents que son corps a de muscles. C'est avoir atteint le comble de l'art en tous genres de savoir rendre ses grâces, ses proportions, les affections variées qui l'animent, et tout son ensemble. Les animaux n'offrent rien de semblable ; leurs facultés, bornées à une seule industrie, sont enchaînées par la nécessité ; leurs formes sont offusquées de poils, de plumes, d'écailles ; vous apercevez en eux non une raison libre, mais des instincts circonscrits ; non un corps, mais un vêtement. L'homme seul étend son intelligence à toute la nature, lui seul montre sa beauté personnelle à découvert. Les dépouilles de tous les animaux servent à sa parure, depuis la peau du lion qui

---

[1] CH. BONNET.

couvre les épaules d'Hercule, jusqu'aux fils transparents du ver à soie dont se voile Déjanire.

« Viens donc, belle figure humaine, viens et reçois mes hommages; que la terre reconnaisse en toi son maître; parcours-en les monts les plus escarpés et les vallées les plus profondes, traverses-en les différentes zones : toi seule, de tous les êtres animés, en as le pouvoir. Que l'argile, les rochers, les métaux, obéissent à tes lois, et qu'ils entrent dans la construction de ton habitation passagère; qu'ils figurent ta propre image sous tes mains, mais que la beauté de cette image disparaisse devant la tienne. O Homme! n'admire point les chefs-d'œuvre des Grecs : l'Apollon du Belvédère n'est que le chef-d'œuvre de Phidias, et toi tu es celui du Créateur. Fusses-tu contrefait comme Ésope, toi seul es digne de ton admiration. Jamais le marbre n'a palpité sous le ciseau du sculpteur : il reçoit au dehors la forme humaine, mais il reste toujours au dedans sans vie et sans reconnaissance. Pour toi, tu es sensible aux bienfaits de ton Auteur, tu es à toi-même la preuve la plus touchante de sa providence. En couvrant la terre de biens, il donna le mouvement de progression à tes muscles pour la parcourir; mais il t'éleva au-dessus de ta sphère, en te donnant l'idée de lui-même : il a fait servir ses ouvrages de modèle à ton intelligence, afin de t'approcher de lui et de te faire connaître que tu étais réservé à de célestes destinées[1]. »

« Mais toy, ô brave calomniateur des œuvres de la nature, tu ne considères rien de cela; et si, en mille millions d'Hommes, la nature a créé six doigts à quel-

[1] Bernardin de Saint-Pierre, *Harmonies*, etc.

qu'un, tu t'arrestes à cela pour la blasmer. Si Polyclète,
en mille statues, avoit commis une telle petite faute, tu
ne l'en taxerois point : et si quelqu'un lui reprochoit,
tu le dirois avoir une mauvaise âme et être malicieux.
Fais ton profit de cela, le prenant pour toy-même, et
pense ce que tu dirois si la nature en mille Hommes avoit
erré, et un seul Homme bien fait : ne dirois-tu pas, ce
qui lui seroit heureusement succédé audit Homme seul,
estre une œuvre de la fortune et non d'artifice? Et si
elle avoit erré en un million d'Hommes, tu dirois
encore plus : et maintenant que non-seulement en mille
Hommes; mais en mille millions, ne se trouve aucune
faute ou erreur de la nature, tu oses bien imputer à
la fortune ce qu'elle a fait si sagement et industrieuse-
ment? Si tu assistois aux spectacles publics, où les com-
positeurs et joueurs de comédies et tragédies disputent
à qui aura le prix d'avoir mieux fait, accuserois-tu
comme mauvais et ignorant poëte ou joueur celui qui en
dix mille fois auroit failly de le gagner une seulement,
louant comme savant et docte celuy qui en tant de fois
l'auroit emporté seulement une? Cela est une resverie
et un acte de personnes qui s'efforcent de soustenir et
défendre honteusement leur opinion absurde des éléments, laquelle dès le commencement ils ont mise en
avant. Car voyant leur opinion estre bouleversée si on
concède la nature en ses œuvres user d'artifice, ils sont
contraints d'impudemment babiller et jargonner ces
folies, quoiqu'il ne soit de besoin, pour les convaincre,
d'examiner toutes les parties du corps par l'anatomie...
Une seule partie d'entre elles, regardée et contemplée
extérieurement, est suffisante pour témoigner l'artifice
de celui qui l'a fabriquée : et il n'est pas nécessaire icy

de se ressouvenir de l'égalité ou usage des oreilles, sourcils, paupières, cillons, pupilles et autres semblables
parties qui déclarent une vertu incroyable et une sagesse
incompréhensible de la nature, veu que la peau, qui est
la moins noble des autres parties, et qui se rencontre la
première, est suffisante pour prouver son artifice...

« Qui est donc tant insensé, ou ennemy des œuvres
de la nature, qui en la peau du corps et autres parties
extérieures, lesquelles se monstrent les premières, ne
remarque incontinent l'artifice de l'ouvrier? Qui est
celuy qui soudain ne prendra cette conception en son
entendement, qu'il y a un esprit de Dieu, ayant vertu
admirable et ineffable, qui, se répandant sur la terre,
s'étend par toutes les parties d'icelle? En tous lieux sont
procréés des animaux, desquels la structure est digne de
grande merveille... Si quelqu'un, d'un jugement libre
et sain, s'adonne à la spéculation de ces choses, voyant
cet amas de chair et d'humeurs estre habité d'un esprit
divin, voyant aussi la construction de chaque animal
(toutes choses qui témoignent la sapience du Créateur),
il connoistra l'excellence de l'esprit qui a sa résidence au
ciel, et se persuadera cette œuvre de l'*Usage des parties
du corps humain,* qui premièrement luy sembloit peu
de chose, estre la vraye porte d'une sainte et profonde
Théologie, qui véritablement est plus noble et de plus
grande dignité que toute la Médecine [1]. »

---

[1] Ainsi parle un païen, le célèbre Galien, dans son admirable ouvrage in-
titulé: *De l'Usage des parties du corps humain,* liv. XVII. — Combien d'autres
belles considérations sur la beauté et la merveilleuse construction du corps
humain aurions-nous pu extraire d'un nombre considérable d'auteurs! Nous
regrettons surtout de n'avoir pu citer l'élégant chapitre de Fénelon sur le
même sujet dans son *Traité de l'existence de Dieu,* dont chaque paragraphe
est un hymne à la gloire du Créateur.

§ II

Arrangement mécanique des os dans le corps humain.

> Cicéron admire avec raison le bel artifice qui lie les os.
> Qu'y a-t-il de plus souple dans tous les divers mouve-
> ments ? mais qu'y a-t-il de plus ferme et de plus durable ?
> FÉNELON.

Ceux de nos lecteurs qui ne sont pas étrangers à l'étude de l'organisation du corps humain comprendront l'embarras que nous éprouvons en ce moment en abordant, dans les étroites proportions de quelques paragraphes, un sujet qui demanderait des volumes pour être, je ne dis pas convenablement développé, mais simplement exposé. Au milieu de tant de merveilles, nous ne pouvons donc que choisir quelques traits parmi ceux qui n'exigent pas, pour être compris, un trop grand appareil scientifique.

Nous avons dit que la beauté était une des propriétés du corps humain. Sans rechercher ici si l'origine de cette perception du beau dans les formes, les couleurs, etc., est native en nous ou accidentelle, nous partirons de ce fait universellement reconnu, que les êtres qui nous environnent sont dans de tels rapports avec notre nature, qu'ils nous affectent de sensations agréables ou désagréables, suivant qu'ils s'éloignent plus ou moins d'un type de beauté que le Créateur semble avoir mis dans notre âme comme un reflet de lui-même, lui, la beauté par essence.

Le corps humain est beau d'abord par l'exacte correspondance des deux parties latérales qui le composent. Divisé par une section verticale ou suivant la ligne

médiane, il présente dans chacun de ses côtés une disposition parfaitement symétrique. Ce qui montre qu'il
entrait dans les desseins de l'ouvrier de contribuer à la
beauté du corps par cette conformation harmonique,
c'est qu'une pareille correspondance n'existe que pour
les partes extérieures; les parties internes n'offrent point
cet assortiment symétrique. Dans la poitrine, le cœur est
à gauche et le poumon à droite, et ces organes diffèrent
beaucoup de forme et de volume; dans l'abdomen, le
foie est à droite, sans viscère correspondant à gauche, etc.
La symétrie des parties dans la forme extérieure du corps
est d'autant plus admirable, que les muscles qui en composent les matériaux présentent une grande souplesse et
beaucoup de variabilité de proportions. Avec quel art les
plus petites inégalités n'ont-elles pas été corrigées ! Avec
quelle minutieuse exactitude des compensations n'ont-
elles pas été ménagées entre diverses formes irrégulières,
pour obtenir des formes qui fussent symétriques jusque
dans leurs moindres ondulations ! Partout les formes
sèches et anguleuses des os ont été dissimulées, les
viscères dérobés à la vue, les muscles arrondis et habilement entrelacés, garnis dans leurs interstices d'un tissu
graisseux, placé immédiatement sous la peau et mollement compressible, qui adoucit les contours et produit
toutes ces formes ondoyantes et gracieuses qui conver-
tissent des matériaux dégoûtants en un chef-d'œuvre de
beauté, dont la haute perfection désespère le génie du
statuaire et du peintre.

Pénétrons maintenant sous cette enveloppe qui recouvre tout le corps et le revêt d'un coloris si doux;
examinons les phénomènes mécaniques de la charpente
humaine, ce sublime ouvrage d'un ingénieur infaillible.

Au sommet de cet arbre de vie s'épanouit la fleur d'où
rayonne l'intelligence ; le cerveau est le sanctuaire sacré
où les sens convergent de toutes parts, où la pensée fait
ses immortelles apparitions. Mais ce germe éthéré du ciel
est si tendre et si délicat, qu'une légère pression locale
suffit pour troubler ses fonctions. La boîte osseuse qui le
renferme et le protége a donc été construite de manière
à offrir une force de résistance considérable, et cette
enveloppe solide a cela de remarquable qu'elle est plus
forte et plus épaisse précisément dans les parties les plus
exposées. On sait quelle force extraordinaire la coquille
d'œuf oppose à la pression ; le crâne a reçu une forme
analogue ; il a été arrondi en voûte avec un caractère imposant de grandeur et de calme. De plus, les différentes
pièces qui composent cette voûte sont attachées l'une
à l'autre par des projections osseuses qui se croisent,
se pénètrent en quelque sorte, et s'unissent par des sutures ou joints dits en queue d'aronde, bien faiblement
imités dans certains travaux de menuiserie. Le divin
ouvrier a même pris soin de varier la forme de ces articulations dans les diverses parties du crâne, afin que
celles-ci pussent mieux résister aux actions destructives
extérieures qui tendraient à les désunir. C'est ainsi que
l'os temporal n'est pas uni aux os voisins à l'aide d'en-
grenures propres seulement à empêcher leur disjonction,
mais à l'aide d'un bord articulaire, taillé obliquement,
de façon à rendre cet os extérieurement beaucoup plus
grand que l'espace dans lequel il se trouve comme
enchâssé.

La tête, portée sur les vertèbres du cou, a, sur ce point
d'appui, deux mouvements, l'un de flexion en avant et
en arrière, l'autre circulaire horizontal d'environ cent

vingt degrés. Voici par quelle ingénieuse construction
ce double résultat a été obtenu. Le mouvement de flexion
en avant et en arrière s'effectue au moyen d'un mode
particulier d'articulation de la tête avec la première vertèbre, appelée *atlas* et de forme annulaire. Le mouvement
circulaire est dû à un mécanisme qui met la tête en
rapport non plus avec la première vertèbre du cou,
mais avec la seconde. Cette seconde vertèbre est munie
d'une apophyse (condyle) arrondie dans un sens, aplatie
dans l'autre, laquelle entre dans une cavité de la première vertèbre et forme une espèce de pivot sur lequel
la tête est comme en équilibre et peut tourner circulairement. Ces deux sortes de mouvements s'exécutent sans
se nuire en aucune manière. C'est un mécanisme tout à
fait analogue à celui qui été employé pour la monture
des télescopes ; il y a, pour le mouvement vertical de
ces derniers, une charnière ; pour le mouvement horizontal, un axe sur lequel le télescope et la charnière
tournent ensemble. Admettra-t-on l'invention dans un
cas et la niera-t-on dans l'autre? Un autre trait remarquable d'intelligence, c'est que la première vertèbre, qui
se meut à droite ou à gauche, ne peut se mouvoir en
avant et en arrière comme la tête, parce que, dans ce
dernier mouvement, la moelle épinière eût été comprimée par l'apophyse de la deuxième vertèbre, qui sert
de pivot aux mouvements circulaires. La colonne vertébrale est un mécanisme composé de trente-trois os,
construits et disposés entre eux avec un art admirable.
C'est le support central de la charpente humaine et la
chaîne principale de communication entre toutes les
autres parties. Il fallait que le même instrument exécutât
des fonctions très-différentes et réunît des qualités in-

compatibles en apparence; par exemple, une grande
solidité et une flexibilité extraordinaire dans tous les
sens : la solidité, pour pouvoir soutenir le corps dans la
position verticale; la flexibilité, pour pouvoir se prêter à
tous les mouvements que le corps a besoin d'exécuter en
avant, en arrière ou de côté. La force de l'épine est due
à la structure des vertèbres, dont chacune, prise isolément, peut être considérée comme un double arceau,
forme qui est regardée en mécanique comme offrant le
plus haut degré de résistance. De plus, ces vertèbres
augmentent de volume de haut en bas, précisément dans
le rapport des accroissements de poids que l'épine devait
supporter. La largeur des bases par lesquelles les vertèbres se touchent et s'unissent contribuent encore à la
solidité, tandis que la porosité de ces os donne de la
légèreté à la colonne, et que leur nombre, en multipliant
les articulations, la rend singulièrement flexible. Cette
flexibilité varie elle-même, selon le besoin, dans la longueur de l'épine dorsale : elle est plus grande là où elle
était plus nécessaire; c'est ainsi que le bas des reins est
plus souple que la partie voisine des épaules, et que
les vertèbres du cou sont les plus flexibles de toutes.

Destinée à servir de conduit au plus important des
fluides animaux, à la moelle épinière, il fallait que la
colonne vertébrale garantît efficacement de toute pression
cette substance si précieuse et si délicate, principe de
tous les mouvements volontaires, et tellement essentielle
aux fonctions vitales, que la moindre atteinte qu'elle
éprouve est suivie de la paralysie ou de la mort. Mais
comment empêcher que, dans les diverses flexions du
corps, les vertèbres ne se croisent et n'occasionnent sur
la substance médullaire une pression funeste? La sagesse

du mécanicien a obvié à cet inconvénient en liant les
vertèbres les unes aux autres par des cartilages éminemment élastiques, dont le volume équivaut à la moitié
environ de celui d'une vertèbre. Ces cartilages se pressent
du côté où l'épine fléchit et se renflent du côté opposé,
de manière qu'il n'en résulte aucune ouverture. La
flexion quoique considérable sur la totalité de la colonne est à peine sensible d'un os à l'autre ; mais comme
cette flexion devait être plus fréquente en avant qu'en
arrière, les cartilages ont plus d'épaisseur de ce côté-là,
en sorte que les bases des vertèbres sont plus parallèles
entre elles lorsque le corps est légèrement incliné en avant,
que dans la position verticale.

Pour le passage des nerfs, qui naissent de la moelle
épinière dans toute sa longueur, des échancrures ont
été pratiquées, deux au bord supérieur et deux au bord
inférieur de chaque vertèbre. Ces échancrures forment,
par leur correspondance avec les échancrures des vertèbres voisines, une série de trous symétriquement es-
pacés, par chacun desquels sort une paire de nerfs. Ces
nerfs se subdivisent ensuite en un grand nombre de
ramifications et vont se distribuer dans toutes les parties
du corps.

L'épine dorsale devait encore fournir des points d'attache solides aux côtes et aux muscles qui lient les vertèbres entre elles. Celles-ci ont donc reçu une forme qui
les rend tout à fait propres à ces diverses fonctions. Leur
face antérieure est unie, parce que les aspérités dans ce
sens auraient pu blesser les viscères ; mais en arrière, et
sur les côtés, chaque vertèbre est munie d'apophyses
auxquelles s'attachent les muscles nécessaires aux mouvements du tronc. Tel est l'art qui a présidé à la dispo-

sition de ces attaches, qu'elles remplissent à la fois un double objet; car, en même temps que les apophyses assujettissent et fixent les muscles, ceux-ci sont terminés par des tendons qui servent à consolider la structure de la colonne et à retenir chaque vertèbre à sa place. Et, ce qui n'est pas moins digne de remarque, dans les portions de la colonne où ces ligaments doivent déployer le plus de force, comme aux reins, les apophyses ont une bien plus grande longueur, et, par conséquent, forment un levier bien plus puissant que dans les parties où cette force était moins nécessaire, au cou, par exemple.

Pour assurer un nouveau degré de solidité à cette longue charnière et prévenir les luxations, une dernière précaution a été employée par l'habile ouvrier : il a articulé ensemble toutes ces diverses projections osseuses, de manière qu'aucune des vertèbres ne peut tourner ni se déplacer. Ainsi un coup très-violent peut rompre la colonne vertébrale, mais jamais la luxer.

Les précautions pour fortifier cette merveilleuse chaîne d'articulations ont été poussées plus loin encore dans la partie qui sert de point d'appui aux côtes : chaque côte, en effet, tient par une double connexion à deux vertèbres adjacentes et à l'une des apophyses transverses, formant ainsi un assemblage extrêmement solide et qui laisse cependant toute la liberté du mouvement nécessaire.

Plus on examine, et dans son ensemble et dans ses moindres détails, ce chef-d'œuvre de mécanique, plus on est frappé de la sagesse des inventions qui ont été employées dans sa structure. « On ne voit rien, dit Fénelon, dans tous les ouvrages des Hommes qui soit travaillé avec un tel art. »

Passons à d'autres mécanismes d'une construction non moins ingénieuse.

Les côtes, dont nous venons d'expliquer le mode d'insertion avec la colonne vertébrale, résolvent par leur arrangement un problème mécanique d'une grande difficulté et qui peut se formuler ainsi : construire avec des parois solides une cavité qui puisse tour à tour augmenter et décroître. Vous avez remarqué sans doute ce mouvement alternatif de dilatation et de contraction de la poitrine, dont la capacité augmente à chaque inspiration de l'air dans les poumons, et diminue ensuite par l'expulsion du même fluide. Ce jeu est l'effet de la disposition des os qui environnent cette cavité. Les côtes, au lieu d'être articulées à angle droit avec l'épine, décrivent chacune une courbe dont la convexité est tournée en dehors et dans une direction un peu descendante. Il en résulte que tout ce qui tend à les rapprocher de l'angle droit, ou, en d'autres termes, à les placer sur une ligne horizontale, augmente la capacité de la poitrine et porte le sternum en avant : ce qui arrive toutes les fois que les muscles élévateurs des côtes, attachés à la base du cou, soulèvent par leur contraction les parties antérieures de ces arceaux, c'est-à-dire à chaque inspiration. Cet accroissement de capacité, qui est ordinairement d'environ six cent cinquante-cinq centimètres cubes, peut être de plus du double dans une inspiration forcée. Qui pourrait méconnaître dans une pareille construction, qui fait de la poitrine un véritable soufflet, l'évidence du but et le génie de l'inventeur?

La manière dont les os du corps humain s'articulent entre eux présente des variétés qui tendent encore à démontrer l'invention et la sagesse du constructeur de la machine.

L'omoplate, grand os plat qui occupe la partie supérieure et externe du dos, reçoit dans une cavité assez large l'extrémité renflée et arrondie de l'humérus ou de l'os unique qui forme le bras : il résulte de cette disposition que le bras est susceptible de mouvements de rotation et dans toutes les directions nécessaires.

L'usage parfait de l'avant-bras exigeait deux genres de mouvements : le mouvement oscillatoire ou de flexion et d'extension, qui se fait en pliant et étendant le bras ; et le mouvement rotatoire ou de pronation et de supination, qui s'opère toutes les fois que la main exerce une torsion, lorsqu'elle perce une planche, par exemple, au moyen d'une vrille. C'est à la structure et au mode de connexion des deux os de l'avant-bras, le cubitus et le radius, que l'homme doit la facilité d'accomplir ces divers mouvements. Les deux os que nous venons de nommer, placés à côté l'un de l'autre, ne se touchent qu'à leurs extrémités. Le cubitus, qui est en dedans, présente à son extrémité supérieure une certaine grosseur correspondante à l'extrémité inférieure de l'humérus, qui est également élargie et a la forme d'une poulie sur laquelle l'avant-bras se meut comme sur une charnière ; à son extrémité inférieure, le cubitus est grêle et arrondi. Le radius, au contraire, qui ne s'articule qu'avec le poignet, est grêle à son extrémité supérieure et élargi inférieurement. De cette conformation il résulte : 1° que le cubitus, qui entraîne avec lui le radius, ne peut se mouvoir sur l'humérus que sur le même plan ; il ne peut exécuter que le mouvement oscillatoire sur l'articulation du coude ; 2° qu'au moment où nous tournons la paume de la main en dessus, le radius peut rouler sur le cubitus au moyen de la rainure de l'un des os, qui répond à une saillie de l'autre. Si ces deux os avaient été articulés à la fois soit avec l'humérus, soit avec le poignet, ce mouvement rotatoire n'eût pu s'opérer ; il fallait, pour qu'il se fît, que chacun de ces os eût une de ses extrémités libre, mais en sens opposé ; de cette manière les mouvements d'oscillation et de rotation peuvent s'effectuer en même temps, comme il est facile à chacun de s'en convaincre par l'aisance et la promptitude avec lesquelles il peut mouvoir la main circulairement, tout en fléchissant et étendant le bras.

L'extrémité supérieure du fémur ou de l'os de la cuisse se termine, comme celle de l'humérus, par une tête qui entre et tourne librement dans une cavité de l'os de la hanche, tandis que son extrémité inférieure s'articule à charnière avec la jambe et ne peut que se ployer en arrière ou s'étendre. Changez de place ces deux genres d'articulation, mettez en haut celle qui est en bas, la direction de la cuisse restera fixée en avant une fois pour toujours, et la faculté rotatoire de la jambe sera complétement inutile. Le haut du fémur est très-sensiblement convexe en avant : l'ignorance pourrait regarder cette circonstance comme un défaut, en considérant cet os comme une colonne destinée à supporter un poids ; mais cette courbure, loin de l'affaiblir, lui donne, au contraire, la force de résister à l'action de la masse de muscles qui a été placée à sa partie antérieure [1].

[1] Les formes des os ne devaient pas seulement les rendre propres à s'articuler ensemble, de manière à prévenir les luxations et à faciliter tous les mouvements nécessaires ; ces os devaient encore présenter des dépressions plus ou moins profondes, destinées à loger les parties molles, à protéger dans leur passage, au travers des articulations, les nerfs, les tendons, les vaisseaux divers, lesquels sont évidemment exposés, dans leur long trajet, à de brusques changements de direction, à des compressions et même à des déchi-

Nous nous bornerons à ce petit nombre d'exemples pris au milieu d'une infinité d'autres détails non moins curieux, non moins compliqués, que présente le mécanisme du corps humain, cette architecture sublime, tellement étonnante, tellement parfaite, qu'il faudrait plaindre celui qui pourrait l'examiner attentivement sans en être vivement ému.

§ III

Structure intime des nerfs, des tendons, des muscles, etc.

Quand on observe les nerfs à une loupe faible ou même à la simple vue, on est d'abord frappé d'un spectacle très-attachant. Représentez-vous un petit ruban de couleur blanche, artistement roulé en spirale autour d'un petit cylindre de couleur obscure, et vous aurez une idée des premières apparences sous lequelles les nerfs se montrent alors aux yeux de l'observateur. Ces apparences n'affectent pourtant pas une régularité constante; elles offrent bien des variétés qui fixent agréablement l'attention. En général, les bandes blanches sont partout d'une largeur à peu près égale et espacées assez régulièrement, et la couleur obscure des intervalles qui les séparent relève

---

rements. Les os ont donc reçu des configurations particulières très-propres à garantir de l'action nuisible des objets extérieurs, ces fils et ces conduits qui partent du tronc et vont se distribuer jusqu'aux extrémités du corps. Ainsi la partie inférieure du fémur présente un sillon profond dans lequel passent les gros vaisseaux et les nerfs de la jambe. Les nerfs de l'avant-bras franchissent l'articulation du coude entre deux éminences de l'os, et les vaisseaux sanguins du bras se glissent par une petite échancrure pratiquée dans le bord de la cavité qui reçoit l'humérus à l'articulation de l'épaule. Est-ce donc le hasard qui a pourvu avec tant de soin et de sagesse à la sûreté de ces nerfs et de ces vaisseaux ?

encore leur blancheur. Tantôt ces bandes marchent parallèlement les unes aux autres; tantôt elles s'inclinent plus ou moins ou se croisent sous différents angles; d'autres fois elles paraissent s'engrener comme des dents de roues, etc.

Mais tout cela n'est dans la réalité qu'une jolie décoration, une agréable illusion d'optique. Une loupe plus forte et une lumière plus favorable font disparaître les spirales blanches et ne laissent voir que des filets ondés ou tortueux, qui courent le long du nerf, et l'on commence à se persuader que le nerf lui-même résulte de leur assemblage.

Si l'on pousse l'examen plus loin, si l'on a recours à des loupes qui augmentent sept à huit cents fois le diamètre de l'objet, on prendra des idées plus exactes de l'orga · nisation des nerfs. On reconnaîtra avec surprise que le plus petit nerf, comme le plus grand, est formé d'une multitude de cylindres creux, longs, transparents, uniformes et très-simples, remplis d'une humeur diaphane, gélatineuse et insoluble dans l'eau. On ne découvrira point sans étonnement que chacun de ces très-petits cylindres est renfermé dans une sorte de gaîne, dont la tunique, moins fine que celle des cylindres, est formée d'un nombre prodigieux de filets tortueux ou ondés; et ce sont ces filets qui se montrent d'abord sous l'apparence trompeuse de spirales blanches. Ils sont plus fins que les cylindres et égalent à peine la 460e partie d'un millimètre ou la $\frac{1}{13000}$ partie d'un pouce. Ils forment pourtant une enveloppe qui a de l'épaisseur, parce qu'ils y sont fort multipliés. On voit assez que ces filets sont une dépendance du tissu cellulaire, si généralement répandu dans le corps des animaux et des végétaux.

Les tubules cylindriques ont paru à quelques anatomistes être les éléments primitifs du nerf; et comme ils
ont tenté en vain de les diviser ultérieurement avec les ai-
guilles les plus fines, ils en ont conclu qu'ils ne sont point
susceptibles de division. Combien est-il plus probable que
ces cylindres, qu'ils ont décrits et représentés par des figures, ne sont point aussi simples qu'ils leur ont paru
l'être. Dissèquerait-on un cheveu avec un sabre?

Telle est la structure primitive des nerfs; ajoutons
quelques mots sur celle du cerveau, des tendons, des
muscles, etc.

Observée avec de fortes lentilles, la substance médullaire du cerveau paraît formée de l'assemblage d'une
multitude innombrable de tubules ou de très-petits
cylindres creux, courts, tortueux, groupés et repliés
de mille et mille manières, transparents, pleins d'une
humeur gélatineuse indissoluble à l'eau, et auxquels
adhèrent une infinité de corpuscules sphéroïdes et diaphanes. Voilà tout ce qu'il a été permis de découvrir sur
l'organisation intime du cerveau; mais cet organe, chef-
d'œuvre de la création terrestre, est sans doute d'une
structure fort supérieure à tout ce qu'il nous est permis
d'imaginer et de concevoir.

Lorsqu'on examine un tendon à la vue simple ou à une
loupe faible, on croit y apercevoir ces mêmes spirales
blanches que nous avons remarquées dans les nerfs; mais,
en redoublant d'attention, les apparences changent, et au
lieu de spirales on ne voit plus que des taches blanches
disséminées dans toute la longueur du tendon. Mais ce
ne sont encore là que de pures apparences; à l'aide de
fortes loupes, on parvient à s'assurer que le tendon est
formé de l'ensemble d'une multitude de très-petits fais-

ceaux longitudinaux et ondés, entre lesquels règne un tissu cellulaire. Chaque faisceau est lui-même composé d'un très-grand nombre de fils cylindriques, d'une finesse extrême, qui ne sont point ceux comme ceux des nerfs, et qu'on ne parvient pas non plus à sous-diviser en d'autres fils. Ces fils cylindriques, qu'on dirait les éléments primitifs du tendon, sont beaucoup plus déliés que les tubules propres des nerfs. Ils présentent partout le même diamètre et sont partout homogènes et uniformes. Un tissu cellulaire flexible, élastique, prodigieusement délié, et composé, comme dans les nerfs, de très-petits cylindres tortueux et transparents, enchaîne les uns aux autres tous les fils du tendon. De la réunion d'un certain nombre de ces fils résulte un faisceau tendineux, et de la réunion d'un certain nombre de ces faisceaux résulte le tendon.

Comme les tendons, les muscles sont composés d'une multitude de faisceaux longitudinaux, composés eux-mêmes de fils cylindriques solides, mais plus droits que ceux des tendons, et qui en diffèrent principalement par de petites rides transverses, placées à distances à peu près égales, et qu'on prendrait pour autant de très-petits diaphragmes qui divisent chaque fil en parties à peu près égales. Tous les faisceaux sont enveloppés d'un tissu cellulaire, qui, comme celui des nerfs et des tendons, présente un amas de très-petits cylindres tortueux et diaphanes.

On peut être curieux de savoir quels sont les organes les plus déliés du corps animal : on croit s'être assuré que ce sont les cylindres tortueux et transparents dont le tissu cellulaire est composé. C'est une chose bien merveilleuse que ce tissu. Il est présent partout et jusque dans les organes les plus fins. Non seulement il fournit une enve-

loppe générale aux faisceaux nerveux, mais il compose
encore une gaîne à chacun des tubules dont ces faisceaux
sont formés. Il revêt de même les faisceaux des tendons
et des muscles. Les petits cylindres tortueux qui le caractérisent se retrouvent dans les parties les plus dures
comme dans les plus molles ou les plus délicates, dans
les cheveux, dans les ongles, dans les cartilages, dans les
os, et même dans l'émail des dents. Ils surpassent en
finesse les filets les plus déliés des tendons et des muscles,
qui sont déjà si prodigieusement fins. Ils sont plus déliés
encore que les vaisseaux sanguins, qui n'admettent à la
fois qu'un seul globule rouge. Ils sont infiniment multipliés dans les touts organiques qu'ils composent; et l'on
peut affirmer que de six parties dont la substance ten-
dineuse ou musculaire est composée, il y en a au moins
cinq qui ne sont formées que des cylindres tortueux du
tissu cellulaire. Il résulte donc de tout ceci une vérité
qu'on n'aurait pas soupçonnée : c'est que le corps animal
n'est presque en entier qu'un composé de cylindres tortueux infiniment petits.

§ IV

Fonctions et dispositions des muscles.

C'est d'abord une chose bien remarquable que le
rapport invariable qui existe entre chacun de nos membres et les muscles qui les font mouvoir. Les muscles,
en effet, sont toujours disposés de manière à faire exécuter à un membre quelconque les mouvements dont ce
membre est capable, et jamais aucun autre. L'action des
muscles s'exerce par leur contraction; cette force de

contraction réside dans la partie moyenne du muscle; un muscle contracté se gonfle, et gagne en épaisseur ce qu'il perd en longueur; ses fibres se rident, se plissent en travers; leurs extrémités se rapprochent, et elles entraînent les os dans la même direction par l'intermédiaire des tendons qui les terminent. Lorsque la contraction cesse, le muscle se relâche et revient à son premier état. Il suit de ces propriétés du muscle que, pour opérer des mouvements contraires et vigoureux, il fallait l'action opposée de deux muscles qui se correspondissent, l'un fléchisseur, l'autre extenseur, lesquels, pour cette raison, ont été nommés antagonistes. Par exemple, il y a sur la partie interne du bras deux grands muscles dont la contraction fait plier l'avant-bras avec le degré de force que le sujet comporte. Ces muscles, en se relâchant, laisseraient simplement retomber l'avant-bras; mais pour que le bras, après s'être ployé, puisse se déployer avec force et donner ce que l'on appelle un coup de revers, d'autres muscles ont été attachés en dehors du bras et destinés, par leur contraction, à ramener l'avant-bras sur la même ligne que le bras, et précisément avec le même degré de force que l'on en avait employé dans la flexion. Nous ne plions et nous n'étendons les doigts que par une contraction semblable de deux muscles opposés. On a comparé ce jeu à l'action de deux scieurs qui tirent et lâchent alternativement l'instrument qu'ils font mouvoir. Quelle preuve plus évidente d'un dessein, que cette position respective et ce balancement d'action des divers muscles qui entrent dans l'organisation animale?

Tel est l'art admirable qui a présidé à la disposition des muscles, que leurs différents mouvements n'altèrent point les formes et la symétrie du corps humain, et qu'ils ne se nuisent jamais entre eux dans l'action qu'ils exercent. Or qu'on songe à la difficulté d'arranger ensemble avec cette perfection quatre cent quarante-six muscles qui fonctionnent dans notre corps, et qui non-seulement se croisent dans diverses directions, mais qui s'emboîtent les uns dans les autres et se traversent même quelquefois, afin que chacun ait sa liberté tout entière et son jeu parfait. Dans cet arrangement, l'habile ouvrier n'a point perdu de vue la beauté des proportions. Toutes les fois que la masse des muscles eût été embarrassante dans une partie du corps, où pourtant leur action était nécessaire, il a placé ces muscles à une distance plus considérable, puis il les a fait communiquer par des fils déliés avec l'endroit dont ils devaient déterminer le mouvement. C'est ainsi que les muscles qui font mouvoir les doigts, au lieu d'occuper la paume ou le dos de la main, où ils auraient formé une grosseur embarrassante et désagréable, ont été placés sur l'avant-bras et jusqu'au-dessus du coude. C'est de là que, par de longs tendons assujettis au poignet, ils agissent sur les doigts qu'ils sont destinés à mettre en mouvement. Les orteils sont mus de même par des muscles éloignés du pied, où ils auraient gêné la marche et produit un effet déplaisant; ces muscles ont été disposés d'une manière symétrique et gracieuse à la partie postérieure de la jambe, où ils constituent le mollet.

Nous avons déjà remarqué que les muscles n'agissaient qu'en se contractant, et que cette contraction se faisait vers le centre du muscle. C'est une loi qui ne souffre point d'exception. Il a donc fallu modifier la forme et la position des muscles de manière à produire, dans tous les cas, l'effet à obtenir. Aussi ces instruments du mou-

vement présentent-ils une très-grande variété dans leur
configuration et dans la situation qu'ils occupent; mais
l'unité du principe d'action est constamment la même et
d'une simplicité parfaite.

Et quelle variété, quelle précision, quelle célérité dans
les mouvements musculaires! On sait, par exemple, quel
nombre incalculable de syllabes la langue est capable
d'articuler : eh bien, il n'est pas une de ces syllabes
qui n'exige, pour être prononcée, un mouvement particulier de la langue et des parties qui l'entourent. Avec
quelle incompréhensible promptitude les diverses positions des organes vocaux ne doivent-elles pas se succéder!
Et pourtant quelle sûreté dans toutes ces articulations si
variées et si rapides, dont chacune est soumise à une
règle fixe, et produit un effet certain et parfaitement en
rapport avec les objets pour lesquels elle a été calculée.
Cette étonnante activité de la langue s'explique par les
muscles si nombreux qui la composent, et qui y sont tellement entrelacés, que la dissection ne saurait s'en faire
complétement; et cependant le nombre et l'entrelacement
de ces muscles ne nuisent en aucune manière à la précision des diverses opérations de l'organe.

N'est-ce pas encore un phénomène propre à exciter au
plus haut point notre admiration, que cette justesse et
cette rapidité de mouvements que l'on observe dans la
main d'un musicien habile qui joue des passages difficiles
sur le violon; que cette obéissance instantanée de tous
ces muscles qui concourent avec une précision si rigoureuse de temps et d'action à la formation de sons variés à
l'infini? Votre main, lorsque vous écrivez, peut former
jusqu'à cinq cents traits dans une minute, et cependant il
n'y a pas une lettre qui n'exige pour être formée deux ou

trois contractions distinctes de certains tendons déterminés, contractions qui s'exécutent avec une exactitude si minutieuse, que le bout de la plume où le mouvement se trouve multiplié ne parcourt que précisément l'espace qu'il faut, ce qui est vérifié par la parfaite ressemblance des caractères tracés par la même main.

On est frappé d'un étonnement sans bornes, quand on considère que les fonctions les plus délicates et les plus importantes dans le corps humain sont remplies par des muscles d'une petitesse microscopique. Les muscles du tympan et ceux qui servent à contracter la pupille sont de cette espèce, et cependant l'exercice de deux de nos facultés les plus précieuses dépend de leur jeu et de leur conservation.

Peut-on citer dans les ouvrages de l'art humain des arrangements mécaniques où l'invention soit plus évidente que dans les suivants? Pour opérer le mouvement de la mâchoire inférieure, l'expédient qui se présentait d'abord était d'attacher à la poitrine un muscle qui répondît au menton, et dont la contraction fît ouvrir la bouche. Mais il est évident qu'une semblable disposition aurait nui essentiellement et à la liberté des mouvements du cou et à la beauté des formes. Qu'a donc fait l'ouvrier? Il a fixé sur un os de la face, et au-dessus de l'articulation de la mâchoire, un muscle qui, en descendant, se convertit en un tendon arrondi qui vient s'attacher à la mâchoire inférieure, qu'il abaisse toutes les fois que le muscle se contracte. Vous pensez sans doute que la contraction d'un muscle ainsi placé devrait, au contraire, tenir la bouche fermée. C'est, en effet, ce qui serait arrivé si la direction de la force n'avait été changée au moyen d'un mécanisme ingénieux : le tendon, avant de s'attacher au menton,

passe dans un anneau de l'os hyoïde; placé en travers de
la partie supérieure du cou, cet anneau fait dans cette
circonstance l'office d'une poulie : de cette manière on
comprend que la contraction du muscle ne puisse avoir
lieu sans faire ouvrir la bouche.

Tâchez d'imaginer un arrangement qui manifeste plus
clairement un dessein que celui-ci. Le pied fait avec la
jambe un angle très-considérable; comme les muscles
destinés à mouvoir le pied sont placés sur la jambe, leurs
tendons devaient passer en dedans de cet angle pour arriver jusqu'aux orteils. Or comment prévenir le soulève-
ment de ces tendons au cou-de-pied lors de la contraction
des muscles? Sans doute en les faisant passer sous un
ligament annulaire et très-fort, qui pût les retenir et les
assujettir solidement, sans cependant empêcher leur jeu;
c'est ce qui a été fait. Nous trouverons ici un de ces argu-
ments qui font toucher au doigt l'absurdité du système
de certains philosophes spéculatifs, qui prétendent que les
différentes parties du corps des animaux se sont formées
par une tendance imperceptible, déterminée dans l'animal par le besoin et par la nature des circonstances, et
dont l'effet a été prolongé durant une suite incalculable
de générations. Comment, dans le cas que nous venons de
mentionner, le ligament annulaire aurait-il pu être en-
gendré par l'exercice des tendons, puisque ceux-ci tendent
continuellement, au contraire, à en rompre les fibres?

Le petit nombre d'exemples que nous venons de citer
suffit sans doute pour démontrer la sagesse des inventions de l'Artiste suprême dans la disposition et l'action
du système musculaire [1]. Quel nombre prodigieux de

[1] On a observé qu'il y avait dans chaque muscle jusqu'à dix circonstances
distinctes à considérer, et qui toutes sont nécessaires à l'usage complet de

pièces ne faut-il pas pour maintenir en nous seulement
une heure entière l'usage de la vie et la santé ? Quel
concours plus étonnant encore de ressorts et de machines
n'est-il pas nécessaire pour que nos facultés soient en
vigueur et que notre activité se déploie ! Qu'un seul
muscle, sur quatre cent quarante-six, vienne à se déranger, et c'est assez pour rendre la vie misérable. « J'ai
vu avec l'attendrissement de la pitié, dit un auteur, mais
aussi avec un retour de reconnaissance envers le Conservateur de la nature, l'état d'un Homme qui se portait
bien à tous égards, mais qui avait une faiblesse dans les
muscles releveurs de la paupière. Il était obligé, pendant
tout le temps que dura cette incommodité, d'employer
ses mains pour lever ses paupières. » Cependant la très-
grande majorité des Hommes jouit de l'exercice de toutes
ses facultés, et ne se doute guère de la complication des
moyens continuellement employés pour maintenir intact
cet exercice de tous les organes.

§ V

Des organes intérieurs du corps humain.

De tous les mécanismes que renferme le corps humain,
celui qui est destiné à distribuer avec une parfaite égalité,
dans toutes les parties du corps, la nourriture une fois
élaborée et changée en sang, est peut-être le plus mer-

---

chacun d'eux : la forme du muscle et sa grosseur, qui varient avec sa destination ; son point d'appui et son point d'action ; le rapport des positions de
ses deux extrémités ; la position du muscle considéré dans son ensemble ; sa
direction ; l'insertion des nerfs dans ce muscle ; l'introduction et la sortie des
artères ; enfin l'introduction et la sortie des veines. Des arrangements aussi
complexes ne supposent-ils donc aucune intelligence dans l'ouvrier ?

veilleux. Les vaisseaux sanguins sont composés de canaux d'abord considérables, puis d'un moindre diamètre; ceux-ci transmettent le sang à des tubes plus petits encore, lesquels se ramifient à l'infini dans toutes les parties du corps où il est nécessaire de faire parvenir le fluide nourricier [1]. Mais il fallait ramener le sang au réservoir d'où il était parti : il y a été pourvu par une disposition dans l'assortiment des vaisseaux, tout opposée à celle dont nous venons de parler: des ramifications très-déliées, les veines, se réunissent, dans les extrémités du corps, aux ramifications qu'on appelle artères. Ces veines, par leur réunion, forment des tubes de plus en plus considérables, qui rapportent le sang au cœur.

Ces vaisseaux, veines et artères, présentent dans leur constitution des différences caractéristiques qui répondent aux fonctions qu'ils avaient à remplir. Le sang, partant du cœur, et cheminant d'un tube plus large dans des tubes plus étroits, puis revenant des extrémités en passant de tuyaux étroits en tuyaux de plus en plus larges, exerce une pression bien plus forte sur les parois des artères que sur les parois des veines; aussi les parois des premières sont-elles plus épaisses, plus résistantes, plus élastiques que celles des secondes. Une autre différence témoigne mieux encore de la sollicitude du suprême Ouvrier. Comme les artères portent le sang avec une grande force, une piqûre, un déchirement, y deviennent beaucoup plus dangereux qu'aux veines; elles ont donc été non-seulement recouvertes d'enveloppes plus épaisses, mais encore situées et disposées au-dessous des veines, dans des sinus profonds découpés pour leur passage dans

[1] Ces ramifications n'ont pas plus de 0,0044 à 0,0069 de ligne de diamètre.

la substance des os. Par exemple, dans les doigts de la main, il a été pratiqué, pour recevoir les artères, des rainures si profondes, qu'on peut se couper jusqu'à l'os sans les atteindre. D'autres fois, pour éviter le danger de la compression, l'artère passe dans des trous faits exprès au travers d'un os, comme on le voit dans la mâchoire inférieure.

Passons au mécanisme du cœur. Cet organe est composé de fibres musculaires qui ont la faculté de se contracter et de se relâcher alternativement, et de produire ainsi une suite de mouvements non interrompus. A chaque contraction il se fait un mouvement progressif de la masse du sang dans les artères, qui équivaut à ce que contenait la cavité au moment de la contraction, quantité qui est d'environ trois centigrammes dans l'Homme fait. Le cœur se contractant quatre mille fois par heure, ce sont douze mille centigrammes ou cent vingt kilogrammes de sang qui passe par heure au travers de cet organe. La masse de sang dans l'homme adulte est

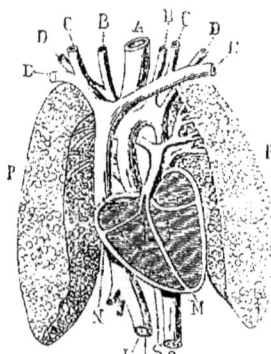
Fig. 56 *.

* Cœur, poumons et principaux vaisseaux de l'Homme. — Cette figure représente la coupe théorique du cœur humain. — N Oreillette droite. — s Ventricule droit. — Au côté opposé à l'oreillette droite est l'oreillette gauche, et au côté opposé au ventricule droit est le ventricule gauche. — M Cloison. — La cloison qui sépare le ventricule gauche de l'oreillette droite s'appelle valvule mitrale ; celle qui sépare le ventricule droit de l'oreillette droite s'appelle valvule tricuspide. — o Aorte. — I Veine cave inférieure. — PP Poumons. — A Trachée. — BB Artères carotides. — CC Veines du cou. — DD Artères des bras. — EE Veines des bras. — La direction des flèches indique le cours du sang

de dix à douze kilogrammes ; une quantité égale à la masse totale passe donc douze fois par heure au travers du cœur, c'est-à-dire de cinq minutes en cinq minutes [1].

Un autre organe, le poumon, était nécessaire pour mettre le sang en contact immédiat avec l'air atmosphérique, circonstance indispensable au maintien de la vie. Le poumon contient des vaisseaux destinés à l'air, et d'autres destinés au sang, appliqués les uns contre les autres, de manière que partout où il y a un conduit d'air, il se trouve entre une veine et une artère, et tous trois suivent la même direction [2]. Ces vaisseaux sont si multipliés, que toutes leurs surfaces internes, prises ensemble dans le poumon d'un Homme fait, couvriraient un espace de cinq mètres carrés. Pour faire passer et repasser le sang dans ces conduits nombreux et déliés, ce fluide, à mesure qu'il est rapporté au cœur par les veines, est poussé par la contraction d'une des cavités, et par une artère spécialement destinée à cet office, jusque dans les poumons, où il subit cette opération merveilleuse par laquelle il enlève à l'air l'oxygène nécessaire à l'entretien de la vie. De là il revient au cœur par une veine destinée à ce retour ; il est alors chassé de nouveau jusqu'aux extré-

---

1 Qu'on se figure ce que c'est que ce mouvement chez une Baleine, par exemple, dont l'aorte ou tronc principal des artères a trente-trois centimètres de diamètre, et reçoit, à chaque contraction du cœur, de cinquante à soixante litres de sang, qui coule avec une incroyable vélocité.

2 Tout ce bel appareil de vaisseaux aériens et de vaisseaux sanguins demeure sans usage tant que l'enfant n'a pas vu le jour ; mais c'est une machine prête à jouer à l'instant nécessaire ; c'est une machine en magasin et qui doit être employée quand le moment en sera venu : cela prouve que l'ouvrier a prévu ce moment : or c'est là le propre de l'intelligence. Si l'on considère l'état de l'enfant dans le sein de sa mère, les poumons paraissent aussi déplacés que le serait un soufflet de forge au fond de l'eau ; ils sont également hors de tous rapports avec l'élément qui les entoure ; ils sont évidemment faits pour un autre élément et un autre état ; ils sont donc l'ouvrage d'un être qui raisonne et qui prévoit.

mités du corps. Le cœur remplit donc deux fonctions distinctes : il est tout à la fois le principe de la circulation pulmonaire et de la circulation générale.

Pour que ces deux systèmes de circulation pussent s'effectuer sans se nuire, il fallait quatre cavités dans le cœur. Deux de ces cavités, nommées ventricules, chassent le sang, l'une dans le poumon, l'autre par tout le corps. Les deux autres, appelées oreillettes, reçoivent le sang, l'une après que ce fluide a parcouru tout le corps, l'autre après qu'il a passé dans le poumon. Les oreillettes communiquent avec les ventricules : elles se contractent pour y faire passer le sang qu'elles ont reçu. Les ventricules se contractent à leur tour pour faire passer le sang dans les artères.

Nulle part la sagesse du Créateur ne brille avec plus d'évidence que dans la construction du cœur et le jeu de ses parties. Ce viscère exécute ses fonctions avec une précision et une sûreté qu'on ne se lasse pas d'admirer. Malgré la complication de l'organe et la délicatesse de la plupart des pièces qui le composent, cette étonnante machine peut conserver son mouvement pendant un siècle entier, à raison de cent mille battements par vingt-quatre heures, ayant à chaque contraction une grande résistance à vaincre, et sans se déranger ni se lasser jamais.

Comment se fait-il, demandez-vous, que, lorsque la contraction du ventricule a lieu, le sang ne rétrograde pas dans l'oreillette au lieu de cheminer dans l'artère ? Avant de vous répondre, je vous demanderai à mon tour : Que feriez-vous pour prévenir cet inconvénient ? A quel mécanisme auriez-vous recours ? Des soupapes vous paraîtraient nécessaires pour s'opposer à la régurgitation...

C'est précisément le moyen qu'a employé le Créateur;
il a placé, partout où elles étaient nécessaires, des soupapes qu'on nomme valvules, lesquelles s'abaissent pour
laisser passer le sang, puis se relèvent pour l'empêcher
de rétrograder. Les ventricules et les oreillettes sont sé-
parés par des soupapes semblables. Il y en a également
à la sortie des ventricules ou à l'entrée de l'artère pulmonaire et de l'aorte. Leur construction est admirable :
elles sont formées d'une membrane mince fixée d'un côté
et libre de l'autre; quand le sang passe dans un des ventricules, les valvules s'appliquent exactement contre les
parois du vaisseau : lorsque le sang tend à revenir dans
l'autre, la partie libre de la valvule se relève; d'autres valvules placées dans les parois opposées du vaisseau se relèvent en même temps; toutes sont bridées par des fils d'une
longueur déterminée, qui permettent à la valvule de s'ouvrir au juste point qui convient pour que toutes ensemble
ferment complétement le passage. La vie de l'animal dépend de cette précision rigoureuse. Qui oserait nier qu'il
y eût de l'invention dans un pareil mécanisme [1]?

La circulation du sang a pour objet principal la nutrition ou l'entretien et le renouvellement de toutes les
parties du corps. On ne peut percer la peau, en quelque
endroit que ce soit, sans faire couler du sang, ce qui peut
nous donner une idée de la multitude de vaisseaux ou
ramifications déliées dont notre peau est garnie. Dans
l'intérieur du corps, la diffusion des vaisseaux sanguins

---

[1] Il serait curieux d'entendre les partisans de la *transmutation des espèces*
expliquer la formation de ces valvules par l'influence progressive du jeu des
parties voisines. N'est-il pas évident que l'action continuelle que le sang
exerce pour les soulever tend à les détruire plutôt qu'à les former ? Or, comme
elles sont indispensables pour le mouvement de la circulation, elles ne peuvent
donc qu'être l'ouvrage d'un Créateur intelligent.

n'est pas moins grande. Ils tapissent les membranes comme un réseau, ils pénètrent dans la substance des muscles et dans les os eux-mêmes. Chacune de nos dents reçoit par une artère le sang dont elle a besoin pour se nourrir, et rejette par une veine la partie de sang qui ne lui est pas nécessaire [1].

Le mécanisme du larynx et de la trachée-artère est trop curieux pour que nous n'en fassions pas mention en terminant. Tout le monde sait que nous avons dans la gorge deux conduits qui viennent aboutir dans l'arrière-bouche : l'un sert de canal aux aliments, c'est l'œsophage ; l'autre est destiné au passage de l'air, pour la respiration et la voix, c'est la trachée-artère. Il s'agissait d'empêcher les aliments d'entrer dans le conduit qui mène à la poi-trine : voici comment il y a été pourvu. Le passage des aliments s'ouvre dans l'arrière bouche sous la forme d'un entonnoir. A l'entrée même du canal est une fente qui communique au larynx [2]. Cette fissure est recouverte d'un

---

[1] Nous voudrions pouvoir tracer ici au moins une esquisse des fonctions digestives ou d'assimilation, mystérieux phénomène sous l'influence duquel chaque petit germe, placé dans des circonstances favorables, se développe, comme pour occuper un moule invisible de maturité qui détermine et sa forme et ses proportions ; qui de l'un fait un Rosier, de l'autre un Chêne majestueux, d'un troisième un Aigle, d'un quatrième un Éléphant ; qui permet à l'Homme, ce modèle de force et de grâce, à la femme, qui rayonne d'une beauté douce et pure comme la lumière, de recruter, pour ainsi dire, chaque parcelle de leur existence dans les débris grossiers du règne végétal, dans les racines, dans les feuilles des plantes, et jusque dans les lambeaux de la chair animale. Quelle étrangeté que de pareilles sources alimentent l'œil humain de ce feu du génie qui semble l'embraser, qu'elles entretiennent la force et la vigueur de cette masse cérébrale, siége de la raison, qui, de la forteresse osseuse où elle est renfermée, embrasse le système entier de l'univers et dérobe à la nature ses secrets les plus cachés !

[2] Le larynx, cartilage placé à l'entrée de la trachée-artère, destiné à l'ou-vrir et à la fermer, est garni intérieurement d'un grand nombre de fibres élas-tiques qu'on a trouvées être parfaitement analogues aux cordes des instruments

cartilage mobile qu'on nomme épiglotte, et qui ferme
exactement l'ouverture lorsque les aliments passent par-
dessus pour descendre dans l'œsophage. Le poids des
aliments et l'action des muscles qui opèrent la déglutition
concourent à maintenir l'épiglotte appliquée sur l'orifice,
tant que les aliments passent. A l'instant où ils cessent
de passer, le ressort de ce petit cartilage le fait relever un
peu, afin que l'air ait un libre accès dans le poumon.
Lorsqu'on réfléchit à la fréquence de la déglutition et à
la continuité de la respiration, on a lieu de s'étonner que
ces deux fonctions se nuisent si rarement. Ce que nous
avons observé au sujet des valvules, nous le ferons remarquer de nouveau ici à propos de l'épiglotte : on ne
peut admettre que l'action des parties voisines ait pu
former graduellement ce petit organe, car l'espèce ne
pouvait pas attendre la formation d'un instrument dont
la perfection est indispensable à la vie du premier individu.

On ne réfléchit point assez à l'art merveilleux avec
lequel toutes les parties du corps humain sont placées,
serrées, contenues sous le moindre volume possible, et
pourtant avec une sûreté parfaite. Voyez combien de différentes choses, toutes importantes, compliquées et délicates, se trouvent enfermées dans le tronc de l'Homme.

---

de musique. L'air, chassé par les poumons, est l'archet qui met ces cordes en
jeu. Le degré de vitesse dont il les frappe, détermine le ton. La glotte, cette
partie du larynx qui livre passage à l'air, est construite avec un tel art, que
son ouverture augmente ou diminue précisément dans la proportion du ton
qu'il s'agit de former. On démontre que le diamètre de cette ouverture peut se
diviser ainsi en douze cents parties, qui font douze cents tons ou nuances de
tons. L'air que les poumons poussent vers la glotte y acquiert plus ou moins
de mouvement, suivant qu'il en trouve les lèvres plus ou moins rapprochées.
Dans le premier cas, les tons sont plus ou moins aigus; dans le second, ils
sont plus ou moins graves.

Réfléchissez au danger du moindre dérangement dans les
fonctions vitales, par l'effet des compressions, des bles-
sures, des obstructions des viscères ou des vaisseaux ainsi
serrés en masse les uns contre les autres. Considérez cette
pompe placée dans la poitrine et qui donne quatre-vingts
coups de piston par minute; ces deux appareils de vaisseaux, veines et artères, qui portent le sang dans toutes
les parties du corps et le rapportent à sa source; le poumon
qui distend et contracte sans cesse des milliers de vaisseaux des deux espèces, pour agir mystérieusement sur
la nature intime du sang; le laboratoire de l'estomac dis-
solvant et modifiant les substances; les intestins chassant
peu à peu la pulpe en digestion et aspirant sa partie essentielle et nutritive pour réparer le sang; le foie, les reins,
le pancréas, et une multitude d'autres glandes, séparant
du sang certains sucs nécessaires : toutes ces opérations
et un grand nombre d'autres, dont les détails nous échappent par leur subtilité, cheminent ensemble. Quand on
songe à cette complication, et qu'on voit cependant le
tronc, qui contient tant d'organes délicats, heurté, froissé,
plié, secoué de la manière la plus violente, sans qu'il en
résulte aucun dérangement, ni déplacement dans les viscères, ni suspension dans l'activité de chaque organe de
la nutrition et de la vie, on reste confondu. Avec quel art
tant de parties diverses ne sont-elles pas assujetties, main-
tenues en sûreté et comme emballées en un petit volume
dans le corps humain ! C'est ce qui fait dire à saint Augustin qu'il y a dans ces parties internes une proportion,
un ordre et une industrie qui charment encore plus l'esprit attentif, que la beauté extérieure ne saurait plaire
aux yeux du corps. Ce dedans de l'Homme, qui est tout
ensemble si hideux et si admirable, est précisément

comme il doit être pour montrer une boue travaillée de main divine. On y voit tout ensemble et la fragilité de la créature et l'art du Créateur.

§ VI

De la main de l'Homme.

Pourquoy l'homme seul entre tous les animaux possède-t-il un instrument plus noble que tous les autres, sçavoir la main ?
Parce qu'il a en son âme un art plus excellent que tous les autres, sçavoir la raison. GALIEN.

Quand nous apercevons la conformité de certains objets et de certaines opérations naturelles avec un but qui nous frappe, nous en concluons qu'il y a eu intention dans l'ouvrier qui a produit ces objets et dans celui qui a dirigé ces opérations, parce que l'expérience nous enseigne que, si nous nous proposions à nous-mêmes d'accomplir un pareil dessein, nous le ferions par l'application des mêmes moyens. Si quelques-uns de nos ouvrages venaient à tomber entre les mains d'une personne qui ignorât que nous les eussions faits, nous savons très-bien qu'elle aurait raison de conclure, après les avoir examinés, que nous les aurions faits, et de conjecturer pourquoi nous les aurions faits. Le même mode de raisonnement qui nous mène, à l'aide de l'expérience, du connu à l'inconnu, est évidemment la base de la conclusion que nous tirons, que les membres de notre corps ont été façonnés d'une manière propre à certains usages, par un artisan au fait de leurs opérations et dont la volonté était que leur but fût rempli.

Notre corps, avec les membres et les organes dont le

II

Créateur l'a muni, est non-seulement un édifice d'une beauté admirable, mais aussi une machine excellente que chaque matin la bonté divine met à notre disposition. A un simple désir de notre esprit, cette machine est prête à opérer tous les mouvements que nous souhaitons, à nous procurer la vue de mille objets, à aller et revenir, avancer et s'arrêter, pousser et attirer, saisir et écarter, repousser et retenir, ranger et déplacer, recueillir et disperser, construire et détruire, en un mot, à fonctionner de toutes les manières. Les leviers, les ressorts, les canaux, les graisses, les liquides, les gaz, employés au mécanisme, sont proprement cachés dans l'intérieur : rien de choquant pour la vue ne paraît au dehors : vous ne voyez que symétrie, élégance, grâce, majesté. La machine se tient debout, s'assied, marche noblement. De chaque côté se balance avec souplesse et dignité les bras, tout prêts à vous servir. La tête, haute et mobile, tient les sens en observation pour nous instruire de ce qui se passe autour de nous : elle voit, entend, odore, goûte : elle reçoit et nous communique mille sortes d'impressions agréables.

A droite et à gauche du trône sont attachés les bras, instruments universels, dont les opérations s'étendent aussi loin que les productions de la nature : sans eux il nous serait impossible de pourvoir à nos besoins et de nous procurer la plupart des jouissances que nous offre la Providence. Les bras nous servent à écarter ce qui nous gêne, à embrasser ou à tirer de grands objets, à en porter de petits, à lever et à baisser, à retenir et à jeter au loin. La faculté que nous avons de plier les bras et de les mouvoir en tous sens augmente beaucoup l'utilité de ces membres. Mais c'est surtout comme manche de la main,

instrument admirable, que le bras nous rend d'innombrables services.

« Qu'est-ce que la nature a donné à l'homme, dit
Galien, pour le récompenser de ce qu'il a le corps despourveu d'armes, et de ce qu'il est nud et son âme des-
tituée d'arts?

« En récompense de ce qu'il est nud et désarmé, il
a la main : et au lieu que son âme n'a aucun art, il a la
raison : et estant garny de ces deux, il arme son corps,
le couvrant et conservant en toutes façons, et enrichit
son âme de tous arts et sciences.

« Pourquoy l'Homme n'a-t-il pas eu quelques armes
naturelles?

« Parce que, s'il en avoit, il auroit toujours celles-là
seules.

« Pourquoy l'Homme naturellement ne sait-il point
quelque art?

« Parce que, s'il en savoit quelqu'un, il n'apprendroit
jamais les autres.   .

« Pourquoy la nature ne luy a-t-elle donné ny l'un ny
l'autre?

« Parce qu'il luy étoit beaucoup meilleur de s'ayder de
toutes armes et de tous arts. C'est pourquoi Aristote dit
de bonne grâce : *La main estre un instrument qui surpasse tous les instruments.* Et semblablement quelqu'un
de nous, à l'imitation d'Aristote, pourroit dire : La raison
est un art qui surpasse tous les arts. Car ainsi que la
main est un instrument plus noble que tous les instruments, parce qu'elle les peut tous dextrement manier et
mettre en besogne, combien qu'elle ne soit aucun des
instruments particuliers : ainsi la raison, n'estant aucun
art particulier, les comprend naturellement tous, et pour

ceste cause c'est un art qui est au-dessus de tous les autres. »

Et dans un autre endroit :

« Qu'est-ce que la nature a donné à l'Homme pour toutes armes défensives?

« L'Homme, animal sage et seul divin entre tous ceux qui sont en terre, pour toutes armes défensives il a les mains, qui luy sont instruments nécessaires à tous arts, et non moins convenables en guerre qu'en paix.

« Pourquoy l'Homme n'a-t-il pas eu besoin d'une corne naturelle pour armes défensives?

« Parce qu'il peut, toutes fois qu'il luy plaira, prendre avec les mains des armes qui sont meilleures que les cornes; car une picque, une espée, sont armes plus avantageuses, qui coupent et percent plus aisément que les cornes.

« Pourquoy l'Homme n'a-t-il pas eu aussi besoin d'ongles comme le Cheval?

« Parce qu'un caillou ou un levier assènent et froissent mieux qu'un tel ongle. De plus, on ne se peut ayder de la corne ou de l'ongle que de près; mais les Hommes se servent de leurs armes de près et de loin, comme d'un trait et d'une flèche, plus commodément que d'une corne; d'un caillou et d'un levier, que d'un ongle.

« Mais le Lion est plus viste et léger que l'Homme : que s'ensuit-il pour cela?

« L'Homme, avec la main et la sagesse, a dompté le Cheval, animal plus viste que le Lion : maniant le Cheval il chasse et poursuit le Lion; en reculant et fuyant, il se sauve devant luy, estant assis sur son dos comme en un lieu haut et relevé; il choisit et frappe le Lion, qui par ce moyen est plus bas et au-dessous de luy.

« Quelles autres commodités à l'Homme par le moyen de sa raison et de ses mains?

« Il n'est ny nud, ny sans armes, ny aisé à blesser, ny nuds pieds, quoiqu'il naisse despourveu de tout, parce que, quand il veut, il a un corselet de fer, armure plus difficile à percer et fausser que tout cuir : il a plusieurs sortes de chaussures, de souliers, et de moyens pour se couvrir et se garantir. Il ne se couvre pas seulement d'un corselet, mais d'une maison, d'une muraille, d'une tour et d'un bastion. Ou s'il avait une corne en la main, ou quelque semblable armure défensive, il ne pourrait s'ayder des mains pour édifier un logis, ou un mur, pour faire une picque, un corselet, ou une autre chose semblable. Avec ses mains il ourdit, coust un habillement; il lace et tire un rez, une nasse, un filet à pescher, une tente où voile, et pour ce il domine non-seulement sur les animaux qui sont en terre, mais aussi sur ceux qui sont en l'air et en la mer. Les mains sont en cette sorte armez pour sa force : toutefois, estant paisible et civil, avec les mains il a escrit les loix, il a dressé aux dieux des autels et des images, un navire, une flûte, une lyre, une lancette, des tenailles, et généralement il a forgé tous les instruments des arts; de ses mains il a dirigé par escrit les mémoires de leur spéculation, tellement que, par le bénéfice des mains et des lettres, nous pouvons encore maintenant parler et discourir avec Platon, Aristote et autres anciens auteurs [1]. »

---

[1] GALIEN, *De l'Uusage des parties du corps humain.* — Ce célèbre médecin, né à Pergame (Asie Mineure), en l'an 131, avait laissé cinq cents rouleaux de manuscrits ou la matière d'environ quatre-vingts de nos volumes in-8°, qui furent déposés dans le temple de la Paix à Rome, où ils furent consumés par un incendie sous le règne de l'empereur Commode.

La main, en effet, composée principalement de petits os, de muscles et de nerfs, façonnés, arrangés, unis, combinés avec une sagacité merveilleuse, mérite excellemment d'être considérée. Voyez cette paume ferme, solide et mobile, sur laquelle se courbent à votre gré, d'un côté quatre doigts, forts et souples, de l'autre un cinquième, placé de manière à retenir tout objet saisi par ceux-là. Remarquez la structure de ces doigts, qu'il vous est si facile de plier, d'écarter, de tourner en tous sens, de tenir en des positions semblables ou diverses, de mouvoir régulièrement ou suivant les occasions, de roidir ou d'assouplir. Soyez attentif ; puis dites si la main n'est pas un chef-d'œuvre organique, manifestement destiné à des opérations de tout genre, à des travaux de toute nature, à des actes tant forts que faibles, tant délicats que communs, tant compliqués que simples.

Au reste, regardez la terre ornée des œuvres de l'Homme : monuments d'architecture, machines puissantes, merveilles de sculpture et de peinture, productions diverses des arts et de l'industrie, c'est la main de l'Homme, c'est ce petit et frêle instrument qui a tout fait.

Les bras et les mains sont l'instrument et l'insigne de la puissance de l'Homme ; placé ici-bas pour commander au monde, il impose sa volonté par la main, comme avec un sceptre. Tout ce que l'intelligence et la volonté tendent à réaliser sur la terre passe par la main, et s'accomplit par ses mouvements.

La main humaine offre un mécanisme tellement admirable, elle est un instrument de tact si remarquable à tous égards, qu'il fut un temps où l'on attribua la raison supérieure de l'Homme à ce qu'il possédait un tel ser-

viteur, et, on peut aussi le dire, un tel Mentor. Sans
doute, si des sabots eussent remplacé ses doigts, l'Homme
ne se fût jamais beaucoup élevé au-dessus de la brute, et,
au lieu de multiplier sa race comme le sable des mers, il
aurait probablement disparu de la surface de la terre, ou
se fût confiné dans les grottes de quelques rochers inaccessibles, disputant aux Quadrumanes les baies amères
des forêts; mais c'est un véritable paradoxe de prétendre
que l'Homme doive sa prééminence sur tous les êtres à sa
main, et qu'elle soit la cause de son intelligence; la main
n'est qu'un instrument subordonné, que dirige et met en
action un organe supérieur, celui de l'intelligence elle-
même. Le Singe est aussi habile que l'Homme à saisir les
plus petits objets, à enlever aux fruits leurs tuniques
les plus fines, à chercher les Insectes cachés au milieu
de ses poils les plus fourrés : le voit-on pour cela se bâtir
des villes, et établir, à l'aide du compas et de la lime, les
montres marines de Breguet? L'idiot, le crétin, immobiles sur leurs tristes escabelles, ont-ils trouvé dans leurs
mains cet instrument conducteur du pinceau le plus
délicat, et capable de faire vibrer avec harmonie les
cordes des instruments de musique? Inutile fardeau,
elles pendent à leurs côtés comme si elles ne leur appar-
tenaient pas; ils reçoivent la nourriture d'une main
étrangère, et sans ce secours étranger ils périraient de
faim..., peut-être sans se plaindre.

Que manque-t-il donc au Singe? que manque-t-il à
l'être dégradé qui a perdu rang parmi les êtres humains?
Cette particule du souffle divin, créateur, intelligent,
prévoyant, qui fait l'essence de l'humanité, et qui semble
ne pouvoir habiter que dans un organe cérébral, sain
dans toutes les parties qui le composent, et capable alors

de diriger cette main elle-même, faible instrument, qui
ne pourrait ni creuser la terre, ni déchirer la chair des
animaux, ni façonner les métaux, si l'intelligence, développée par l'imitation et la succession des temps, ne lui
avait fabriqué mille mains surajoutées, depuis le soc de
la charrue, qui s'enfonce pesamment en terre, la retourne, la féconde, tandis que la main du laboureur n'a
qu'à conduire le mancheron, jusqu'à la pointe d'acier,
qui taille, incise avec tant d'art et de précision de riches
camées; depuis ces machines à vapeur qui agitent les
mille et mille bobines qui dévident et tordent en fré-
missant la soie et le coton, véritable Briarée aux mille
bras que l'intelligence humaine a su créer, jusqu'au
simple marteau, jusqu'à la lime, jusqu'à la vrille, admirable instrument, qui, de nos jours démesurément
agrandie, creuse les flancs des montagnes, le fond des
vallées, et en fait jaillir des fontaines d'eau vive. Que
de mains tranchantes, perforantes, contondantes, la
main désarmée de l'Homme n'a-t-elle pas conquises à
son aide par cette force d'industrie qui centuple ses
efforts !

On a dit avec raison que la seule action de porter la
main au visage suffirait pour démontrer l'existence de
Dieu. Réfléchissez, en effet, aux principales conditions
nécessaires pour ce simple mouvement. Il a fallu pourvoir
à des cylindres inflexibles qui pussent s'articuler ensemble et qui donnassent au bras sa solidité. Il a fallu
placer une articulation à l'épaule pour soulever le bras,
et une autre au coude pour le plier. Il a fallu nourrir le
liant de ces articulations par un mucilage qui les abreuve,
et en assurer la solidité par des ligaments suffisamment
forts. Il a fallu implanter des tendons dans les os, aux

endroits convenables, pour produire les mouvements
que permettent les articulations, et faire de ces tendons
le prolongement que l'on nomme muscles, et qui ont la
propriété de se raccourcir en se contractant. Voilà, en
gros, le mécanisme du bras, et il y en a assez de cette
connaissance sans doute pour conclure à l'existence d'un
Créateur; mais ce n'est pourtant encore là qu'une pièce
de mécanique dépourvue de vie et d'action. Il a fallu
mettre cette pièce de mécanique en correspondance avec
le cerveau, pour que la volonté de l'individu pût agir sur
elle. Cette correspondance existe par les nerfs : nous en
avons la certitude, parce que nous voyons ces fils de
communication, et que nous savons que la section de ces
fils paralyse les membres où ils aboutissent; mais par
delà ce fait, nous savons bien peu de choses sur l'organisation des nerfs : elle est trop subtile pour nos moyens
d'observation.

A tout ce que nous venons d'indiquer comme indispensable pour qu'un Homme puisse porter la main à son
visage, il faut ajouter tout ce qui est nécessaire à l'entretien et à la réparation des forces du bras, et par conséquent du corps entier : il faut que le sang circule, que
les sécrétions et les excrétions se fassent, que l'équilibre
soit maintenu dans le système des diverses humeurs du
corps, comme dans le système nerveux; en un mot, il
faut que le miracle de la vie se soutienne, pendant que
le mouvement dépendant de la volonté s'exécute.

§ VII

De l'œil; merveilles de la vision.

Quoi ! Celui qui forma l'oreille n'entendrait
et Celui qui fit les yeux ne verrait point!
Ps. XCIII, 9.

Voici la merveille des merveilles de l'organisation. La vue est de tous les sens celui qui fournit à l'âme le plus grand nombre d'idées; les sciences et les arts lui doivent surtout leur origine et leurs progrès. Ce sens fait les délices du sage, dont il augmente les connaissances, et celles de l'Homme sensible, qu'il rend heureux, en lui faisant lire son bonheur dans les yeux de ceux dont il procure la félicité. Ce sens nous met en communication avec les objets que leur petitesse, leur éloignement ou leur grandeur, semblent placer hors de notre portée; il conduit l'âme jusqu'aux limites de la création, et il paraît la lancer jusqu'à l'infini avec le secours des instruments qu'il peut se donner. La structure de l'organe qui rend de si importants services à l'Homme, la nature du fluide qui l'impressionne, le mécanisme de la vision, offrent à notre contemplation les phénomènes les plus merveilleux et les plus étonnants. Nulle part la nature ne s'est montrée plus prévoyante et plus admirable : rien ne démontre autant la toute-puissance de son Auteur.

Prêt à décrire la structure de cet incomparable organe, un naturaliste célèbre s'arrête tout à coup; son âme sensible s'émeut à la pensée qu'il existe des infortunés privés, dès la naissance, de l'usage de ce sens, source féconde des plus riches trésors de l'imagination ; il s'attendrit sur leur sort et déplore en ces mots leur malheur :

« Aveugles infortunés, hélas ! le plus beau jour ne diffère point pour vous de la nuit la plus sombre ; la lumière ne porta jamais la joie dans vos cœurs. Vous ne la voyez point se jouer dans le brillant émail d'un parterre, dans le plumage varié d'un oiseau ou dans un arc-en-ciel majestueux. Vous ne contemplez point du haut des montagnes les coteaux couronnés de pampres verdoyants, les champs vêtus de moissons dorées, les prairies couvertes d'une riante verdure, arrosées de rivières qui fuient en serpentant, et les habitations des hommes dispersées çà et là dans ce grand tableau. Vous ne promenez point vos regards sur l'immense Océan ; vous n'admirez point les flots entassés qui s'élèvent jusqu'aux nues et qui viennent expirer vers la ligne que le doigt de Dieu leur a tracée sur le sable. Vous ne goûtez point la délicieuse satisfaction de découvrir chaque jour, dans les ouvrages du Créateur, de nouveaux sujets d'exalter sa puissance et sa sagesse. L'optique ne prodigue point pour vous ses miracles ; le spectacle intéressant des machines organisées vous est inconnu. Les légions innombrables de l'armée des cieux ne s'offrent point à votre imagination étonnée ; vous ne compassez point leur marche dans des orbes tracés par vos mains. Les plus belles productions de la mécanique et des arts ne percent point, sans s'altérer, l'épaisse obscurité qui vous environne. Enfin vous ne pouvez jouir de la contemplation de l'Homme, et considérer en lui ce que la

nature a de plus grand ou ce que vous avez de plus
cher [1] ! »

[1] CHARLES BONNET. — A propos de l'organe dans lequel viennent se peindre,
au moyen du fluide lumineux, toutes les splendeurs de la création, nous
croyons qu'on nous saura gré de rappeler ici la fameuse invocation de Milton
à la lumière, dans laquelle ce poëte sublime a déployé toute la magnificence
de son imagination ; il la fait suivre de plaintes touchantes sur sa cécité ; il
exprime ses regrets de la manière la plus attendrissante.

> Salut, clarté du jour, éternelle lumière,
> Du ciel la fille aînée et la beauté première,
> Peut-être du Très-Haut rayon coéternel
> (Si te nommer ainsi n'outrage point le ciel)!
> Que dis-je! Dieu t'unit à sa divine essence :
> Dieu même est la lumière, et sa toute-puissance,
> Comme d'un pavillon, s'environne de toi.
> Éclatant tabernacle où réside ton roi,
> Brillant écoulement de sa gloire immortelle,
> Comme elle inaltérable, et féconde comme elle ;
> Ruisseau pur et sacré, qui, coulant à jamais,
> En dérobant ta source, épanche tes bienfaits,
> Salut! Avant qu'un mot eût enfanté le monde,
> Eût arraché la terre aux abîmes de l'onde,
> Eût assis le soleil sur le trône des airs,
> Et sur le vide immense eût conquis l'univers,
> Tu brillais de ses feux ; l'insensible matière
> En recevant la vie a senti la lumière ;
> Et comme un voile pur du ciel resplendissant,
> Tu jetas la clarté sur ce monde naissant.
>
> . . . .
>
> Enfin je viens à toi de la nuit du Tartare ;
> Je viens revoir le ciel, revoir ce monde heureux,
> Brillant de tes rayons, échauffé de tes feux ;
> Je sens déjà ta flamme, aliment de la vie :
> Mais, hélas! à mes yeux ta lumière est ravie.
> En vain leur globe éteint, et roulant dans la nuit,
> Cherche aux voûtes des cieux la clarté qui me fuit ;
> Tu ne visites plus ma débile prunelle.
>
> . . . .
>
> Les ans, les mois, les jours, par une sage loi,
> Tout revient ; mais le jour ne revient pas pour moi :
> Mes yeux cherchent en vain les fleurs fraîches écloses.
> Mes printemps sont sans grâce, et mes étés sans roses.
> J'ai perdu des ruisseaux le cristal argentin,
> La pourpre du couchant, les rayons du matin,
> Et les jeux des troupeaux, et ce noble visage
> Où le Dieu qui fit l'Homme a gravé son image.
> J'ai gardé ses malheurs, et perdu ses plaisirs !
> Où sont les doux tableaux si chers à mes loisirs?
> Non, rien de cette scène, en beauté si féconde,
> Ne se peint dans ces yeux où se peignait le monde.

L'œil est une sphère creuse, remplie d'humeurs plus ou moins fluides, ayant pour enveloppe extérieure une membrane blanche, fibreuse, solide et résistante, appelée *sclérotique* (SS'). Ce globe est percé de deux ouvertures ; l'une, postérieure, est destinée à l'entrée des nerfs optiques ; l'antérieure, beaucoup plus grande, est fermée par une membrane

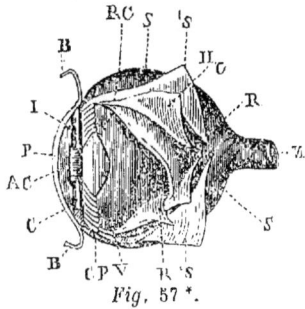
Fig. 57 *.

transparente, semblable à une lame de corne, qu'on nomme pour cette raison la *cornée* (C). Celle-ci occupe le devant de l'œil ; sa surface est plus bombée que celle de la sclérotique, dans les bords de laquelle elle est enchâssée comme un verre de montre l'est dans le cercle métallique qui le soutient. Derrière la cornée, à une petite distance, se trouve, dans l'intérieur de l'œil, une cloison membraneuse, l'*iris* (I), placée transversalement et fixée au bord

> Vainemént se colore et le fruit et la fleur ;
> Pour moi dans l'univers il n'est qu'une couleur.
> Ma vue, à la clarté refusant le passage,
> Des objets effacés ne reçoit plus l'image :
> Tout est vague, confus, couvert d'un voile épais,
> Et pour moi le grand livre est fermé pour jamais.
> Adieu des arts brillants la pompe enchanteresse,
> Les trésors du savoir, les fruits de la sagesse ;
> La nuit engloutit tout.
>
> *Paradis perdu*, liv. III, trad. de DELILLE.

* ŒIl humain. — Cette figure représente l'intérieur de l'œil. — s Sclérotique. — s' Portion de la sclérotique renversée en dehors pour montrer les membranes situées dessous. — nc Choroïde. — n Rétine. — c Cornée transparente. — AC Chambre antérieure de l'œil placée entre la cornée et l'iris, et remplie par l'humeur aqueuse. — i Iris. — p Pupille. — cp Procès ciliaires. — nc Cristallin placé derrière la pupille. — v Humeur vitrée. — bb Portion de la conjonctive, qui, après avoir recouvert la partie antérieure de l'œil, s'en détache pour tapisser les paupières. — N Nerf optique.

antérieur de la sclérotique, tout autour de la cornée. L'iris, colorée diversement suivant les individus, est percée à son centre d'une ouverture, dilatable et circulaire, nommé *pupille* (P). L'iris présente dans son tissu des fibres musculaires qui se dirigent, en rayonnant, du bord de la pupille vers la sclérotique, et d'autres fibres de même nature qui sont circulaires, et qui entourent cette ouverture comme un anneau. Il résulte de cette disposition que la pupille peut s'agrandir ou se rapetisser, selon que l'exige l'exercice de la vision.

L'espace compris entre la cornée et l'iris forme la *chambre antérieure* (AC), remplie d'une liqueur parfaitement limpide et incolore, analogue à de l'eau (*humeur aqueuse*), que l'on croit sécrétée par une membrane située derrière l'iris et présentant un grand nombre de plis rayonnants (*procès ciliaire*, CP).

Derrière la pupille se trouve une lentille transparente, nommée *cristallin* (RC). Elle est logée dans une poche membraneuse et diaphane qu'on appelle la *capsule du cristallin*. Le cristallin paraît être le produit d'une sécrétion opérée par cette capsule; car lorsque, sans détruire celle-ci, on parvient à retirer le cristallin de l'œil de l'animal vivant, on voit bientôt un nouveau cristallin remplacer l'ancien.

L'espace qui sépare l'iris du cristallin est nommé *chambre postérieure;* elle communique avec l'antérieure par l'ouverture de la pupille, et est remplie du même liquide qu'elle. Derrière le cristallin se trouve une masse gélatineuse et diaphane, très-volumineuse, qui ressemble à du blanc d'œuf, enveloppée par une membrane d'une ténuité extrême (*hyaloïde*), dont un grand nombre de lamelles se portent en dedans, de façon à former des cloisons ou cellules : l'humeur renfermée dans cette membrane se nomme *humeur vitrée*. Ce corps occupe les trois quarts postérieurs de la cavité du globe de l'œil. Derrière le vitré, on trouve la *rétine* (R), membrane molle et blanchâtre qui n'est séparée de la sclérotique que par une autre membrane, également mince, appelée *choroïde* (HC). Cette dernière est formée par un lacis de vaisseaux sanguins, et imprégnée d'une matière noire qui donne au fond de l'œil la couleur foncée qu'on voit à travers la pupille.

Suivons maintenant la marche d'un rayon de lumière, réfléchi par un objet, à travers les parties que nous venons de décrire. Ce rayon, arrivé sous forme de cône et obliquement sur la cornée transparente, la traverse, et, comme elle est plus dense que l'air ambiant, il subit une première réfraction qui le rapproche de la perpendiculaire à son point d'immergence, et qui brise sa direction. De là il passe dans l'humeur aqueuse, moins dense que la cornée, et ainsi moins réfringente ; et alors il s'éloigne un peu de la perpendiculaire en marchant vers le cristallin. Il arrive à la surface du cristallin après avoir passé par l'ouverture de la pupille. Là il rencontre un milieu toujours plus dense à mesure qu'il avance vers la partie centrale, et par conséquent il se rapproche de la perpendiculaire à la surface antérieure du cristallin, qui est convexe, laquelle perpendiculaire est le rayon de la sphère dont la convexité du cristallin est le segment. Passant ensuite dans l'humeur vitrée moins dense que le cristallin, il s'éloigne de la perpendiculaire, laquelle, dans ce cas, est le rayon même de la sphère, dont la surface concave de cette humeur est le segment. S'écartant de la perpendiculaire, les deux côtés du cône convergent de plus en plus dans leur trajet à travers l'humeur vitrée, et, se rencontrant enfin sur un point de la rétine, ils y déposent un point lumineux, correspondant au point de l'objet éclairé dont ils sont partis. Or tous les points de la surface de l'objet envoyant à la rétine, par un rayonnement semblable, leur représentant sur un point de ce miroir, il s'y forme une image de l'objet dont ses rayons proviennent[1].

Les différents milieux réfringents qui sont dans l'œil sont admirablement combinés pour la fin de cet organe, la vision nette et distincte. Au premier abord l'appareil paraît très-compliqué ; il semble qu'on aurait pu obtenir le même résultat plus simplement, avec le seul cristallin, par exemple. On peut s'étonner aussi que la cornée, l'humeur aqueuse, les diverses parties du cristallin et le corps vitré aient une densité diverse et une autre puissance de réfringence. Eh bien ! c'est justement cet arrangement des parties différentes, se compensant l'une l'autre, qui donne à l'image sa pureté, sa netteté, et il a fallu à l'art bien des efforts et beaucoup de temps pour obtenir le même résultat en reconnaissant et en suivant les indications de la nature. S'il n'y avait dans l'œil qu'un seul milieu réfringent, le cristallin, et s'il était homogène

---

[1] Par des recherches récentes faites sur l'optique, on a acquis la conviction que chaque point d'un milieu qui traverse un rayon de lumière, est affecté d'une suite de mouvements périodiques qui reviennent régulièrement par intervalles égaux, au moins 500 millions de millions de fois dans une seule seconde, et c'est par des mouvements de cette espèce, communiqués aux nerfs optiques, que nous voyons ! Il y a plus, c'est de la différence qui existe dans la fréquence de leur retour que résulte la diversité des couleurs. Dans la sensation que nous cause le rouge, par exemple, nos yeux sont affectés 482 millions de millions de fois ; dans celle du jaune, 542 ; dans celle du violet, 707 millions de millions de fois par seconde. On ne sait lequel on doit admirer le plus ici, du phénomène ou du génie de l'Homme qui l'a calculé. — Voyez YOUNG, *Leçons de philosophie naturelle.*

dans toute son épaisseur, comme nos plus pures lentilles, il y remplirait la fonction d'un prisme : par conséquent il en produirait l'effet, c'est-à-dire qu'il décomposerait la lumière, et alors nous verrions tous les objets avec les couleurs de l'arc-en-ciel. C'est ce qui arrivait autrefois avec toutes les lunettes et les loupes; elles iridaient les corps, ce qui gênait singulièrement l'observation. Euler eut l'heureuse pensée, si simple en apparence, de les construire sur le modèle de l'œil, en y faisant entrer plusieurs corps transparents de densité inégale et de capacité réfringente diverse. Il appliqua l'un sur l'autre du *flint-glass,* ou du verre dans lequel il entre de l'oxyde de plomb, du cristal, et du *crown-glass,* ou du verre à vitre bien pur, et, par la compensation de leur densité et de leur réfringence, la lumière ne fut plus décomposée, et la coloration iridée disparut. De là les lunettes dites *achromatiques* ou sans couleurs. De tels faits étudiés en détail et dans leurs applications augmentent encore l'admiration qu'excite la création dans son ensemble. Quelle sagesse, quelle science a présidé à cette organisation, où tout est calculé, combiné pour produire l'effet voulu, tantôt par les moyens les plus simples, tantôt par ceux qui nous paraissent les plus compliqués et dont la nécessité se démontre tôt ou tard !

Le profond génie que nous nommions tout à l'heure, le grand Euler, l'égal de Newton en mathématiques et aussi religieux que lui, fait au sujet de l'œil des réflexions que nous transcrirons ici d'autant plus volontiers qu'elles prouvent mieux qu'on est plus religieux à proportion qu'on est plus philosophe : « L'œil, dit-il, que le Créateur a fait, n'a aucune des imperfections de nos instruments d'optique. En le comparant avec nos instruments,

11   23

on comprend la véritable raison pourquoi la sagesse divine a employé différentes matières transparentes à la formation de l'œil humain; c'est pour l'affranchir de toutes les imperfections qui caractérisent les ouvrages des Hommes. Quel beau sujet d'admiration, et que le Psalmiste a bien raison de nous conduire à cette importante demande : *Celui qui a fait l'œil ne verrait il point?* L'œil humain est un chef-d'œuvre qui surpasse toutes nos conceptions. Et quelle sublime idée ne devons-nous pas nous former de Celui qui a pourvu non-seulement les Hommes, mais aussi les animaux et même les plus vils insectes, de ce merveilleux présent, et cela au plus haut degré de perfection! L'œil de l'Homme surpasse infiniment toutes les machines que l'adresse humaine est capable de produire. »

§ VIII

La structure de l'œil prouve une invention et un dessein.

Certes, je ne puis assez dignement glorifier, et comme elles le méritent, la sagesse et la puissance du Créateur ; car ses œuvres excèdent non-seulement toutes louanges humaines, mais aussi tous les hymnes et cantiques.
GALIEN.

On trouve dans les ouvrages de la nature la même évidence d'un dessein que dans les ouvrages de l'industrie humaine, avec cette différence toutefois que les œuvres de la nature sont plus variées et plus admirables, dans une proportion qui excède tout calcul. Mais si l'invention et l'exécution dans les ouvrages de la nature surpassent infiniment tous les produits de l'art, il y a un très-grand nombre de cas où le dessein et l'application des moyens au but ne sont pas moins évidents que dans les machines qui sortent de la main des Hommes. On ne peut douter, par exemple, que l'œil n'ait été fait pour voir, comme la lunette d'approche pour venir au secours de l'œil. Tous deux ont été faits sur les mêmes principes et conformément aux lois qui règlent la transmission et la réfraction de la lumière. Ainsi, les lois de la réfraction demandent que, pour produire le même effet, les rayons de lumière qui passent de l'eau à l'intérieur de l'œil soient réfractés par une surface plus convexe que cela ne serait nécessaire s'ils passaient de l'air dans l'œil. C'est pour cette raison que le cristallin est beaucoup plus sphérique dans l'œil d'un poisson que dans celui d'un animal terrestre. Peut-il y avoir une preuve plus évidente d'un dessein que cette différence de construction? Comment un mathématicien ou un faiseur d'instruments d'optique pourrait-il mieux démontrer la connaissance des lois relatives à la vision, que par une telle application des moyens au but?

Pour que la vision s'opère, il faut que l'image d'un objet se forme dans le fond de l'œil; telle est la condition nécessaire de la vision parfaite, ainsi que l'observation et l'expérience le démontrent. Tout ce qui peut rendre l'image moins distincte affecte également la vision. Eh bien! l'appareil de l'œil qui détermine la formation de cette image est arrangé exactement sur le même principe que l'appareil du télescope ou de la chambre obscure. Les instruments sont parfaitement analogues entre eux; le but est commun; les moyens sont semblables, et l'invention est précisément la même. Les lentilles de la lunette d'approche, les humeurs de l'œil se ressemblent parfaitement dans la forme générale,

dans la position, et dans la faculté de réfracter les rayons
de lumière de façon à les rassembler en un seul point, à
la distance requise du cristallin et de la lentille. Or, dans
l'œil, cette distance se trouve exactement calculée, afin
que l'image se trace nettement sur la membrane étendue
pour la recevoir. Comment serait-il possible, dans deux
cas si parfaitement semblables, d'exclure l'invention pour
l'un des deux, et de reconnaître que, pour l'autre, rien
au monde ne peut être plus évident que l'invention?

Nous avons vu que les lunettes d'approche étaient imparfaites tant que les lentilles séparaient les couleurs dans
le passage des rayons de lumière et teignaient les objets,
surtout dans les bords, des couleurs de l'arc-en-ciel. Depuis longtemps on désirait trouver le moyen d'obvier à
cet inconvénient, lorsque enfin Euler imagina d'analyser,
avec plus de soin qu'on ne l'avait fait jusqu'alors, la
disposition des diverses humeurs du globe de l'œil; car
il y avait eu dans la fabrication de l'œil le même genre
de difficulté à vaincre. Il découvrit que cet inconvénient
avait été prévenu par la combinaison de diverses lentilles
appliquées les unes aux autres, et composées de substances dont le pouvoir réfracteur était différent. Un habile opticien (Dollon) partit de là pour essayer de com-
poser ses lentilles avec des verres de différentes densités,
et il parvint ainsi à corriger les défauts des lentilles
simples, en imitant au plus près possible les moyens
employés dans la construction de l'œil. Je le demande,
le modèle d'après lequel l'opticien a travaillé et atteint
son but, en employant les mêmes moyens, a-t-il pu être
construit sans aucun but?

L'œil devait avoir deux propriétés qui n'étaient pas
nécessaires au même degré dans la lunette d'approche;

premièrement il devait se prêter aux différents degrés de
lumière; secondement il devait être propre à remplir sa
destination, quelle que fût la distance de l'objet, depuis
quelques centimètres jusqu'à plusieurs kilomètres. Un
admirable mécanisme a été employé dans la fabrication
de l'œil pour pourvoir à ces deux choses. La pupille, ou
l'ouverture par laquelle la lumière pénètre dans l'organe,
a une construction qui lui permet de se contracter lorsqu'il y a trop de lumière, et de se dilater lorsqu'il n'y en
a pas assez. L'intérieur de l'œil est une chambre obscure,
dont la fenêtre s'ouvre plus ou moins, pour régler la
quantité des rayons de lumière qui y pénètrent : cela se
fait sans efforts, promptement, et toujours au moment
du besoin, par le seul effet de ce curieux mécanisme.
La pupille, quelles que soient ses dimensions, conserve
toujours exactement sa forme circulaire. C'est une structure singulièrement remarquable; et si un artiste essayait
de l'imiter, il verrait qu'il n'y a qu'une seule manière de
disposer et de combiner des cordons ou des fils, pour
que le problème se trouve résolu, c'est-à-dire pour que
la pupille puisse former un cercle exact, dont le diamètre
varie sans cesse : or les cordons ou fibres de la pupille
ont été disposées précisément de cette manière-là.

La seconde difficulté n'était pas moindre. Il existe de
certaines lois fixes dont les effets sont calculables, et
qui règlent la manière dont la lumière doit se transmettre. Il fallait que l'œil fût susceptible d'une certaine
modification pour pouvoir toujours rassembler dans le
même point, sur la rétine, les rayons qui lui arrivaient
de diverses distances et sous des angles différents. Les
rayons, qui partent d'un objet très-voisin de l'œil, et
qui par conséquent entrent dans cet organe en divergeant

beaucoup, ne peuvent pas être rassemblés par un simple instrument d'optique de manière à former une image nette, dans le même point où se rassemblent des rayons presque parallèles entre eux, c'est-à-dire partant d'un objet placé à une grande distance. Il faut, pour opérer cette réunion, des lentilles plus ou moins convexes selon les distances. Chaque lentille a son foyer, c'est-à-dire que le point de réunion des rayons qui arrivent sur sa surface est à une distance fixe et toujours la même. Mais il faut que le foyer de la lentille de l'œil se trouve rigoureusement sur la rétine, pour que l'image de l'objet soit nette. Cependant, par les propriétés immuables de la lumière, le foyer se trouve plus loin derrière une lentille quand l'objet est rapproché que quand l'objet est éloigné. Dans les instruments d'optique, on change les oculaires, ou bien l'on rapproche et l'on éloigne les verres les uns des autres pour obtenir l'effet désiré, une image nette. La modification qui devait, dans l'organe visuel, remplir cet objet est d'une nature si subtile, qu'elle a dû échapper longtemps aux observateurs; cependant un examen judicieux et persévérant de l'organe de l'œil a triomphé de ces difficultés. On a enfin découvert que, lorsque la vue se dirige sur un objet très-rapproché, il s'opère tout à la fois trois changements dans la disposition des parties de l'œil. La cornée, ou l'enveloppe extérieure du globe de l'œil, devient plus convexe; le cristallin se porte en avant, et la profondeur de l'œil s'augmente. Ces trois changements font varier l'action de l'organe sur les rayons de lumière exactement au point convenable pour atteindre le but, c'est-à-dire pour que l'image de l'objet très-rapproché se dessine nettement sur la rétine. La vue se fixe-t-elle, au contraire, sur un objet éloigné, la cornée redevient moins convexe, le cristallin s'en éloigne, et l'axe de la vision se raccourcit. Ainsi, à mesure que l'œil parcourt des objets plus distants ou plus rapprochés, ces changements se font simultanément, sans aucun effort, avec la promptitude de la pensée, et toujours leur résultat est de peindre nettement sur la rétine l'objet que nous regardons. Comment pourrait-on dire qu'il n'y a point de dessein dans un phénomène si admirable? Les lois les plus mystérieuses de l'optique étaient évidemment connues de Celui qui a si merveilleusement adapté la disposition des parties de l'œil aux lois de la transmission de la lumière.

Lorsque nous observons le moment où un petit enfant ouvre pour la première fois les yeux à la lumière, nous apercevons la partie antérieure de deux globes transparents. Si nous analysons ces globes, nous les trouvons construits et organisés d'après les principes les plus rigoureux de l'optique : principes que nous suivons nous-mêmes dans la construction d'instruments semblables. Nous trouvons que ces globes sont parfaitement propres à transmettre, par la réfraction, l'image des objets. Nous voyons qu'ils sont composés de parties différentes, dont chacune a sa destination. Lorsqu'une des parties a rempli son office sur un rayon de lumière, elle le transmet à une autre partie, celle-ci à une troisième, et ainsi de suite. Le succès de cette action progressive dépendant toujours de la disposition la plus rigoureusement exacte de chacune des parties de l'œil et de leur parfait accord, le résultat final ne s'obtient que par une combinaison très-variée d'actions et d'effets. Et comme cet organe doit s'adapter aux lois immuables qui règlent la marche de la lumière; comme il est destiné à agir sur les objets voisins comme sur les objets éloignés, avec beaucoup de lumière comme avec peu, nous trouvons des moyens correctifs ou régulateurs pour tous ces cas.

Mais ce qui doit ajouter à notre admiration dans la circonstance dont il s'agit, et donner une nouvelle force à la preuve d'un dessein dans la formation de l'œil, c'est la considération que ce merveilleux instrument d'optique a été fabriqué de la manière la plus parfaitement conforme aux lois de la lumière au milieu d'une obscurité complète; ce qui montre dans l'ouvrier prévoyance, sagesse et connaissance certaine des conditions futures dans lesquelles l'organe visuel devait se trouver placé. En effet, dans l'enfant qui n'est pas encore venu au monde, l'œil est déjà tout formé, et cependant il est inutile : c'est une lunette dans une prison où la lumière ne pénètre pas; c'est un instrument géométriquement et physiquement en rapport avec un élément avec lequel il n'a point de communication; mais cette communication va s'établir, donc il y a une intention. C'est une provision faite pour une époque prévue : cette époque sera celle d'un changement complet dans la position et les circonstances de l'être vivant? Est-il probable que l'œil ait été formé sans la prévoyance de ce changement, après lequel l'œil devient absolument nécessaire, au lieu qu'il était inutile auparavant? Est-il probable que l'œil ait été formé sans l'intention de le mettre ensuite en contact avec cet élément qui le rend utile, et qui avait été exclu jusqu'à un certain moment déterminé? S'il est quelque chose d'évident au monde, c'est que la création de l'œil, pour un temps qui n'est pas venu, et pour un état qui n'existe point encore, appartient à un être intelligent, qui prévoit et qui raisonne.

Lorsqu'on pense à la manière dont un vaste paysage vient se peindre tout entier sur la rétine de l'œil, on demeure confondu d'étonnement en considérant la netteté parfaite de cette miniature, dans laquelle aucun trait n'est oublié, et où chacun des nombreux objets du tableau conserve ses proportions exactes et son dessin correct. Un ensemble de vingt à vingt-quatre kilomètres carrés se trouve ainsi réduit à un espace de quelques millimètres d'étendue. Cependant rien n'est omis : grandeur et petitesse, formes et couleurs, mouvements et transformations, tout y entre. Si le paysage est traversé par une grande route, et qu'une chaise de poste y chemine, l'image de cette voiture met une demi-heure à parcourir sur la rétine l'espace de deux millimètres, et cependant le mouvement de la chaise est distinctement aperçu pendant tout ce temps-là. Quel art et quelle finesse ! A chaque instant les lois de la Providence opèrent, pour nos jouissances et notre bien-être, des chefs-d'œuvre de peinture, des merveilles de génie. Et cependant qui de nous y pense?

« Le statuaire que j'admire le plus, dit saint Jean Chrysostome, ce n'est pas celui qui travaille sur l'or, mais celui qui saurait, avec une terre sans consistance, produire un chef-d'œuvre. Ici l'art se montrerait tout seul, au lieu que, sous la main du premier, la matière même qu'il emprunte aide à l'effet de son ouvrage. Eh bien, considérons-la donc cette boue mise en œuvre comme nous la voyons. Que pouvons-nous faire, nous autres hommes, avec de la boue et de l'argile? Rien que de l'argile et de la boue. Mais Dieu, c'est avec cela qu'il a fait l'œil. Pouvez-vous en étudier le mécanisme sans ravissement? Par lui vous embrassez l'immense horizon

qui vous entoure. Dans la faible orbite d'une prunelle de
quelques lignes viennent se rassembler une multitude de
corps, des montagnes, des forêts, des collines, des villes,
les mers, le ciel même. Il parcourt sans fatigue la plus
vaste étendue. Parce que, de toutes les parties du corps,
c'est là la plus nécessaire, Dieu lui a donné cette infatigable activité qui le met sans cesse à l'ordre de nos
besoins. Eh! qui pourrait en détailler tous les bienfaits ? »

§ IX

Appareil extérieur de l'œil; nouvelles preuves d'invention, de sagesse
et de prévoyance dans la structure de cet organe. — Beau chapitre
de Bossuet sur les merveilles de l'organisation du corps humain.

La contexture interne de l'œil démontre l'intelligence
qui l'inventa ; mais tout ce qui entoure cet organe, et
concourt ou à en assurer les fonctions ou à le garantir
comme une partie précieuse et faible, n'est pas moins
propre à exciter notre admiration. Les yeux sont logés
dans deux orbites profondes, composées chacune de sept
os bien enchâssés par leurs bords. Pour empêcher tout
frottement nuisible, l'intérieur de chaque orbite est garni
d'une substance molle et graisseuse, formant comme de
flexibles coussins, aussi propres au mouvement qu'au
repos de l'organe. Le bord supérieur de l'orbite est une
arcade saillante, garnie de poils, et destinée à garantir
l'œil de l'éclat du soleil, à le protéger contre la pluie, la
sueur du front et le choc des objets; les cils ont été placés
au bord des paupières dans le même but, et, de plus,
pour empêcher l'introduction dans l'œil des plus petits
corps qui voltigent dans l'air. Mais les paupières surtout

protégent l'organe avec une facilité, une promptitude et
des effets qu'on ne saurait trop admirer. Il serait impossible de trouver dans les ouvrages de l'art un seul
exemple d'un mécanisme dont le but fût plus évident
et où les moyens employés eussent une utilité plus
distincte.

Les paupières sont tapissées intérieurement d'une
membrane mince et polie, qui procure à l'œil, en s'é-
tendant sur lui, un soulagement nécessaire, et préserve
de l'inflammation cet organe délicat. Pendant le sommeil,
les paupières s'abaissent et se ferment tout à fait sur
l'œil pour le mettre à l'abri de toute atteinte. Pendant
la veille elles ont une autre destination : elles sont
chargées d'étendre doucement sur l'œil, en s'abaissant
et se relevant de moment en moment, une humeur onc-
tueuse que sécrète et distille une glande lacrymale placée
dans la voûte de l'orbite ; sans cette précaution, la surface
délicate de l'organe, exposée à la poussière, au vent, à
des clartés éblouissantes, à des courants d'air dessé-
chants, serait bientôt ternie et détruite, au lieu d'être
entretenue, comme nous le voyons, humide, nette et
brillante. Il existe au bord de chaque paupière un petit
orifice, nommé point lacrymal, par où le superflu de
cette humeur s'écoule dans le grand angle de l'œil ; de là
elle filtre dans le conduit nasal, puis s'étend sur la membrane interne du nez, où le courant d'air chaud qui passe
et repasse sans cesse l'évapore à mesure qu'elle arrive.
Y a-t-il une invention plus véritablement mécanique que
celle de ce trop plein qui, au moyen de la perforation d'un
os, débarrasse continuellement l'œil de l'excédant d'une
liqueur nécessaire ? Que de précautions ! quel admirable
travail pour nous faire jouir avec aisance du grand bien-

fait de la vue! On comprend à présent pourquoi le grand
Newton, étudiant le jeu de la lumière dans ce merveilleux
organe, interrompit tout à coup ses calculs pour célébrer
la sagesse et la grandeur de l'artiste suprême qui l'a fait.

Nous ne pouvons mieux terminer ces considérations si
incomplètes sur l'Homme organique que par un morceau
de Bossuet, qui sera comme le magnifique couronnement
de ce chapitre.

« Quiconque connaîtra l'Homme verra que c'est un
ouvrage de grand dessein, qui ne pouvait ni être conçu
ni exécuté que par une sagesse profonde.

« Tout ce qui montre de l'ordre, des proportions bien
prises, et des moyens propres à produire certains effets,
montre aussi une fin expresse, par conséquent un dessein
formé, une intelligence réglée et un art parfait.

« C'est ce qui se remarque dans toute la nature. Nous
voyons tant de justesse dans ses mouvements, et tant de
convenance entre ses parties, que nous ne pouvons nier
qu'il n'y ait de l'art; car s'il en faut pour remarquer ce
concert et cette justesse, à plus forte raison pour l'établir.
C'est pourquoi nous ne voyons rien dans l'univers que
nous ne soyons portés à demander pourquoi cela est
ainsi, tant nous sentons naturellement que tout a sa convenance et sa fin.

« Mais, de tous les ouvrages de la nature, celui où le
dessein est le plus suivi, c'est sans doute l'Homme. Son
corps devait être composé de beaucoup d'organes capables
de recevoir les impressions des objets et d'exercer des
mouvements proportionnés à ces impressions. Ce dessein
est parfaitement exécuté.

« Tout est ménagé dans le corps humain avec un artifice merveilleux. Le corps reçoit de tous côtés les impres-

sions des objets sans en être blessé. On lui a donné des
organes pour éviter ce qui l'offense ou le détruit, et les
corps environnants qui font sur lui cet effet, font encore
celui de lui causer de l'éloignement. La délicatesse des
parties, quoiqu'elle aille à une finesse inconcevable,
s'accorde avec la force et avec la solidité. Le jeu des ressorts n'est pas moins aisé que ferme; à peine sentons-nous
battre notre cœur, nous qui sentons les moindres mouvements du dehors, si peu qu'ils viennent à nous; les
artères vont, le sang circule, les esprits coulent, toutes
les parties s'incorporent leur nourriture sans troubler
notre sommeil, sans distraire nos pensées, sans exciter
tant soit peu notre sentiment : tant Dieu a mis de règle
et de proportion, de délicatesse et de douceur dans de si
grands mouvements.

« Ainsi nous pouvons dire avec assurance que, de
toutes les proportions qui se trouvent dans les corps,
celles du corps organique sont les plus parfaites et les
plus palpables.

« Tant de parties si bien arrangées et si propres aux
usages pour lesquels elles sont faites, la disposition des
valvules, le battement du cœur et des artères, la délicatesse des parties du cerveau, et la variété de ses mouvements, d'où dépendent tous les autres; la distribution du
sang et des esprits, les effets différents de la respiration,
qui ont un si grand usage dans le corps : tout cela est
d'une économie, et, s'il est permis d'user de ce mot,
d'une mécanique si admirable, qu'on ne la peut voir
sans ravissement, ni assez admirer la sagesse qui en a
établi les règles.

Il n'y a genre de machine qu'on ne trouve dans le
corps humain. Pour sucer quelque liqueur, les lèvres

servent de tuyau, et la langue sert de piston. Au poumon
est attachée la trachée-artère, comme une espèce de flûte
douce d'une fabrique particulière, qui, s'ouvrant plus ou
moins, modifie l'air et diversifie les tons. La langue est
un archet qui, battant sur les dents et sur le palais, en
tire des sons exquis. L'œil a ses humeurs et son cristallin;
les réfractions s'y ménagent avec plus d'art que dans les
verres les mieux taillés. Il a aussi sa prunelle, qui se dilate et se resserre; tout s'englobe, s'allonge ou s'aplatit,
selon l'axe de la vision, pour s'ajuster aux distances,
comme les lunettes à longue vue. L'oreille a son tambour,
où une peau aussi délicate que bien tendue résonne au
mouvement d'un petit marteau que le moindre bruit
agite; elle a, dans un os fort dur, des cavités pratiquées
pour faire retentir la voix de la même sorte qu'elle retentit parmi les rochers et dans les échos. Les vaisseaux
ont leurs soupapes ou valvules tournées en tous sens;
les os et les muscles ont leurs poulies et leurs leviers : les
proportions qui font et les équilibres et la multiplication
des forces mouvantes y sont observées dans une justesse
où rien ne manque. Toutes les machines sont simples; le
jeu en est si aisé, et la structure si délicate, que toute
autre machine est grossière en comparaison.

« A rechercher de près les parties, on y voit de toutes
sortes de tissus; rien n'est mieux filé, rien n'est mieux
passé, rien n'est serré plus exactement.

« Nul ciseau, nul tour, nul pinceau ne peut approcher
de la tendresse avec laquelle la nature tourne et arrondit
ses sujets.

« Tout ce que peut faire la séparation et le mélange
des liqueurs, leur précipitation, leur digestion, leur fer-
mentation, et le reste, est pratiqué si habilement dans le

corps humain, qu'auprès de ces opérations la chimie la
plus fine n'est qu'une ignorance grossière.

« On voit à quel dessein chaque chose a été faite, pourquoi le cœur, pourquoi le cerveau, pourquoi la bile-,
pourquoi le sang, pourquoi les autres humeurs. Qui
voudra dire que le sang n'est pas fait pour nourrir l'animal; que l'estomac et les sucs sécrétés par les glandes ne
sont pas faits pour préparer par la digestion la formation
du sang; que les artères et les veines ne sont pas faites de
la manière qu'il faut pour le contenir, pour le porter
partout, pour le faire circuler continuellement; que le
cœur n'est pas fait pour donner le branle à cette circulation? Qui voudra dire que la langue et les lèvres, avec
leur prodigieuse mobilité, ne sont pas faites pour former
la voix en mille sortes d'articulations, ou que la bouche
n'a pas été mise à la place la plus convenable pour transmettre la nourriture à l'estomac; que les dents n'y sont
pas placées pour rompre cette nourriture et la rendre
capable d'entrer; que les eaux qui coulent dessus ne sont
pas propres à la ramollir et ne viennent pas pour cela à
point nommé, ou que ce n'est pas pour ménager les organes et la place que la bouche est pratiquée de manière
que tout y sert également à la nourriture et à la parole :
qui voudra dire ces choses, fera mieux de dire encore
qu'un bâtiment n'est pas fait pour loger, et que ses appartements, ou engagés ou dégagés, ne sont pas construits
pour la commodité de la vie, ou pour faciliter les minis-
tères nécessaires, en un mot, il sera un insensé qui ne
mérite pas qu'on lui parle.

« Si ce n'est peut-être qu'il faille dire que le corps humain n'a point d'architecte, parce qu'on n'en voit point
l'architecte avec les yeux, et qu'il ne suffit pas de trouver

tant de raison et tant de dessein dans sa disposition, pour entendre qu'il n'est pas fait sans raison et sans dessein.

« Plusieurs choses font remarquer combien est grand et profond l'artifice dont il est construit.

« Les savants et les ignorants, s'ils ne sont tout à fait stupides, sont également saisis d'admiration en le voyant. Tout Homme qui le considère par lui-même trouve faible tout ce qu'il a ouï dire, et un seul regard lui en dit plus que tous les discours et tous les livres.

« Depuis tant de temps qu'on regarde et qu'on étudie curieusement le corps humain, quoiqu'on sente que tout y a sa raison, on n'a pu encore parvenir à en pénétrer le fond. Plus on le considère, plus on trouve de choses nouvelles, plus belles que les premières, qu'on avait tant admirées; et quoiqu'on trouve très-grand ce qu'on a déjà découvert, on voit que ce n'est rien en comparaison de ce qui reste à chercher.

« Par exemple, qu'on voie les muscles si forts et si tendres, si unis pour agir au concours, si dégagés pour ne se point mutuellement embarrasser, avec des filets si artistement tissus et si bien tors, comme il faut pour faire leur jeu; au reste, si bien tendus, si bien soutenus, si proprement placés, si bien insérés où il faut, assurément on est ravi, et on ne peut quitter un si beau spectacle, et, malgré qu'on en ait, un si grand ouvrage parle de son Artisan. Et cependant tout cela est mort, faute de voir par où les esprits s'insinuent, comment ils tirent, comment ils relâchent, comment le cerveau les forme, et comment il les envoie à leur adresse fixe : toutes choses qu'on voit bien qui sont, mais dont le secret principe et le maniement n'est pas connu.

« Et parmi tant de spéculations faites par une curieuse

anatomie, s'il est arrivé quelquefois à ceux qui s'y sont occupés de désirer que, pour plus de commodité, les choses fussent autrement qu'ils ne les voyaient, ils ont trouvé qu'ils ne faisaient un si vain désir que faute d'avoir tout vu; et personne n'a encore trouvé qu'un seul os dût être figuré autrement qu'il n'est, ni être articulé autre part, ni être emboîté plus commodément, ni être percé en d'autres endroits, ni donner aux muscles dont il est l'appui une place plus propre à s'y enclaver, ni enfin qu'il y eût aucune partie dans tout le corps à qui on pût seulement désirer ou une autre constitution ou une autre place.

« Ainsi, nos corps, dans leur formation et dans leur conservation, portent la marque d'une invention, d'un dessein, d'une industrie admirable. Tout y a sa raison, tout y a sa fin, tout y a sa proportion et sa mesure, et par conséquent tout y est fait avec art et avec une sagesse profonde. »

CHAPITRE II

DE LA CONDITION DE L'HOMME SUR LA TERRE

> L'espèce humaine travaille à se racheter; elle est en marche pour reconquérir Éden, d'où un crime originel l'avait exclue.

Une loi, selon la commune acception du mot, marque une règle d'action; son existence indique un mode établi et constant. Toutes les substances et tous les êtres, ayant reçu une constitution naturelle définie, ont un mode

II   24

d'action inhérent à cette constitution essentielle, et ce mode d'action est universel et invariable, toutes les fois que les substances ou les êtres se trouvent dans les mêmes conditions. Par exemple, l'eau, au niveau de la mer, se congèle, ou entre en ébullition à la même température, en Chine et en France, au Pérou et en Angleterre; et il n'y a pas d'exception à la régularité avec laquelle elle manifeste ces apparences, quand toutes les conditions sont les mêmes : *cæteris paribus* (toutes choses égales d'ailleurs) est une condition qui domine tous les genres de science.

Les êtres intelligents seuls sont capables de modifier leurs actions. Par le moyen de leurs facultés, ils peuvent connaître les lois que le Créateur a données aux substances physiques, et quand ils les ont découvertes, s'appliquer ces lois à eux-mêmes, pour régler leur conduite. Par exemple, c'est une loi physique que l'action de l'eau bouillante détruit le système musculaire et nerveux de l'Homme. Cela résulte simplement de la constitution du corps et de ses rapports avec la chaleur : et cette loi, l'Homme ne peut ni la changer ni la suspendre. Mais dès que l'esprit humain a saisi ces relations et les conséquences qui résultent de leurs infractions, il évite naturellement d'aller contre elles, pour ne pas subir les tourments que la Providence attache à la décomposition du corps humain par la chaleur.

Comme chaque objet naturel a reçu une constitution définie en vertu de laquelle il agit dans un sens particulier, on peut dire qu'il existe autant de lois naturelles qu'il y a de modes d'action différents pour les substances et les êtres en eux-mêmes. Mais les substances et les êtres se tiennent dans certains rapports les uns avec les autres, et modifient mutuellement leur action dans un

ordre établi et défini, selon leur relation ; il y a donc
autant de lois naturelles qu'il y a de relations possibles
entre les différentes substances et les différents êtres.

Plusieurs principes importants nous frappent tout
d'abord, en considérant les lois naturelles : 1° elles sont
indépendantes les unes des autres ; 2° l'obéissance à
chacune d'elles est immédiatement récompensée et leur
infraction punie ; 3° elles sont universelles, fixes et inva-
riables dans leur action ; 4° elles sont en harmonie avec
la constitution de l'homme sous son triple aspect, moral,
intellectuel et physique.

A l'appui de ces principes évidents, chacun peut citer
d'innombrables exemples. Ainsi, pour nous borner à
quelques développements relatifs aux principes que nous
avons énoncés en second lieu, les marins, qui maintiennent
leur vaisseau en harmonie avec la loi physique, trouvent
leur récompense dans une navigation heureuse, tandis
que ceux qui s'en écartent sont punis par le naufrage.
Les Hommes qui obéissent à la loi morale goûtent ce
bonheur immense qui accompagne toujours l'activité des
plus belles facultés de l'âme, et trouvent encore dans
l'estime et l'affection de leurs semblables une autre
source de jouissances non moins inépuisable. Ceux qui
désobéissent à cette loi sont tourmentés par des désirs
insensés qui, dans l'ordre naturel des choses, ne peuvent
jamais être satisfaits ; ils sont punis par le désaveu ré-
probateur de leur conscience, et ils deviennent pour les
autres un juste objet de mépris et de haine. Les Hommes
qui obéissent à la loi organique ont pour récompense la
santé et la vigueur du corps, non moins que la vivacité
de l'esprit, tandis que ceux qui la négligent sont punis
par les maladies, la faiblesse et la langueur.

Les sentiments moraux tendent au bonheur universel. Lorsque les lois physiques et organiques sont en harmonie avec eux, il en résulte que l'obéissance aux lois naturelles a pour conséquence nécessaire le bonheur des êtres moraux et intelligents qui ont été appelés à les observer; et il doit suivre aussi que les peines résultant de leur violation aient été calculées pour rendre obligatoire une obéissance entière à ces lois; de telle sorte que l'infracteur puisse, par un retour salutaire, retrouver le bien-être réservé à ceux qui les observent.

Nous ne voulons pas dire que, par une exacte obéissance aux lois naturelles, l'Homme arriverait à une perfection absolue : il n'y a pas d'optimisme dans la création telle que nous l'apercevons; toutefois on ne peut nier qu'il y ait dans sa constitution un dessein plein de bienveillance. Tout le proclame; Dieu, quand il a créé l'espèce humaine, avait son bonheur en vue. Toute invention prouve un dessein, et le caractère particulier de l'invention indique le but de celui qui a formé le dessein. Or la création est un assemblage immense d'inventions, et toutes les inventions dont nous avons connaissance tendent à un but bienfaisant. On doit donc se proposer de découvrir autant que possible les inventions du Créateur, en ce qu'elles ont de bienfaisant, et de déterminer comment, en accommodant notre conduite avec elles, nous pouvons diminuer notre misère et augmenter notre bonheur.

Il est probable que, si nous connaissions entièrement le dessein et les conséquences de toutes les institutions du Créateur, auxquelles sont attachées la douleur, la maladie et la mort, nous trouverions que l'idée de la destruction a été employée comme *moyen,* sous la direction de la bienveillance et de la justice, pour arriver à une fin en harmonie avec les sentiments moraux et intellectuels ; en un mot, nous trouverions que le Créateur n'a, dans aucune de ces institutions, créé le mal pour lui-même et le sentiment de la destruction pour son seul objet. Autant que nous pouvons juger des institutions divines, les sentiments moraux et intellectuels embrassent l'universalité des Hommes dans leurs résultats, tandis que les propensités ne regardent que l'individu ; et comme le premier de ces deux mobiles est d'un ordre plus élevé que l'autre, c'est son autorité qui est suprême. De plus, quand l'effet de ces institutions est suffisamment compris, on s'aperçoit qu'il est bon même pour l'individu, bien qu'à la première vue il ne paraisse pas en être ainsi[1].

§ Ier

L'Homme dans ses rapports avec les lois de la gravitation.

Les rapports de l'Homme avec la planète qui lui a été donnée pour demeure, bien qu'essentiellement variables puisqu'ils dépendent de lui, ont été exprimés dans ce qu'ils ont de fondamental et de constant par ces paroles

[1] On ne peut douter d'après les traditions de nos livres saints que Dieu, en créant nos facultés mentales et le monde extérieur, ne les ait mutuellement harmonisés ; qu'ainsi les individus, comme les nations, en se conformant aux lois morales, ne travaillent à leur propre bonheur. Mais jusqu'à ce que la vraie nature de l'Homme et ses rapports avec le monde extérieur soient scientifiquement fixés et systématiquement démontrés, il sera impossible de prouver aux Hommes que leur intérêt personnel coïncide avec l'observation de la loi morale. La tendance de presque tous les Hommes à penser que les événements ne s'accordent pas toujours avec la justice prouve l'ignorance de la société sur les rapports de la constitution humaine avec le monde extérieur.

que le Créateur adresse à l'Homme après sa chute : « La
terre produira des ronces et des épines, et tu mangeras
son herbe; tu te nourriras de pain à la sueur de ton visage, jusqu'à ce que tu retournes à la poussière dont tu
as été formé. »

Il est bien digne de remarque que les choses aient été
ordonnées sur la terre par le Créateur de telle façon qu'il
ne s'y produit presque aucun effet naturel dont l'Homme
ne soit exposé à recevoir du mal, et qui cependant ne lui
soit utile sous quelques rapports, ou que son industrie ne
puisse faire tourner à son avantage. Il est vrai de dire
qu'il n'y a rien sur la terre qui soit si mauvais qu'il ne soit
bon en même temps par quelque endroit, ni aucune
chose si bonne qu'elle ne soit mauvaise aussi à certains
égards. Ainsi les effets les plus opposés, quant au plaisir
et à la peine que nous en devons ressentir, procèdent des
mêmes sources; en sorte que, pour éprouver le moins
d'incommodité possible d'un semblable état de choses,
nous n'avons d'autre moyen que de nous appliquer à
détourner ce qui nous nuit et nous fait souffrir, pour
rechercher ce qui contribue à notre bien-être; mais ce
résultat ne s'obtient que par une lutte où notre force
s'engage. Sur ce même sol qui produit de bonnes herbes,
il en croît indifféremment de mauvaises; pour extirper
celles-ci et multiplier les bonnes, il faut toujours, selon
la juste expression de l'Écriture, que la sueur coule sur
le visage de l'Homme.

Lorsque l'on considère la race humaine dans sa géné-
ralité, on y observe comme une conspiration universelle,
permanente, et déjà en pleine prospérité sur plusieurs
points, pour s'affranchir de toutes les contrariétés de la
terre. Les peuples civilisés tendent de tous leurs efforts

vers une limite extrême et jusqu'ici, il est vrai, purement
idéale, où, cessant d'être gênés par les conditions physiques dans lesquelles ils sont nés, les Hommes seraient
en harmonie avec leur planète et n'en éprouveraient que
du bien. Considérons donc un moment l'Homme au point
de vue des lois qui régissent la terre, et voyons par quels
moyens il se délivre des obstacles que ces lois lui opposent,
et quelles sont les conditions de cet affranchissement.

Et pour commencer par une de ces lois les plus universelles, la gravitation, l'Homme jusqu'ici n'a pu s'y
soustraire. La pesanteur est une affection invariable de
toute substance massive, et sur laquelle il ne paraît pas
qu'on puisse jamais exercer aucune modification, soit
pour en augmenter, soit pour en diminuer l'intensité. Le
corps de l'Homme a toujours besoin pour soutien d'une
base solide que l'air ni l'eau ne lui présentent. Pour qu'il
fût capable de flotter sans efforts dans l'atmosphère, il
faudrait en atténuer la densité au point de la rendre égale
à celle de l'air : ce qui nécessiterait une métamorphose
complète de la race humaine, formellement en désaccord
avec sa nature organique actuelle. Ne pouvant s'affranchir
des lois de la gravitation, il ne restait plus à l'Homme
qu'à développer le principe de résistance à cette force,
l'énergie musculaire. Celle-ci augmente, en effet, par l'exercice et à mesure que le régime s'améliore ; ce qui donne,
sous ce rapport, une véritable supériorité à l'Homme civilisé sur l'Homme sauvage. Toutefois on sent que ce mode
de résistance à la gravitation est limité par les principes
mêmes de l'organisation de l'Homme, de manière à ne
laisser aucun espoir à notre espèce qu'elle puisse jamais,
comme les oiseaux, prendre un essor naturel dans les régions de l'air. On a calculé qu'il nous faudrait une force

cent cinquante fois plus grande que celle que nous possédons dans notre condition actuelle, pour nous mettre en état de nous soutenir dans l'atmosphère, tout le jour, par le simple jeu de nos organes : degré de perfectionnement qu'on ne peut raisonnablement se flatter d'atteindre.

Ne trouvant aucun moyen d'agir sur le fond même de la gravité, l'Homme, pour alléger cette chaîne gênante, s'est appliqué à en combattre les effets. Il a, dans toutes les directions, nettoyé, consolidé, égalisé la surface de la terre ; il l'a couverte d'un réseau de routes, de chemins, de sentiers dont le nombre et le bon établissement annoncent le triomphe du génie de l'Homme civilisé sur la nature. Il a su se construire des demeures mobiles pour se transporter en tous lieux, et a rendu ainsi sa locomotion plus parfaite que celle d'aucun animal. Rien ne l'arrête, ni les rivières, ni les montagnes, ni les marécages, ni la vaste étendue des mers. S'il est pressé, ou si son but est lointain, il va jour et nuit et sans repos. Le voilà même qui franchit les distances, dans ses voyages ordinaires, avec une vitesse dont les quadrupèdes les plus rapides ne jouissent que dans des instants de crise, et qui glisse à la surface de la terre comme si son char était emporté sur l'aile des vents. L'Océan même lui est devenu en quelque sorte familier ; il l'habite comme il habite la terre ; il y entretient des villes flottantes qui se laissent conduire à son gré, se jouant, derrière ses remparts, de la violence des vents, du tumulte des flots, et forçant la tempête elle-même à prêter main-forte à sa manœuvre. Il est même parvenu à s'élever dans l'atmosphère, s'ouvrant ainsi par son génie une voie dans chacun des éléments de son domaine. Et soit qu'il plane avec l'Aigle dans les hautes régions de l'atmosphère, soit qu'il vogue sur les eaux ou roule en souverain sur la surface des continents, il opère tous ces grands mouvements sans plus de fatigue musculaire qu'il s'il était resté tranquillement assis dans sa maison.

Ce beau triomphe sur la force de gravité, il est remarquable que l'Homme ne l'a obtenu qu'en prenant appui sur elle. C'est la gravitation qui soutient ses aérostats dans les airs, qui donne du lest à ses vaisseaux et les seconde avec tant d'avantage dans leur lutte contre les vents; c'est elle qui assure sa marche sur le sol, et qui rend stables les maisons qu'il y construit et les chars qu'il y dresse. Sans elle sa personne et toutes ses constructions deviendraient le jouet du plus capricieux des éléments, celui des vents, dont le moindre souffle renverserait tout ce qu'il aurait élevé. Pour apprécier les bons services de cette force universelle, en apparence si incommode, il n'y a qu'à considérer la difficulté qu'éprouveraient les Hommes, si la pesanteur n'existait pas, pour former à la surface de la terre des établissements permanents. Quel système coûteux de constructions ne nous faudrait-il pas inventer pour sceller au sol nos édifices, qui, dans l'état actuel, y demeurent solidement assis par le seul effet de leur poids. Ces routes, ces ponts, ces lieux d'habitation, ces monuments dont chaque génération gratifie ses héritières, ces maçonneries de toute espèce qui disposent l'extérieur du globe à la convenance du genre humain, rien de tout cela ne serait sorti de la terre; car rien de tout cela n'aurait pu s'y maintenir. Il aurait suffi d'un coup de vent pour balayer les villes à travers les champs comme un tourbillon de feuilles. Ainsi, quand on y réfléchit avec attention, on découvre que, par une contradiction qu'on observe d'ailleurs dans toutes les choses

d'ici-bas, la pesanteur est tout à la fois pour l'Homme
une aggravation de ses travaux et l'une des conditions
de leur solidité et de leur durée, un obstacle et un auxiliaire, un assujettissement en même temps qu'une source
de liberté. Domptée successivement, partout où elle est
incommode, elle tend en définitive, par les progrès du
génie industriel de l'Homme, à se changer en un bien
pur. C'est sur cette loi que repose l'universalité des inventions humaines. Pour mettre l'Homme en harmonie avec
elle, le Créateur lui a donné des os, des muscles et des
nerfs, combinés sur les principes les plus parfaits de la
science mécanique, qui le rendent capable de conserver
son équilibre et d'accommoder ses mouvements à l'influence de cette grande loi; et de plus il l'a gratifié de facultés intellectuelles calculées pour apercevoir l'existence
de la loi, ses modes d'opération, sa relation avec l'Homme
lui-même, ses conséquences bienfaisantes si cette relation
est observée, et ses résultats fâcheux si elle est enfreinte.
Plus on poursuivra ces recherches avec attention, plus
on se confirmera que, dans tous ces rapports, le Créateur
a manifesté une admirable prévoyance pour notre bonheur, et que les maux résultant de leur oubli doivent
être attribués en grande partie à la faute des Hommes,
qui ne font pas un usage convenable de leurs facultés
pour assurer leur bien-être.

§ II

L'Homme dans ses rapports avec l'étendue et la configuration
superficielle de la terre.

Un autre point de vue auquel il est intéressant de
considérer l'Homme est celui de ses rapports avec l'é-

tendue et la configuration superficielle de son domaine.
Les générations qui nous ont précédés ne possédaient la
terre que dans les strictes limites de leur voisinage. Ce
n'est guère que depuis environ un siècle et demi que,
par l'achèvement des grandes découvertes, nous sommes
parvenus à nous faire une idée exacte du globe terrestre
dans son entier. Toutefois ce court espace de temps a
suffi pour y établir un commerce considérable et perma-
nent dans toutes les contrées du monde, avec lesquelles
nous sommes en relations familières; nous ne pouvons
remonter à la source de nos satisfactions domestiques
les plus simples sans voir la géographie universelle se
déployer devant nous. Nous pêchons autour des deux
pôles pour avoir de l'huile; la Chine nous a communiqué
l'industrie de la soie et de la porcelaine, et nous donne
chaque jour notre thé; nous tirons nos épices des îles
lointaines de l'Asie; notre sucre et notre café sont pris
aux Antilles; l'Amérique du Sud nous fournit l'acajou;
l'Amérique du Nord, le coton; l'Afrique nous envoie
l'ivoire; les presqu'îles de l'Inde, leurs pierres précieuses; nous mettons à contribution, pour nos ornements de fourrure, les zones glaciales des deux mondes;
il n'y a pas de pays si pauvre et si éloigné avec lequel
nous ne fassions quelque échange; et nous avons sous
notre main, dans chacune de nos villes, des magasins où
sont entassés les produits divers apportés de tous les
points du globe. Un pareil développement de notre domaine naturel nous oblige donc à dire, sans exagéra-
tion, que la terre est aujourd'hui possédée collectivement
tout entière par chaque Homme.

Non-seulement, par l'établissement du commerce universel, nous sommes en quelque sorte mis en possession

des productions utiles ou agréables de toutes les parties
du monde, mais encore nous sommes en état, à la différence de nos ancêtres, de nous transporter aisément en
tout lieu, et d'entretenir des relations commodes les
uns avec les autres tout autour du globe. Telle est l'activité des correspondances, que les lettres et les voyageurs
ne font que se croiser continuellement dans tous les sens.
En même temps que les transports deviennent plus fré-
quents et de plus long cours, ils deviennent aussi plus
prompts et plus commodes; de sorte que l'étendue de la
terre par rapport à l'Homme étant déterminée, non par la
proportion de la grandeur du corps humain à la grandeur
du globe, mais par la facilité avec laquelle l'Homme peut
en parcourir alternativement toutes les parties, on est
conduit à ce résultat remarquable, que cette étendue,
au lieu de demeurer constante, diminue progressivement
de jour en jour. La terre est réellement plus petite pour
nous qu'elle ne l'était pour nos pères, et, chaque année,
par le perfectionnement des moyens de communication,
elle subit une réduction nouvelle, et tout porte à croire
qu'elle deviendra encore bien plus petite pour nos descendants que pour nous. Qu'est-ce déjà aujourd'hui que
cette immensité de la terre, qui inspirait aux anciens des
sentiments d'admiration pour la puissance infinie du
Créateur? Nous serions peu frappés de la grandeur de
son œuvre, si nous ne jugions de sa magnificence que par
une demeure où nous commençons à nous sentir à l'é-
troit, et où les plus longs voyages ne sont désormais que
des promenades. Mais tandis que notre planète, mieux
connue et parcourue en tous sens, perdait de sa majesté,
l'astronomie nous ouvrait dans les cieux des perspectives
nouvelles; de sorte qu'à mesure que le cercle de la terre se

resserrait pour nous, celui du monde sidéral s'élargissait
sans termes et sans limites dans l'incommensurable espace.

Ce n'est pas seulement la distance des lieux, mais
encore les chaînes de montagnes, les mers, les déserts,
qui mettent obstacle à la libre circulation de l'Homme.
Leur interposition a pour premier résultat de rompre la
continuité des voisinages, et d'obliger les Hommes à se
tourner de préférence vers certains centres; ils ont été
sans doute un des moyens naturels dont la Providence
s'est servie pour déterminer, à l'origine des sociétés, des
noyaux particuliers de formation. Sous ce rapport, on
ne peut refuser d'admettre qu'ils n'aient produit un
grand bien. On peut même présumer avec beaucoup de
vraisemblance que l'établissement des sociétés et leur
développement politique ne se seraient accomplis qu'avec
une extrême difficulté, si la terre, au lieu de s'être trouvée
naturellement coupée, eût constitué, avec la même étendue superficielle, une seule plaine. Il serait donc dérai-
sonnable de se plaindre des inconvénients secondaires
que ces barrières apportent au commerce, sans considérer
ce qu'il y a de grand et d'utile dans cette disposition.
Ces traits fondamentaux de la géographie terrestre, qui
règlent souverainement l'ordre des peuples, viennent
de Dieu. Il les avait marqués dès le principe dans la
poussière de laquelle devait naître la terre, et dont les
tourbillons lui récitaient déjà l'histoire future de nos
sociétés; et s'il lui a plu de mettre les hommes dans
une maison toute bâtie, et que toute leur puissance
ne peut changer, c'est que cette maison était bâtie conformément à ses desseins sur eux. Outre les divisions
secondaires qui servent à circonscrire les nations dans
des limites naturelles, il existe des séparations capitales

qui, sans doute, ne doivent jamais disparaître. Rien ne fera, par exemple, que les quatre grands quartiers de la cité humaine ne soient toujours isolés les uns des autres par les mers qui les divisent, ni que cette discontinuité ne soit toujours un principe de physionomie particulière pour chacun d'eux.

Ces considérations suffisent bien sans doute pour justifier les voies du Créateur dans la distribution des montagnes et des mers à la surface de notre globe. Toutefois il est permis de présumer que les mers, cette immense partie du domaine de l'Homme, sont destinées à devenir, pour les sociétés futures, une source de profit et de richesses tout autres qu'un peu de sel et de poisson qu'elles nous fournissent aujourd'hui. On s'étonne de la stérilité de ce vaste territoire, où l'Homme jusqu'ici n'a su rien moissonner, mais c'est bien plutôt à la faiblesse de notre esprit qu'à la parcimonie de la nature que nous devons nous en prendre. Voyez quel parti le Créateur en a tiré pour l'économie de la terre; pourquoi le genre humain, devenu plus puissant, n'en tirerait-il pas également parti, à l'exemple de Dieu, pour son économie spéciale? De quels inappréciables trésors l'Océan, décomposé en ses éléments primitifs, ne pourrait-il pas nous combler? Quels secrets n'est-il pas susceptible de nous cacher encore? En déterminant la ligne de ses rivages, l'hydrographie n'a pas soulevé tous les voiles qui l'enveloppent, et, après avoir découvert comment nous pouvons visiter malgré lui tous les lieux de la terre, il nous reste à découvrir par quel art nous pouvons nous servir de lui. Il y a bien d'autres mines que les Hommes, dans leur ignorance, ont longtemps frappées du pied, sans se douter que ces substances dédaignées seraient pour leurs descendants, mieux instruits, les sources fondamental s de l'opulence [1]. Plus notre clairvoyance se développe, plus il nous est manifeste qu'il n'y a rien autour de nous qui n'y soit pour nous, et dont notre industrie ne saisisse enfin l'utilité. Outre les biens naturels que nous recevons de l'Océan, les nuages, la pluie, l'humidité de l'air, les rivières; outre ceux que nous réussissons déjà à nous y procurer, ne craignons donc point de faire avec confiance, dans cette mystérieuse réserve, une part pour les inventions qu'il faut laisser à l'avenir, et n'ayons pas la témérité de regarder comme incommode et inutile un établissement dont nous ne sommes pas sûrs de savoir le fond. « Mais vous, déserts des montagnes, s'écrie un élégant auteur, vous qui présidez aussi au partage des nations, vous qui avez aussi votre rôle dans la circulation continuelle des eaux, vous qui nous obligez aussi à nous humilier devant le spectacle imposant de vos grandeurs, combien votre majesté est moins terrible, et combien il est doux à l'Homme fatigué de reposer sur vous ses regards ! Vous pénétrez les âmes par les secrètes influences d'une terre splendide et qui se métamorphose à chaque pas; vous vivifiez et vous calmez, vous êtes les jardins de la terre. De quelles pures et bienfaisantes jouissances n'êtes-vous pas le principe? Quelles marques vives et éloquentes ne donnez-vous pas de la petitesse de ces idoles que le luxe met en honneur

---

[1] Avait-on soupçonné qu'un morceau d'ambre qui attire une paille condui-rait à la guérison d'un paralytique et à la théorie du tonnerre? Avait-on ima-giné, avait-on entrevu que des bulles de savon nous vaudraient une nouvelle optique, et que des fruits qui tombent d'un arbre nous dévoileraient le sys-tème des cieux? Avait-on deviné qu'un peu de sable et de potasse nous décou-vrirait ce qui se passe dans Jupiter ou dans un animalcule plusieurs milliers de fois plus petit qu'un ciron? Et le gaz, et la vapeur, et la photographie.....

parmi les Hommes, lorsque vous étalez devant eux l'immensité de vos perspectives et les masses sévères de vos éternelles pyramides, et que l'on voit, du haut de vos sommets, les fumées des grandes villes s'élever çà et là dans les provinces qui rampent à vos pieds? Quel architecte imiterait jamais votre magnificence, et où y a-t-il des trésors qui la puissent payer? Tous les peuples se donnant rendez-vous au travail ne bâtiraient seulement pas une tour à la hauteur de la plus basse de vos cimes. Les nations antiques, vous mettant à part du reste du monde, vous considéraient comme la seule demeure digne des dieux; et il me semble, en effet, que vos pics, à demi perdus dans les nuages, soient autant de signaux qui sortent de la terre pour enseigner aux Hommes le chemin des cieux. Il n'y avait que la nature qui fût capable de rompre la monotonie de notre globe par des édifices tels que vous, et, sans nous demander aucun effort, elle nous a ouvert d'elle-même toutes vos portes, comme si elle avait plaisir d'appeler les Hommes dans ces temples qu'elle s'est bâtis, et où elle leur apparaît avec tant de puissance et de beauté. Ainsi, dans mon admiration, il ne m'importe plus que vos crêtes soient d'infranchissables murailles, et je vous range hardiment parmi les plus précieux des biens dont le genre humain est redevable à la munificence du Créateur. »

§ III

L'Homme dans ses rapports avec la vicissitude des saisons, la succession du jour et de la nuit, etc.

Nous venons d'examiner brièvement les relations de l'espèce humaine avec le relief de la planète qu'elle habite;

considérons maintenant ses rapports avec les climats, les saisons, les vicissitudes du jour et de la nuit, qui sont aussi des conséquences de la figure de la terre combinées avec celles de son mouvement. On entend quelquefois exprimer le désir qu'il n'y eût sur la terre qu'un jour sans nuit et un printemps perpétuel ; l'Homme étant donné tel qu'il est avec son goût pour le changement et son aversion pour l'uniformité, on ne peut douter que notre monde ne soit bien préférable à celui qui serait toujours en plein soleil et en printemps, pourvu toutefois que nous ayons le moyen de nous y garantir sans peine des inconvénients de la nuit et des intempéries des saisons. Il y a un véritable charme dans le changement des circonstances physiques sous l'influence desquelles nous vivons. Si ce changement ne portait que sur la sensation de la température extérieure, ce serait un avantage de peu d'importance, sinon même un désagrément ; mais d'une saison à l'autre la terre tout entière se transforme. Il semble qu'un monde nouveau naisse à chaque fois autour de nous, ou qu'entraînés dans un voyage sans fin nous ne fassions que circuler d'une sphère à une autre. Le peuple des végétaux, cette enveloppe vivante de notre globe, à laquelle nous sommes si intimement liés par toutes nos habitudes et tous nos sens, est, par la stricte obéissance à l'ordre périodique des saisons, dans un état de variation perpétuelle. Avec elles varient nos intérêts, nos occupations, nos plaisirs : tantôt le temps des fleurs, tantôt celui des puissantes verdures, tantôt celui des fruits. L'hiver même a sa grandeur, lorsque, la campagne sévèrement couverte de son linceul blanc, les fleuves silencieux et immobiles, les arbres élevant au-dessus de la neige leurs fines ramures, chargées quelque-

fois des plus éblouissantes broderies, le ciel lui-même
devenu plus austère, même dans ses splendeurs, on dirait
que la terre s'est momentanément dépeuplée et que la
nature est dans une heure de recueillement. Nos sentiments se ravivent par cette succession ; la décoration
de notre planète nous charme davantage, et, enchaînés
aux saisons par mille liens, nous nous laissons aller à les
accompagner sans résistance, saluant leur arrivée, ac-
ceptant leur fin, ne nous lassant pas de nous réjouir de
la nouveauté comme d'un bien.

Personne ne songerait à se plaindre de cette diversité,
de cette succession des saisons, si elles ne se composaient
que de beaux jours, si le printemps était toujours riant,
l'été toujours modéré, l'automne toujours riche et serein,
l'hiver toujours pur ; si les saisons, en un mot, ne s'écar-
taient jamais de ces types divins tant de fois représentés
par les peintres et chantés par les poëtes. Mais ce n'est
qu'une perfection idéale dont on ne jouit nulle part sur
la terre. Si la nature a ses beautés, elle a aussi ses
laideurs ; après des sourires et des caresses, elle nous fait
sentir ses rigueurs et se pousse même à des excès que
nous ne pouvons supporter sans souffrance. Aussi nous
est-elle mauvaise hospitalière, et, pour nous garder de ses
injures, sommes-nous obligés de nous construire des abris
dans l'intérieur desquels nous bravons les intempéries et
coulons à notre gré des jours paisibles. C'est là qu'au
milieu de l'hiver le plus rigoureux nous faisons régner
autour de nous la température du printemps, au rayonnement de nos brillants foyers dissipant la tristesse et la
monotonie de la nature, et nous consolant de ces disgrâces
par l'éclat et la variété de nos ameublements et de nos
fêtes, et même au moyen de ses plus belles fleurs que

nous faisons éclore dans nos appartements. Nous avons
pour ressource contre les ardeurs de l été les ombrages
des bois, de riants berceaux dans nos jardins, délicieuses
retraites toujours aérées, toujours rafraîchies par les
eaux que nous y faisons jaillir en bouquets sous les
charmilles ou ruisseler de tous côtés parmi les pelouses.
Prenant la douceur de la verdure, la lumière elle-même
s'y tempère, les feux du soleil y ont la tiédeur du printemps; pour l'embellissement de ces charmantes demeures, ouvrant largement la porte à toutes les magni-
ficences de l'été, nous la fermons à tout ce qu'il y a
d'incommode. Nos maisons ordinaires même suffisent
pour nous défendre contre les excès de la chaleur, de même
qu'elles nous ont protégé contre les rigueurs du froid.

Si nous savons nous prémunir avec tant d'avantages
contre les contrariétés des saisons, nous pouvons dire
également que nous sommes maîtres chez nous du jour
et de la nuit. Peu nous importe à quelle heure le soleil,
donnant à la nature le signal de se réveiller ou de s'en-
dormir, se lève ou se couche; nous avons su nous faire un
jour et une nuit, réglés non sur l'ordre des astres, mais
sur celui de nos affaires et de nos divertissements. Tandis
que les ténèbres règnent au dehors, l'intérieur de nos
maisons est inondé de lumière. Par leur éclat, par leur
symétrie, par leurs supports étincelants, les flammes qui
la versent nous composent un ornement nocturne dont
le faste nous dédommage de l'absence du soleil. Mais, dès
que nous mettons le pied hors de ces mondes particuliers
que nous avons eu l'industrie de nous créer, notre empire s'en va, et nous retombons sous la tyrannie de la
nature. Parmi les ressources dont nous usons contre
l'insubordination des saisons, nous devons rappeler

celles que nous procurent nos vêtements : les uns, enveloppes légères pour nous garantir seulement des rayons
du soleil ; les autres, épaisses couvertures destinées à
nous abriter contre le froid. Pour éclairer nos pas et
dissiper l'obscurité autour de nous, nous pouvons marcher accompagnés de flambeaux, et déjà il n'y a plus
une seule ville digne de ce nom où l'on ne soit maître de
la nuit. Nous pouvons même conserver dans nos déplacements les avantages essentiels de nos intérieurs, et ne
sortir qu'en voiture, transportant ainsi en quelque sorte
nos maisons et leurs commodités avec nous. A l'imitation
des oiseaux, qui passent périodiquement d'un lieu à
l'autre, qui choisissent le Nord pour leur demeure d'été,
le Midi pour leur demeure d'hiver, nous pourrions à la
rigueur, et grâce à notre puissance de locomotion devenue égale à la leur, attacher notre char au soleil, opposer à la vicissitude des saisons la différence des climats,
habiter vraiment la terre comme une maison, et y circuler régulièrement, selon les lois de l'année, de nos
appartements d'hiver à nos appartements d'été. Mais ces
voyages seront toujours des exceptions ; car il n'en est
pas de l'Homme comme de l'Oiseau, qui prend à son gré
sa volée, parce qu'il est sans patrie et qu'il emporte avec
lui tout son bien.

De tous les météores, le plus insupportable, le plus
nuisible à notre existence en plein air, c'est la pluie.
Elle change subitement toutes les conditions, non-seulement de l'atmosphère, mais du sol. Nous avons des
vêtements contre le froid et la chaleur, nous n'en avons
pas qui nous garantissent commodément de la pluie. Outre
les ennuis qu'elle cause à l'Homme dans son engagement
immédiat avec lui, elle lui dérobe la lumière du soleil.

change la terre en un marais, noie la nature dans la
tristesse, et va même jusqu'à nous attaquer par la mélancolie en même temps que par la gêne et le malaise
qu'elle nous impose : caractère si fâcheux, qu'en tous
pays, c'est la pluie qui signifie le juste opposé du beau
temps. Ainsi, malgré les avantages innombrables de ce
météore qui humecte l'atmosphère, arrose et fertilise
le sol, alimente la circulation des eaux, rafraîchit et
nourrit la végétation, et profite indirectement à l'Homme
de mille manières, il n'en est pas moins vrai que la pluie
est pour lui une source perpétuelle d'inconvénients. Elle
tombe le jour comme la nuit, trop abondamment à des
époques où elle est inutile ou même nuisible, en trop
petite quantité, au contraire, dans des lieux et des
temps où elle serait nécessaire ; en un mot, tout au
rebours des lois que nous lui dicterions si elle était à
notre disposition. Entre les tropiques, il est des régions
où il pleut sans interruption des mois entiers ; il en est
d'autres, au contraire, où l'on n'observe à cet égard
aucune régularité ; c'est un déréglement continuel ; on
n'y peut compter d'avance sur le temps, non-seulement
pour le lendemain, mais même bien souvent pour le seul
intervalle de la journée. Le beau et le mauvais temps y
sont à la merci du vent, et le vent y est si variable
qu'il est le symbole de l'inconstance. Enfin on y vit,
touchant l'état prochain de l'atmosphère, dans une in-
certitude perpétuelle, et, dans toutes les affaires du
dehors, on est obligé d'aller là-dessus à l'aventure. On
ne peut prendre jour pour une promenade, pour une
partie de campagne, pour une réunion quelconque en
plein air, sans s'exposer à des mécomptes. Il y a tant
de mauvaises chances contre un ciel favorable, même

dans les plus agréables saisons, que l'on n'est jamais sûr
que la pluie ne viendra pas jeter le trouble dans notre
joie, rompre une convocation, nécessiter un ajournement.
C'est contre ce triste météore que les premiers toits ont
été élevés. Sans ces disgrâces de la nature terrestre,
il faut le reconnaître, l'architecture n'aurait jamais atteint les proportions sublimes qu'elle a prises. A force
de génie et de patience, les Hommes ont su se créer,
malgré les intempéries, la liberté de leurs rendez-vous
politiques et religieux, et, en s'assemblant ainsi à couvert, ils ont été conduits à se donner mutuellement une
marque d'autant plus éloquente de leur communauté,
qu'à la majesté des foules s'est trouvée jointe celle des
voûtes érigées à leur intention. Mais cette magnificence
n'est, au fond, qu'une protestation du genre humain
contre la terre; les temples lui inscrivent au front sa
condamnation, puisqu'ils attestent que les Hommes,
quand ils veulent se mettre convenablement en commu-
nion devant Dieu, sont obligés de se séparer de la demeure dans laquelle il lui a plu de les faire vivre, pour
se réunir momentanément dans une résidence meilleure.

Quelle prise l'Homme peut-il avoir sur la direction de
ce capricieux météore, principe de tant de vexations?
Quand on songe à la grandeur des lois qui le règlent, à
l'Océan, à la chaleur solaire, à la figure et à la rotation
de la terre, à la puissance des courants atmosphériques,
on ne peut s'empêcher de convenir qu'il n'y aurait guère
moins de folie à vouloir maîtriser les vents qu'à prétendre
maîtriser le flux ou le reflux de la mer ou les librations
de la lune. Il faudrait pouvoir disposer de la chaleur
terrestre pour la combiner avec celle du soleil, et le
troubler ainsi dans la domination absolue qu'il exerce

sur la formation et le mouvement des vents et des nuages.
Sans refuser à l'imagination aucune des glorieuses perspectives par lesquelles elle peut chercher à envisager
cette future conquête, il est plus sage sans doute de se
résigner, dans l'expectative, à l'établissement actuel, en
ne se proposant que d'en déterminer les lois. Les avantages importants qui résulteraient, pour l'Homme, de
cette détermination, seraient de faire connaître d'avance
les variations atmosphériques ; de permettre de comparer
rigoureusement tous les lieux par rapport au climat ; de
changer cette terre, où, physiquement, nous vivons au
hasard, et souvent à contre-sens, en une demeure dont
nous aurions du moins la ressource de savoir la règle :
mais cette détermination, qui mettrait fin à tant d'incer-
titudes et de déceptions, est contrariée, de son côté, par
les plus grandes difficultés. A la connaissance du cours
journalier des vents sur toute la surface de notre planète, il faudrait pouvoir joindre l'état et la vitesse des
nuages, à toute hauteur, à tout instant et en tous lieux,
sur mer comme sur terre. La connexion météorologique
qui existe dans tous les pays nécessiterait de plus, comme
conditions de succès, que ces observations fussent faites
sur tous les points du globe et continuées durant un
long temps. On a déjà fait quelques pas dans cette voie
difficile ; mais, en attendant cette nouvelle conquête de
l'esprit humain pour l'amélioration de son existence terrestre, le meilleur remède pour nous soustraire autant
que possible à tous les troubles de cette espèce est de
poursuivre le perfectionnement de nos maisons, de
nos lieux publics, de nos voitures et de nos vêtements,
puisqu'il est évident d'ailleurs que, si jamais nous par-
venions à la prescience des intempéries, ce ne serait que

pour être mieux avertis de nous prévaloir contre elles de
tous les moyens de garantie que nous aurions inventés.

Voilà les ronces et les épines que la terre fait germer
depuis le commencement, et qui embarrassent l'Homme
dans ses mouvements, le menacent, le tourmentent, et
empêchent son esprit de demeurer en repos. Le génie de
l'Homme, le développement progressif de son industrie,
viendront-ils à bout de les arracher, de les extirper entièrement? Il serait présomptueux de l'espérer. De tous
les points de vue sous lesquels la race humaine peut être
considérée, le plus juste est celui qui la fait regarder
comme étant sur la terre dans un état d'épreuve et de
discipline morale; c'est une situation calculée pour la
production, l'exercice et le perfectionnement de certaines qualités morales en rapport avec un état futur, de
manière que ces qualités puissent y recevoir un jour leur
récompense. C'est l'enseignement d'une haute philosophie
aussi bien que celui de la religion, et la seule explication
raisonnable de l'énigme de la vie.

§ IV

Empire de l'Homme sur la nature; sa lutte contre elle pour conserver
et multiplier les espèces végétales et animales qui lui sont nécessaires.

> O Dieu, j'ai considéré vos ouvrages, et j'en ai été
> effrayé ! Qu'est devenu cet empire que vous nous aviez
> donné sur les animaux ? On n'en voit plus parmi nous
> qu'un petit reste, comme un faible mémorial de notre
> ancienne puissance et un débris malheureux de notre
> fortune passée.   BOSSUET.

La nature est le trône extérieur de la magnificence divine; l'Homme a été fait pour la dominer et s'élever par

degrés, en l'étudiant, au trône intérieur de la Toute-Puissance. Vassal du ciel et roi de la terre, il l'anoblit, la peuple et l'enrichit ; il commande aux êtres vivants et établit entre eux l'ordre, la subordination et l'harmonie ; il embellit la nature, même après Dieu ; il la cultive, l'étend et la polit ; il en élague le Chardon et la Ronce, il y multiplie le Raisin et la Rose. Pour faire toutes ces grandes conquêtes, pour pouvoir exercer toutes ces sublimes fonctions, il a été doué de toutes les qualités, de tous les avantages, de tous les secours nécessaires, c'est-à-dire d'une intelligence, d'une adresse et d'une puissance presque divines. L'abrégé le plus complet et la fleur de la création, le favori, l'enfant bien-aimé de la nature, non-seulement l'Homme occupe la première place et porte sur la terre la couronne et le sceptre, mais il y est nécessaire, il y est le délégué de Dieu, le vice-roi des choses, et le second créateur sans lequel rien ne prospère, rien ne prend une pleine et véritable existence, sans lequel tout ce qui avait brillé sous ses mains fécondes s'éclipse, et tout ce qui avait grandi s'efface et retombe comme dans les limbes d'une espèce de chaos rédhibitoire.

Tous les efforts de l'industrie de l'Homme tendent à transformer la matière et à ramener à son usage toutes les productions de la nature. Qui ne serait frappé de la puissance de son génie, en le voyant exploiter les forêts, les carrières, les mines, et descendre à d'immenses profondeurs dans les entrailles de la terre, pour en extraire le sel, la houille, tous les matériaux que réclament les métiers et les arts ; façonner le bois, fondre le métal et les approprier l'un et l'autre à ses besoins sous des formes innombrables ; tisser la laine, le lin, la soie, et en fa-

briquer les étoffes diverses; se frayer une route hardie
à travers les vastes mers et braver les tempêtes sous les
feux des tropiques comme au milieu des glaces du pôle,
pour transporter d'une contrée à l'autre les produits particuliers à chacune d'elles, unissant ainsi par la navigation et le commerce les deux hémisphères et les extrémités du monde.

Et ces bois et ces riants vergers, qui les a plantés?
ces parcs, ces jardins, qui les a dressés? qui a cultivé
ces campagnes couvertes de moissons ondoyantes? qui a
desséché ces marais, creusé ces canaux, tracé ces chemins, défriché ces bruyères, fertilisé ces déserts, multiplié de toutes parts les herbes et les plantes salutaires?
N'est-ce pas encore la main féconde de l'Homme? n'est-ce
pas à son travail, à son industrie, à sa patiente activité
qu'est dû cet éclat dont resplendit la nature cultivée?

Transporté d'admiration en contemplant ces merveilles
de la puissance de l'Homme, Buffon s'écrie : « Qu'elle est
belle cette nature cultivée! que par les soins de l'Homme
elle est brillante et pompeusement parée! Il en fait lui-
même le principal ornement, il en est la production la
plus noble. En se multipliant, il en multiplie le germe
le plus précieux; elle-même aussi semble se multiplier
avec lui. Il met au jour, par son art, tout ce qu'elle
recélait dans son sein. Que de trésors ignorés! que de
richesses nouvelles! les fleurs, les fruits, les grains per-
fectionnés, multipliés à l'infini; les espèces utiles d'animaux transportées, propagées, augmentées sans nombre;
les espèces nuisibles réduites, confinées, reléguées; l'or
et le fer, plus nécessaire que l'or, tirés des entrailles de la
terre; les torrents contenus, les fleuves dirigés, resserrés,
la mer même soumise, reconnue, traversée d'un hémi-

sphère à l'autre; la terre est accessible partout, partout
rendue aussi vivante que féconde. Dans les vallées, de
riantes prairies; dans les plaines, de riches pâturages ou
des moissons encore plus riches; les collines chargées de
vignes et de fruits, leurs sommets couronnés d'arbres
utiles et de jeunes forêts; les déserts devenus des cités
habitées par un peuple immense, qui, circulant sans
cesse, se répand de ces centres jusqu'aux extrémités;
des routes ouvertes et fréquentées, des communications
établies partout comme autant de témoins de l'union et
de la force de la société; mille autres monuments de puissance et de gloire démontrent assez que l'Homme, maître
du domaine de la terre, en a changé, renouvelé la surface entière, et que, de tout temps, il partage l'empire de
la nature.

« Cependant il ne règne que par droit de conquête,
il jouit plutôt qu'il ne possède, il ne conserve que par
des soins toujours renouvelés; s'ils cessent, tout languit,
tout s'altère, tout change, tout rentre sous la main de
la nature; elle reprend ses droits, efface les ouvrages de
l'Homme, couvre de poussière et de mousse ses plus
fastueux monuments, les détruit avec le temps, et ne
lui laisse que le regret d'avoir perdu par sa faute ce
que ses ancêtres avaient conquis par leurs travaux. »

On ne peut se défendre de quelque étonnement lorsque,
après avoir jeté les yeux sur les innombrables espèces d'a-
nimaux et de végétaux qui pullulent autour de l'Homme,
on songe au petit nombre d'espèces qui lui sont utiles
et à la parcimonie avec laquelle ces espèces d'élite sont
répandues dans la nature. Supposez que tout l'effet des
travaux soutenus durant tant de siècles pour la culture
du sol et la multiplication des animaux domestiques,

vînt tout à coup à disparaître, quelle effroyable calamité !
quelles difficultés de tout genre pour ramasser à l'aventure les rares et misérables objets de subsistance que la
terre produit spontanément ! Si le genre humain trouve
de quoi vivre dans la demeure qui lui est assignée, c'est
donc par le fait de l'ordre particulier qu'il a su y instituer
lui-même. Ce qu'il reçoit de la nature est peu de chose
en comparaison de ce qu'il l'oblige à lui donner ; on
dirait que, féconde à contre-cœur, il faut, hormis en
un petit nombre de cas, lui faire violence pour jouir de
ses bienfaits. Si, au lieu de demeurer clair-semées et à
demi perdues dans l'exubérance des espèces nuisibles et
inutiles, les espèces qui convenaient le mieux aux besoins
de l'Homme ont pris le dessus sur toutes les autres,
c'est à son industrie qu'il le doit. Il a même dû les
modifier de manière à développer leur saveur et leur
succulence ; et, en se chargeant lui-même du soin de leur
propagation et de leur entretien, il leur a donné tant
d'avantages, qu'elles ont fini par remplir toute la campagne. Enfin autour de lui, comme dans un paradis terrestre, il n'y a, pour ainsi dire, plus rien qui ne relève
de lui. Là, à perte de vue, des sillons, des prairies, des
vignes, des vergers ; là des compagnies d'oiseaux, des
ruches, des viviers ; là des troupeaux de toutes sortes. Il
semble, à voir les champs si bien fournis, que l Homme
n'ait qu'à étendre la main devant lui pour avoir de quoi
se nourrir ; et même, s'il y a quelque objet de son goût
hors de son voisinage, le commerce est aux aguets pour
le lui présenter aussitôt qu'il le demande.

Mais ce n'est qu'à force de travaux et par des soins
incessants que l Homme parvient à s'assurer la propriété
de ces bonnes espèces et à les multiplier autour de lui.

Il faut qu'il les prenne sous sa tutelle, qu'il les dé-
fende contre les lois de la nature. S'agit-il de la culture
des plantes, il est obligé de nettoyer, de préparer le sol
pour recevoir la semence, et le disposer à se prêter mollement aux racines; il doit s'opposer à l'invasion des
végétaux ennemis qui opprimeraient ceux qu'il protége;
si ces derniers sont délicats, il doit leur ménager des
abris convenables contre les atteintes du froid et les
ardeurs du soleil. C'est pour leur préparer des sillons,
pour surveiller, diriger leur développement, pour les
récolter ensuite, qu'il est obligé de passer une partie de
sa vie en plein air, et de braver hors de sa demeure
toutes les intempéries des saisons. Un grain de blé est le
germe des sceptres et des couronnes; le soc qui fonda
les empires soudoie les potentats, et le froment que je
sème doit germer en munitions de guerre, en artillerie,
en vaisseaux, etc. : la terre est la corne d'abondance d'où
sortent les productions utiles, les richesses réelles et la
perpétuité de leur cours; mais cette même terre, qui
change la pluie en aliments, pour perpétuer et étendre
le cercle de la prospérité commune, veut être continuellement vivifiée par des mains laborieuses.

L'administration des troupeaux n'entraîne pas moins
de sollicitude. Il y a des animaux pour lesquels l'Homme
est forcé d'avoir presque autant d'attention que pour
lui-même; il faut qu'il les mène et les surveille; qu'il
leur bâtisse des étables; qu'il cultive et emmagasine pour
eux les plantes dont ils ont besoin; en un mot, qu'il les
fasse vivre dans sa propre hospitalité et ne cesse de les
environner de soins.

Encore si la nature acceptait avec docilité les réformes
que l'Homme lui impose et le laissait jouir en paix des

biens qu'il est parvenu à conquérir sur elle; mais elle est toujours prête à éclater en soudaines violences et à lui ravir le fruit de ses efforts. Tantôt ce sont des pluies excessives contre lesquelles il est sans ressources, tantôt des débordements de rivières, tantôt des sécheresses, tantôt la grêle, tantôt la gelée, tantôt les épidémies, tantôt même l'incendie, fléaux dévastateurs qui enlèvent à l'Homme le produit de tant d'industrie et de labeurs : les champs sont ravagés, les troupeaux détruits, et l'Homme, menacé des horreurs de la famine, erre avec désespoir dans ces campagnes sur lesquelles la nature vient de ressaisir momentanément son empire. « La culture de la terre est un soin perpétuel qui ne nous laisse en repos ni jour ni nuit, ni en aucune saison : à chaque moment l'espérance de la moisson et le fruit unique de tous nos travaux peut nous échapper : nous sommes à la merci du ciel inconstant, qui fait pleuvoir sur le tendre épi non-seulement les eaux nourrissantes de la pluie, mais encore la rouille inhérente et consumante de la niellure[1]. » Que de choses Dieu n'a-t il pas gardées dans sa main ! l'ouragan, la foudre, les tremblements de terre, toutes ces puissances formidables sans cesse armées contre nos créations, contre nous-mêmes, qui nous tiennent constamment en éveil et nous rappellent cruellement que si, sur certains points, il existe entre notre nature et la nature de la terre une harmonie calculée, notre destinée n'a cependant pas voulu que cette harmonie fût parfaite.

Il est donc visible qu'au moins, dans l'état présent des choses, les innombrables tribus des plantes et des animaux,

---

[1] BOSSUET, *Élévations sur les Mystères.*

sauf quelques espèces, n'existent pas dans un but d'utilité pour l'Homme, et non-seulement les espèces utiles à notre entretien ne sont qu'une fraction presque insensible de ce nombre immense, mais encore n'en tirons-nous quelque profit qu'en modifiant nous-mêmes leur essence et en leur créant des conditions nouvelles d'existence. Quelle chance y a-t-il que nous puissions jamais tenir sous notre main et réduire à notre service ces millions de races diverses entre les destinées desquelles nous ne voyons rien de commun ; par exemple, ces armées de Mollusques et de Zoophytes qui remplissent l'Océan, population si étrangère à l'Homme et qui doit sans doute conserver à perpétuité son indépendance native? Mais quand on admettrait que la fin de tous les êtres qui sont sur la terre est de servir un jour au bien de notre espèce, on est forcé de reconnaître que l'Homme, quel que soit son développement intellectuel, sera toujours lié à certaines espèces, principe fondamental de sa nourriture et de son entretien, et que, par conséquent, une partie considérable de son temps devra toujours se passer dans les champs, en lutte contre la nature et contre ses influences, afin de s'assurer à lui-même, et à ces êtres dont il est dépendant, la possession de la terre.

« Rendons grâces à Dieu de tous les biens qu'il nous a laissés dans le secours des animaux : accoutumons-nous à le louer en tout. Louons-le dans le Cheval, qui nous porte ou qui nous traîne; dans la Brebis, qui nous habille et qui nous nourrit; dans le Chien, qui est notre garde et notre chasseur ; dans le Bœuf, qui fait avec nous notre labourage. N'oublions pas les Oiseaux, puisque Dieu les a amenés à Adam comme les autres animaux, et qu'encore aujourd'hui, apprivoisés par notre industrie,

ils viennent flatter nos oreilles par leur aimable musique, et, chantres infatigables et perpétuels, semblent
vouloir mériter la nourriture que nous leur donnons.
Si nous louons les animaux dans leur travail, et, pour
ainsi dire, dans leurs occupations, ne demeurons pas
inutiles : travaillons, gagnons notre pain chacun dans
son exercice, puisque Dieu l'a mis à ce prix depuis le
péché [1]. »

§ V

L'Homme mange son pain à la sueur de son front.

Promenez vos regards sur le globe, voyez tout ce qui
se fait à sa surface : pourquoi tous ces mouvements que
se donnent chaque jour, en tant de pays divers, ses habitants de toute espèce? quel est le but de cette agitation
incessante? La recherche des objets de subsistance. Voilà
à quoi se consume la vie de la plupart des Hommes, à
quoi se rattachent tant de soins qu'on leur voit prendre.
Non-seulement la faim et la stérilité de leur planète les
condamnent à passer dans cette occupation la majeure
partie de leur vie; mais cette occupation, si misérable
en elle-même, n'a rien d'agréable pour eux. C'est une
peine véritable, qui exige à elle seule plus de dépense de
force musculaire que ne le font ensemble toutes les autres
occupations que notre condition nous impose. C'est elle
qui fait couler sur le visage humain cette éternelle sueur
dont il est question dans la Genèse. Bon gré, mal gré, sous
peine de mort, il faut nous résoudre à la verser, car c'est
de quoi nous vivons. Si nous regardions bien à ce que nous

[1] BOSSUET, *Élévations sur les Mystères.*

mangeons, nous verrions que tout y est imprégné de
sueur d'Homme. Combien il s'en répand, en combien de
lieux, sur combien de fronts, dans combien d'opérations différentes, pour la création d'un seul morceau de
pain! On en est étonné lorsqu'on y pense en détail, et
rien ne fait mieux comprendre le triste état de l'Homme
sur la terre, qui ne peut se soustraire au tourment de la
faim qu'en se tourmentant lui-même de tant de manières.
Il a fallu construire la charrue, arracher de la terre,
pour le livrer à la forge, le fer qui doit ouvrir son sein,
ensuite défricher péniblement le sol, préparer le labour,
ensemencer les sillons, veiller sans cesse pour protéger la
précieuse plante contre l'envahissement des mauvaises
herbes ou la dent des animaux; puis viennent les durs
travaux de la moisson, et le battage et la mouture, et
celui qui pétrit avec tant d'efforts, et celui qui veille pour
entretenir le feu et diriger la cuisson. Ces opérations diverses en nécessitent d'autres non moins pénibles, telles
que l'extraction de la pierre, la préparation de la brique
et de la chaux, l'assemblage et la mise en place de ces
matériaux pour la construction du four; il faut y joindre
les travaux du bûcheron qui est allé couper le bois dans
les forêts, des voituriers et des bateliers qui l'ont transporté, et de toutes les personnes qui ont dû travailler
pour eux pendant qu'ils s'acquittaient eux-mêmes de ces
tâches particulières. Voilà donc, pour une seule bouchée
de pain, toute une multitude en haleine, tous les métiers
en activité; comptez, si vous pouvez, les gouttes de sueur
qui en composent en quelque sorte l'essence. Que serait-
ce donc si, au lieu d'un pauvre morceau de pain, le strict
remède contre l'inanition, nous considérions ce qui nous
est nécessaire pour un repas convenable! que serait-ce si

j'entreprenais de peindre les fatigues, les épuisements,
les dangers de tout genre, endurés sur terre et sur mer,
et jusque dans les profondeurs souterraines, pour produire les mets servis même à la table la plus frugale! Je
craindrais, en les rappelant, d'y étouffer la joie, d'y faire
paraître abominable la délicatesse la moins recherchée, et,
devant les saisissantes images des souffrances physiques
et morales dont on y savoure les fruits avec insouciance,
d'y faire tomber des larmes de compassion et de découra-
gement parmi les coupes. La misère de notre condition
est partout : si nous nous réunissons pour respirer la vie
en commun et goûter un peu de joie, cette misère est
là, au milieu de nous, qui se cache, mais d'autant plus
grande qu'il y a plus de richesse dans le service. Si nous
ne la voyons pas, c'est grâce à la légèreté de notre esprit
et parce que nous ne voulons qu'effleurer la superficie
des objets; mais partout où le luxe nous sourit, ôtons
le masque, et nous verrons dessous des visages qui
pleurent.

« En effet, dit un écrivain déjà cité, ce n'est pas seulement pour nourrir son corps que l'Homme est obligé
de pâtir; il est obligé de pâtir de la même manière pour
se préserver de tous les autres inconvénients du séjour
terrestre. La nature n'y obéit nulle part à sa voix, et il
n'en obtient rien qu'en lui faisant violence. Il est donc
forcé, s'il veut lui imposer quelque changement, de s'y
prendre de vive force, de soutenir une guerre, de se fatiguer, d'entrer de lui-même dans le mal-être. Ce n'est
qu'avec cette peine volontaire qu'il se délivre des peines
naturelles auxquelles sa présence sur la terre l'expose,
et, s'il parvient à s'y procurer quelque aisance, c'est
toujours avec son labeur qu'il le paie. Ainsi le travail est

sa rançon, et il ne se peut racheter qu'à ce prix. S'il veut communiquer, malgré l'obstacle de la distance, avec les pays lointains, en évitant la perte de temps et la souffrance qu'une longue marche lui causerait, il faut qu'il se rachète en travaillant pour établir des routes, pour construire des voitures, pour nourrir et entretenir des chevaux ; s'il veut traverser la mer, il faut qu'il se rachète en bâtissant des vaisseaux; s'il veut se préserver du froid, de la pluie, des incommodités de toute espèce qui font de l'atmosphère un lieu d'affliction, il faut encore qu'il se rachète en s'appliquant, soit à fabriquer des vêtements, soit à rassembler les matériaux avec lesquels la chaleur et la lumière se produisent, soit enfin, chose si coûteuse, à édifier des maisons. Combien son génie est donc au-dessus de sa puissance, puisqu'il y a une telle opposition entre la facilité avec laquelle il conçoit la manière de corriger la nature, et la peine avec laquelle il la corrige effectivement ! Aussi, pour apercevoir la grandeur du genre humain, vaut-il bien mieux jeter les yeux sur les résultats généraux de ses inventions que sur son activité. Celle-ci, par la monotonie et la puérilité des opérations manuelles, par la médiocrité des effets, par le déplaisir et la lassitude dont elle est presque toujours accompagnée, n'est-elle pas digne de pitié? On ne peut s'empêcher de prendre une bien pauvre idée de la vertu créatrice de l'Homme, quand, au lieu de le contempler, la lutte achevée, jouissant en paix du fruit de sa patience et triomphant majestueusement de la nature partout où elle l'avait menacé, on le suit à la tâche, et qu'on le voit piochant, creusant, portant des fardeaux, tournant des manivelles, haletant, mal à l'aise, aspirant à l'heure où il se reposera, trem-

pant la terre de ses sueurs tout le jour, pour y faire en
définitive si peu de chose, qu'il suffit de s'éloigner de
quelques pas pour que cela ne paraisse déjà plus. Et c'est,
en effet, une suite et en même temps une marque bien
manifeste de l'imperfection de son état présent, que cette
difficulté qu'il éprouve à se rendre maître de la nature
dans les moindres objets. Ce n'est qu'avec le temps, au
moyen de toutes sortes de ruses et d'artifices, après s'être
mis en ligue avec ses semblables, qu'il vient à bout de ce
qu'il veut. Il ne manœuvre pas autrement qu'une Fourmi,
et sa persévérance et son adresse valent mieux que ses
muscles. Quelle misérable chose que son corps si l'on y
cherche un instrument de création ! Sa destinée est de
transformer la surface du globe pour l'accommoder à ses
besoins, d'y découper les montagnes, d'y asseoir les
rochers dans un autre ordre, d'y tailler aux rivières de
nouveaux lits ; et il n'est pas même organisé de manière
à creuser avec ses ongles dans la poussière. Il n'est en
état par lui-même ni de trancher, ni de frapper de
grands coups, ni de manier et déplacer les lourdes masses,
et cependant il faut qu'il exécute tout cela : il faut que
sur tous les points par où la nature le touche, il s'engage contre elle, et il est sans armes, presque sans force.
Qui ne conviendrait que la loi à laquelle il se trouve livré
sur la terre est une loi sévère? et comment ne serait-il
pas soumis à une fatigue continuelle quand il a tout à
faire avec un bras si faible ? »

Si au moins, par un aussi rude assujettissement,
l'Homme venait à bout de se procurer l'aisance dont il
est possible de jouir sur la terre ; si la sueur de chaque
Homme suffisait pour payer tout ce dont il a besoin ;
mais il s'en faut bien qu'il en soit ainsi. L'immense

majorité des Hommes est à la peine; sa corvée est de tous
les jours, presque de tous les instants, dure, fatigante,
souvent excessive; la sueur coule de toutes parts, continuellement, en abondance; et, avec tout cela, il n'y a
qu'un petit nombre d'Hommes qui obtienne les commodités de la vie, tandis que les autres demeurent exposés,
au moins en partie, à toutes les duretés de la nature.
Malgré quelques améliorations et une augmentation
réelle de bien-être, dues aux progrès de l'industrie et à
une prospérité matérielle dont les siècles passés n'offrent
pas d'exemple, c'est un fait qui frappe tous les yeux,
que l'immense majorité des habitants, même dans les
pays les plus vantés pour leurs richesses et leur civilisation, loge dans de misérables maisons, mal meublées,
mal aérées, mal éclairées, mal chauffées; est incapable
de passer d'un lieu à l'autre, sinon à pied, à la pluie ou
au soleil, dans la boue ou dans la poussière, sans hospitalité; ne porte que des vêtements grossiers et de forme
disgracieuse qui ne la couvrent qu'imparfaitement; mal-
propre et à peine chaussée, pauvrement nourrie, privée
de vin, privée de viande et de tout agrément culinaire,
souvent réduite à se ménager le pain, souvent même à
avoir faim; enfin l'immense majorité travaille, et non-
seulement elle ne jouit pas, mais son travail est si assidu
et sa vie si épineuse, qu'elle manque presque absolument
de la quiétude nécessaire au plein développement de
l'existence. L'infortuné, condamné au soin de pourvoir
à la pressante nécessité de conserver sa vie, ne fait
usage de ses lumières que pour sentir plus fortement
son triste état; il tourne toutes ses pensées vers les
moyens qui peuvent l'améliorer; et, quand il est sans
espérance, il se laisse abattre, et devient bientôt inca-

pable de tout travail qui exige de la liberté et de la force
dans l'esprit.

§ VI

Le génie de l'Homme appliqué à la combinaison des forces de la
nature.— La vapeur. — Progrès de l'industrie et somme de bien-
être matériel qui en résulte.

Si le genre humain, dans sa lutte contre la nature,
était réduit à la seule force de ses muscles, il faudrait
désespérer sans doute de voir jamais cesser ou changer
cet état de guerre. Mais l'Homme a en outre l'intelligence,
faculté qui le sert bien plus utilement que ses muscles
dans le développement de sa puissance industrielle; aussi
est-il rare qu'il engage directement sa force contre la
résistance naturelle qu'il veut dompter; il a une tactique
qui lui réussit mieux. Il applique son génie à la découverte des secrètes dispositions de la nature, et lorsqu'il
est parvenu à les connaître, il les combine, il les oppose,
il les tourne les unes contre les autres, et réduit ainsi la
nature rebelle par le seul effet des circonstances qu'il lui
prépare et dans lesquelles il la laisse. Il est aidé non-
seulement par sa force personnelle, mais encore par
toutes celles qu'il a su enrôler sur l'ennemi, qui deviennent alors des auxiliaires d'autant plus puissants
que la nature est plus au-dessus de l'Homme.

Découvrir les moyens propres à neutraliser de plus en
plus les influences hostiles de la nature, et à faire régner
autour de lui une plus grande somme de bien-être; découvrir en outre les moyens de réaliser ces inventions
avec une quantité de bras de plus en plus petite, tel est,

maintenant qu'il a à sa disposition autant de force qu'il en peut souhaiter, le double but vers lequel, pour assurer son succès, l'Homme doit tourner tous les efforts de son intelligence. Avec le sentiment que nous avons aujourd'hui de la dignité de notre espèce, il nous répugne de voir l'Homme s'employant comme un agent mécanique, se ravalant au niveau d'un animal, d'une chute d'eau, de toute force aveugle et grossière. Ce n'est pas tant la sueur qu'il verse qui fait pitié, que le métier misérable dans lequel il est. Est-ce bien à jamais la destinée d'un si grand nombre de nobles créatures de n'être sur la terre que des fournisseurs de mouvement? La fin de l'industrie ne doit-elle pas être, au contraire, tout en répandant l'aisance jusque dans les derniers rangs de la société, d'élever tous les travailleurs à la dignité d'artistes et de directeurs intelligents de la force étrangère, en sorte qu'on pût se les représenter comme les officiers de cette grande milice que nous tirons de la nature, et qui nous sert à soumettre la terre à notre discipline? Qu'ils se fatiguent maintenant, qu'ils fassent effort, qu'ils se trempent de sueur, leur grandeur ne m'échappe plus; je puis les plaindre, mais je vois des maîtres et je les admire.

« En voici un qui médite de grandes choses; il entre dans la terre, il en rompt d'un coup de poudre quelques morceaux qu'il jette, en les enflammant, dans une construction qu'il a disposée d'avance, et dans laquelle ce feu trouve de l'eau : que la nature agisse maintenant, qu'elle suive ses lois, ces mêmes lois desquelles, dans sa liberté, elle nous fait naître l'incendie, la sécheresse, la pluie, les inondations de toute espèce; il n'y a plus à la craindre, car on a su la mettre dans des conditions où tous

les phénomènes qu'elle peut produire sont désormais à la
convenance de l'Homme. Elle est prête à travailler sous
ses ordres, et, pourvu qu'il lui prépare les matériaux et
les instruments nécessaires, et qu'il la mette aux prises
avec eux, elle va lui fabriquer ses vêtements, lui forger
le fer, lui scier le marbre, lui façonner toutes choses, lui
creuser ses rivières, lui remorquer ses bateaux, le transporter lui et ses fardeaux partout où il lui plaît, et, pour
peu qu'il le désire, lui labourer et lui ensemencer la
terre. Il suffit qu'il soit présent, afin de veiller à l'im-
prévu, et de guider par la main, dans les champs et dans
les ateliers, son aveugle et gigantesque esclave. C'est un
esclave, en effet, qui ne saurait travailler de lui-même
et sans l'assistance de son maître; ou, pour prendre une
figure plus juste, il n'y a là qu'un simple développement
de la force musculaire de l'Homme : ainsi fortifié, un
seul bras accomplit ce qu'autrement mille bras n'auraient
pu faire. Mais encore est-il de première nécessité que ce
bras d'Homme soit à l'œuvre, puisqu'il est le principe
de tout. C'est cette   résence de l'Homme au travail qui
constitue dans l'industrie le point invariable [1]. »

[1] J. REYNAUD. — Les applications de la vapeur sont innombrables. Elle ne
sert pas seulement à la locomotion ; mais les épuisements, l'approvisionne-
ment des eaux, l'exploitation des mines, la fabrication des métaux, la filature,
le tissage, l'art des constructions, l'agriculture, tous les procédés mécaniques
des arts industriels empruntent aujourd'hui la force motrice de cet agent merveilleux. L'Homme possède là un élément de force que la Providence lui a préparé de longue main, et dont la durée paraît devoir s'étendre au delà de périodes séculaires incalculables. C'est par cet emprunt à la puissance de la
nature que l'Homme a constitué définitivement son empire sur le globe terrestre, où il est libre de développer maintenant à son gré, en tout temps, en
tout lieu, la force vive nécessaire à ses besoins et à ses jouissances ; une carrière indéfinie a été ouverte à l'Homme, secondé par ce puissant auxiliaire. La
vitesse des vents était insuffisante à son gré, il a emprunté la force de la
vapeur, et voilà qu'il franchit en moins de deux semaines l'Océan qui sépare

Chaque jour, de la même quantité de travail, naît une plus grande somme de biens. Midas, convertissant en or tout ce qu'il touche, offre une image juste et ingé-nieuse de l'industrie moderne. Que l'on compare ce qui se produit aujourd'hui en Europe, et ce qui, il y a un siècle, s'y produisait avec la même sueur : que de terrain gagné sur la nature dans un si court intervalle, et combien lui en enlèverons-nous donc encore avant cent ans! Quel serait l'étonnement d'une jeune fille grecque, si, après un sommeil de deux mille ans, elle pouvait s'éveiller tout à coup et contempler la toilette d'une de nos ouvrières portant une chemise de toile fine, un tablier de soie, un bonnet de tulle, une robe de toile de coton

l'ancien et le nouveau monde. Sur un chemin de fer convenablement tracé, il se meut avec la rapidité des sphères dans l'espace. Pour ouvrir une libre voie à ses courses rapides, il aplanit la croûte du globe hérissée d'aspérités et d'obstacles. La vapeur elle-même intervient dans ces modifications gigan-tesques du sol de notre planète. Déjà elle creuse les ports, les canaux et les rivières. Développée sur une grande échelle, elle groupe autour de centres puissants d'action des populations industrielles qui n'ont d'autres occupations que de surveiller et de diriger ses mouvements en alimentant sa puissance motrice. Souvent elle est fractionnée au point de ne produire qu'une force à peu près équivalente à celle d'un cheval ordinaire, et sous cette forme elle s'introduit dans la chambre de l'ouvrier, dans la chaumière du cultivateur. Substituée avec d'immenses avantages à la force des hommes, des animaux, des eaux et des vents, elle rame, pompe, tisse, charrie, traîne, soulève, forge, file, imprime, opère avec une régularité parfaite tous les plus étonnants effets que l'on pût espérer d'atteindre en mécanique.

Source inépuisable de richesses pour les États pendant la paix, elle est des-tinée à devenir leur plus puissant auxiliaire pendant la guerre. Déjà nous voyons s'accomplir sous nos yeux les premières phases de la révolution qu'elle doit introduire dans la tactique navale. En un mot, la vapeur asservie à tous les besoins, à toutes les convenances d'un grand peuple, doit s'élever à un degré de puissance et de prospérité dont l'histoire ne saurait nous donner aucun exemple. Il est même présumable qu'après avoir renversé les barrières posées par la nature, elle finira par réaliser parmi les nations ces principes de paix et de fraternité encore trop éloignés de l'état actuel du monde, mais dont le règne arrivera un jour sur la terre.

série des êtres animés, comme étant sur la terre la beauté
la plus parfaite et l'image la plus élevée de la Divinité.
Ainsi dans l'air et au fond des eaux, sur les hauteurs et
dans les abîmes, les êtres innombrables, appartenant à
la création animée, peuvent être regardés comme autant
d'expressions des pensées de Dieu et de ses inventions,
conformément à un type suprême d'art et de sagesse, et
nous voyons, pour ainsi dire, les animaux s'avancer vers
l'Homme, comme ils s'avançaient vers le premier père
de notre race, et s'approcher pas à pas de sa forme.

Quand l'Auteur des choses eut achevé son ouvrage, et
qu'il eut épuisé en apparence toutes les formes possibles
sur notre terre, il s'arrêta et contempla le produit de ses
mains; et comme il vit que la terre manquait encore de
son principal ornement, de son souverain et d'un second
créateur, il prit conseil en lui-même, il combina entre
elles les formes et composa son chef-d'œuvre, la beauté
humaine. Avec une affection de père, il tendit la main à
la dernière créature de sa pensée, et lui dit : Sois debout
sur la terre! Abandonnée à toi-même, tu eusses été un
animal semblable aux autres animaux; mais, par mon
appui et mon amour, marche la tête levée, et sois le dieu
des animaux.

L'Homme, sur la terre, achève l'œuvre que Dieu l'a
chargé de terminer : sa main se promène avec une infatigable persévérance sur la surface rude et ébauchée du
globe pour la polir; et si le monde terrestre est l'œuvre
de Dieu, il est aussi, dans un certain sens, l'œuvre de
l'Homme, car partout déjà sa volonté et sa puissance ont
laissé leur trace et leur empreinte [1]. Aux broussailles et

[1] Dieu nous a donné la substance des choses, il en a abandonné les modifications à notre travail et à l'industrie de l'Homme : par exemple, il a fait croître

aux forêts, qui hérissaient le front de notre planète comme une crinière sauvage, succède une douce et ondoyante chevelure de moissons et de prairies; les fleuves obéissent à la voix et reçoivent de nouveaux lits; les torrents vagabonds dans les plaines se resserrent entre les rivages escarpés comme une digue de rochers; de nouvelles lignes d'eau se dessinent et sillonnent la terre de leurs bassins et de leurs canaux; les montagnes s'aplanissent; les rochers, frappés par la verge des sondeurs, laissent jaillir des fontaines; et l'Homme, devenu créateur de la lumière, éclaire dans la nuit la face de sa planète, qui, parée de ses lanternes, se promène silencieuse parmi les ténèbres de l'espace.

L'Homme tient à tout, il est la chaîne de communication entre tout ce qui existe. L'animal, la plante, sont circonscrits dans leur sphère; la nôtre embrasse l'univers par nos besoins naturels ou factices, par nos connaissances et par le commerce; nous sommes l'âme du monde physique. L'Homme, par le nombre et par ses facultés, s'est acquis la prépondérance sur la terre; il est devenu le dominateur des continents et des mers. C'est à lui seul qu'appartient, dans la nature, le droit de vaincre et de régner; il en est digne par son génie et maître par ses facultés; quels animaux peuvent lui disputer le trône? Il n'a point fondé ses droits sur la

le blé, c'est à l'Homme à le changer en pain. Dieu nous donne la vigne, il ne nous donne pas le vin; la laine qui sert à nous vêtir, c'est à nous à faire le vêtement; la pierre, et non l'édifice. Parce qu'il créa l'Homme à son image, il semble l'associer à l'œuvre de la création. C'est lui qui a produit les matériaux, c'est par les mains de l'Homme qu'il achève la création et embellit la nature. Tout-puissant parce qu'il est Dieu, il a fait éclore du sein du néant chacune des substances génératrices; l'Homme fait naître de leur sein ce qui n'existait pas. — Voyez S. Jean Chrysostome, *De dicto Abraham.*

violence, mais ils sont établis sur son mérite et ses qualités. Si l'empire appartenait uniquement à la force, le Lion et l'Éléphant combattraient pour le sceptre du monde ; la Baleine et le Requin se disputeraient la domination de l'Océan ; mais tous reconnaissent la supériorité de l'Homme ; sa main sait asservir le Tigre, soumettre l'Éléphant, harponner la Baleine ; la balle va dompter l'orgueil de l'Aigle au sein des airs ; les bêtes les plus farouches, les tyrans de la terre et des airs, les monstres de l'Océan fuient sa présence ou tremblent à sa voix. Il donne la loi aux puissantes Baleines, et fait agenouiller l'Éléphant à ses pieds ! Sa supériorité est telle sur les animaux, qu'il leur est plus avantageux de s'en faire oublier comme l'Insecte, que de lui résister comme le Lion et le Rhinocéros [1].

A mesure que l'Homme s'est répandu sur le globe, non-seulement il a dominé l'étendue sur laquelle s'étaient retirés les animaux encore libres, mais toutes leurs forces ont été, pour ainsi dire, comprimées par le défaut d'espace, de sûreté et de nourriture. Leurs associations ont été dispersées à l'approche de la société humaine, qui n'a pas souffert de rivale [2]. Son génie a dompté tous ceux dont il a cru pouvoir tirer quelque ser-

---

[1] « On conviendra que le plus stupide des Hommes suffit pour conduire le plus spirituel des animaux ; il le commande et le fait servir à ses usages ; et c'est moins par force et par adresse que par supériorité de nature, et parce qu'il a un projet raisonné, un ordre d'actions et une suite de moyens par lesquels il contraint l'animal à lui obéir ; car nous ne voyons pas que les animaux qui sont plus forts et plus adroits commandent aux autres et les fassent servir à leur usage. » — BUFFON.

[2] « Ils se retirent devant lui à mesure qu'il étend les limites de son domaine ; le désert est tout ce qu'il leur faut, et ils le cèderont encore à l'Homme au jour où il lui plaira d'y planter sa tente. » — M. DESDOUITS, L'Homme et la Création, etc.

vice : il a modifié leur naturel, altéré leurs goûts, changé leurs appétits; il les a dominés au point de n'avoir plus besoin d'autre chaîne que celle de l'habitude pour les retenir auprès de sa demeure. Il les a faits ses esclaves, et, après s'être emparé de leurs forces, de leur adresse ou de leur agilité, il a donné à l'agriculture le Bœuf, au commerce l'Ane, si patient, et le Chameau, ce vaisseau vivant des immenses mers de sable; à la guerre, l'Éléphant; à l'agriculture, au commerce, à la guerre, à la chasse, le Cheval généreux et le Chien fidèle; à ses goûts, le Lièvre, le Cabiai, le Cochon, le Chevreuil, le Pigeon, le Coq des contrées orientales, le Faisan de l'antique Colchide, la Pintade de l'Afrique, le Dindon de l'Amérique, les Canards des deux mondes, les Perdrix, les Cailles voyageuses, l'Agami, les Tortues, les Poissons; aux arts, les fourrures, les Martres, les dépouilles du Lion, du Tigre et de la Panthère; les poils du Castor, ceux de la Vigogne et de diverses Chèvres; la laine des Brebis, l'ivoire de l'Éléphant, de l'Hippopotame, du Morse, les défenses du Narwal, l'huile des Phoques, des Lamentins, des Cétacés; le blanc des Cachalots, les fanons des Baleines, la substance odorante du Musc, le duvet de l'Eider, la plume de l'Oie, l'aigrette du Héron, les pennes frisées de l'Autruche, les écailles du Caret, et jusqu'à celles de l'Argentine.

Il ne s'est pas contenté d'user et d'abuser ainsi de tous les produits de tant d'espèces qu'il s'est assujetties, il les a forcées à contracter des alliances que la nature n'avait point ordonnées : il a mêlé celles du Cheval et de l'Ane, et il en a eu, pour les transports difficiles, le Mulet et le Bardeau. Il a augmenté, diminué, modifié, combiné les formes et les couleurs de tous les animaux sur lesquels il a voulu exercer le plus d'empire. S'il n'a pu arracher à la nature le secret de créer des espèces, il a produit des races par la distribution de la nourriture, l'arrangement de l'asile, le choix des mâles et des femelles. Surtout par la constance, cet emploi magique de la force irrésistible du temps, il a fait naître de grandes variétés dans l'espèce du Chien; plusieurs dans celles de la Brebis, du Bœuf, de la Chèvre, du Bouc; un grand nombre dans celle du Coq, une multitude dans celle du Pigeon. On connaît les différentes races par le moyen desquelles le Cheval arabe s'est diversifié sous la main de l'Homme depuis les climats très-chauds de l'Afrique et de l'Asie jusque dans le Danemark et les autres contrées septentrionales. Et lorsque l'Homme n'a pu soumettre qu'imparfaitement les animaux, n'a-t-il pas su encore employer l'aliment qu'il a donné, la retraite qu'il a offerte ou la sûreté qu'il a garantie, à se délivrer des Rats par les Chats, des Reptiles dangereux par les Ibis et les Cigognes, d'Insectes dévastateurs par les Coucous et les Mainotes, etc.?

L'attention, l'adresse et le temps domptent les animaux les plus impatients du joug, par l'abondance de l'aliment, la convenance de la température et les commodités de l'habitation : des animaux nouvellement connus, tels que la Vigogne du Chili et la Chèvre de Cachemire, fournissent un poil doux, soyeux, léger, très-brillant, à des ateliers que des machines ingénieuses rendent chaque jour plus avantageux. La science indique à l'agriculture et les propriétés de divers terrains et les qualités des semences qui varient les recettes et multiplient les produits par leur convenance avec le sol; et les herbes destinées à former les prairies les plus nourricières; et les animaux dont

l'adresse, la force, la tempérance et la docilité peuvent
le plus alléger ses travaux ; et les arbres que les vergers
réclament, et jusqu'aux fleurs qui doivent embellir les
jardins et couronner les heureuses tentatives.

A mesure que les temps se succèdent, les difficultés
diminuent, les obstacles disparaissent, les ressources s'accroissent ; chaque découverte, chaque perfectionnement,
chaque succès en enfante de nouveaux. L'art de la navigation s'agrandit, la mécanique lui fournit des vaisseaux
plus agiles. Les rivalités des peuples, les jalousies du
commerce, les fureurs même de la guerre, n'élèvent plus
de barrières au-devant des Hommes éclairés qui cherchent de nouvelles sources d'instruction. La physique et
l'hydraulique créent de nouveaux moyens de descendre
sans péril dans les profondeurs de la terre. Des canaux,
conduits au travers des chaînes de montagnes, lient les
bassins des fleuves, et forment pour les voyages et
les transports un immense réseau de routes et de communications faciles. Les observations faites dans les contrées les plus éloignées les unes des autres peuvent être
comparées avec précision. La chimie ne cesse de découvrir ou de former de nouvelles substances. La cristal-
lographie dévoile la structure des minéraux ; un métal
longtemps inconnu sur une terre lointaine sert à perfectionner le système des mesures· par l'invariabilité des
modèles, les arts chimiques par l'inaltérabilité des creu-
sets, l'astronomie et l'art nautique par la pureté des
miroirs du télescope. On transporte au delà des mers les
végétaux les plus délicats sans leur ôter la vie : le Café,
le Tabac, le Thé, le Sucre, les Épices, portés avec soin
et cultivés avec assiduité dans des pays analogues à
leurs propriétés, donnent aux échanges une direction

plus régulière, affranchissant les nations d'une dépendance ruineuse, et distribuent avec plus d'égalité les fruits du travail parmi les peuples civilisés.

Quelles images, quels tableaux, quelle source inépuisable de sujets d'imitation, d'accessoires pour les faire ressortir, et d'ornements pour les embellir, l'éloquence et la poésie ne trouvent-elles pas dans le spectacle de la nature ainsi dévoilée et dans l'admirable variété de ses productions rassemblées de toutes parts ! Quelle puissance à chanter par les Homères et les Virgiles modernes, que celle de cette même nature physique combattant contre le temps ! Quel secours pour l'historien des sociétés humaines, incertain sur l'origine, la durée ou la succession des événements, que l'étude de ces sublimes annales que la nature a gravées elle-même sur le sommet des monts, dans les profondeurs des mers et dans les entrailles de la terre !

Une des grandes causes des progrès de cette civilisation qui a donné à l'Homme un si grand empire, a été ce besoin de penser, de réfléchir, de méditer, qu'ont dû éprouver ceux qui ont joui d'un sort paisible et de beaucoup de loisir. Plus frappés des divers phénomènes qui les ont environnés que les autres Hommes, et ne pouvant résister au désir d'en découvrir les causes, ils ont examiné avec soin et comparé avec assiduité les objets de leur attention, et, de comparaison en comparaison, ils se sont élevés à ces idées générales qui deviennent si fécondes lorsqu'on les approche les unes des autres pour en distinguer tous les rapports et en déduire toutes les conséquences. C'est alors que l'imagination s'anime et que le génie s'élève. Le courage entreprend de surmonter tous les obstacles ; ni les distances, ni les montagnes, ni les forêts, ni les déserts, ni les fleuves, ni les mers, rien ne l'arrête. Le hasard, l'expérience et le calcul donnent au verre les qualités et la forme qui agrandissent dans le fond de l'œil l'image des objets que leur distance trop grande ou leurs dimensions trop petites auraient dérobés à la vue. L'active curiosité pénètre dans les profondeurs des cieux et dans l'intérieur des productions de la nature. Le génie s'avance, pour ainsi dire, comme un géant suivi d'une légion d'Hommes illustres; il enflamme cette troupe immortelle, ce bataillon sacré qui combat pour accroître le domaine de la science. Quels trophées élèvent ces Hommes si favorisés de la nature et dont les rangs se multiplient et s'étendent sans cesse! le même souffle inspirateur les anime, les mêmes rayons les environnent.

Oui, l'Homme est grand surtout par les lois de sa nature intellectuelle, par le degré de perfection où ses facultés peuvent atteindre. Voyez-le exerçant son génie dans tous les arts, dans toutes les sciences, élevant sa pensée aux plus hautes conceptions. Tantôt, d'une voix solennelle, il chante dans un poëme Dieu, la création, les grands hommes et les grandes choses; ou combinant les lois de l'harmonie, dont le type se révèle à lui dans le murmure des mers, les soupirs des vents, le chant des Oiseaux, les mille bruits de la nature, il compose de ravissants concerts. éloquente transformation de sa pensée, sublime expression des émotions de son âme [1]; tantôt, par

---

1 Avec quelques points noirs, l'Homme peut tracer tous les sons qui frappent son oreille, depuis ces sons graves qui murmurent comme un bruit souterrain, jusqu'à ceux qui font crisper l'ouïe sous leurs vibrations multipliées; il peut, dans le silence, évoquer, par cet art admirable, des voix sonores qui chantent, qui se croisent et s'accordent, et cela en parcourant des yeux quelques lignes muettes qui portent ces concerts à son oreille assoupie.

la magie de son pinceau, il déroule sur une simple toile une perspective enchantée, les scènes les plus variées, les plus pathétiques ; ou bien c'est le marbre qui s'anime sous son ciseau, le bronze qui respire sous son burin, ou la pierre qui, dirigée par le fil à plomb et l'équerre, s'élève en magnifiques palais, en dômes luisant d'or qui fendent la nue. D'autres fois, muni de merveilleux instruments d'optique qu'il a inventés, il découvre de nouveaux mondes dans des atomes invisibles, ou il interroge l'immensité des cieux, étudie les lois des corps célestes, compte et classe les astres, trace aux planètes leurs orbites, calcule leurs éclipses, mesure la terre, pèse le soleil, et suit dans son énorme parabole la comète en feu. Il reconnaît et promulgue les lois éternelles auxquelles obéissent tous ces globes immenses, et qui dirigent tous les mouvements, règlent tous les équilibres, déterminent tous les repos. Il en découvre l'empire dans tous les phénomènes, dans le poids de l'atmosphère qui environne la terre et dans les soulèvements réguliers des mers qui la divisent en continents, dans les pluies qui l'arrosent et dans les orages qui la fécondent. Par son art, heureux rival de la nature, il s'empare de tous ses agents, maîtrise l'eau, l'air, le feu, les vapeurs les plus subtiles ; soumet toutes les substances à leur action, en sépare les éléments, les examine, les réunit à son gré ; décompose, analyse et recompose jusqu'aux rayons de la lumière. Ailleurs, plus hardi encore, il s'élance dans les hautes régions de la métaphysique, il recherche la nature des êtres, examine leurs rapports et la merveilleuse harmonie qui les enchaîne ; s'élève d'un bond jusqu'au suprême auteur de l'univers, jusqu'à Dieu, et là, dans les splendeurs d'où émane tout bien, toute vérité, tout

ordre, il sonde les mystères de la destinée des âmes,
plonge ses regards dans les profondeurs de l'éternité,
et redescend tout radieux d'espérances immortelles.

Et pourtant, malgré cette infinie variété de connaissances et de sublimes conceptions, l'intelligence de
l'Homme n'est pas saturée; elle a faim; elle dévore toujours; elle n'est ni troublée ni affaiblie; elle est, au contraire, plus heureuse et plus complète. Que l'oreille ne se
lasse pas d'entendre, que la mémoire ne s'emplisse point
par l'étude, que toutes les sciences viennent se décharger
dans cet esprit qui, comme l'Océan, reçoit toujours et ne
se déborde jamais : c'est un profond mystère, mais c'est
le mystère de la grandeur et de la force humaines [1].

« Seigneur, que votre nom est grand dans toute la
terre !

« Vous avez élevé au-dessus des cieux le trône de votre
gloire. Quand je considère ces cieux, l'ouvrage de vos
mains, la lune et les étoiles que vous avez affermies, je
m'écrie :

« Qu'est-ce que l'Homme pour mériter que vous vous
souveniez de lui et que vous le visitiez? Vous l'avez pour
un peu de temps abaissé au-dessous des Anges; vous

[1] Le célèbre Hooke, ayant supposé qu'une idée peut se former dans vingt tierces
de temps, trouva qu'un Homme amasserait, dans cent ans, 9,467,280,000
idées ou vestiges, et que si l'on réduisait cette somme au tiers, à cause du
sommeil, il resterait 3,155,760,000 idées; et enfin qu'en supposant un
kilog. de moelle dans le cerveau, il y aurait dans un grain de cette moelle
205,452 vestiges. Combien la chose paraîtra-t-elle plus admirable encore
quand on considèrera que les vestiges dont parle Hooke ne résident que dans
une très-petite partie du cerveau, et non dans une masse de ce viscère aussi
considérable que celle qu'il supposait ! Quel serait notre ravissement si le mécanisme de ce chef-d'œuvre du Tout-Puissant nous était dévoilé! Nous con-
templerions dans cet organe un petit monde, et s'il appartenait à un Leibnitz,
ce petit monde serait l'abrégé de l'univers.

l'avez couronné de gloire et d'honneur, vous lui avez donné l'empire sur les œuvres de vos mains, vous avez tout mis à ses pieds.

« Seigneur, que votre nom est grand dans toute la terre [1] ! »

CONCLUSION

O mon Dieu, si tant d'Hommes ne vous découvrent point dans ce beau spectacle que vous leur donnez de la nature entière, ce n'est pas que vous soyez loin de chacun de nous. Chacun de nous vous touche comme avec la main ; mais les sens et les passions qu'ils excitent emportent toute l'application de l'esprit. Ainsi, Seigneur, votre lumière luit dans les ténèbres, et les ténèbres sont si épaisses, qu'elles ne la comprennent pas. Vous vous montrez partout, et partout les Hommes, distraits, négligent de vous apercevoir. Toute la nature parle de vous et retentit de votre nom adorable, mais elle parle à des sourds. Vous êtes auprès d'eux et au dedans d'eux, mais ils sont fugitifs et errants hors d'eux-mêmes. Ils vous trouveraient, ô douce lumière, ô éternelle beauté toujours ancienne et toujours nouvelle, ô vie pure et bienheureuse de tous ceux qui vivent véritablement, s'ils vous cherchaient au dedans d'eux-mêmes. Hélas ! vos dons, qui leur montrent la main d'où ils viennent, les amusent jusqu'à les empêcher de la voir : ils vivent de vous, et ils vivent sans penser à vous. Ils s'endorment dans votre sein tendre et paternel : et, pleins de songes trompeurs

[1] Ps. VIII.

qui les agitent pendant leur sommeil, ils ne sentent pas
la main qui les porte. Si vous étiez un corps stérile, im-
puissant, inanimé, tel qu'une fleur qui se flétrit, une
rivière qui coule, une maison qui va tomber en ruine,
un tableau qui n'est qu'un amas de couleurs pour frapper
l'imagination, ou un métal inutile qui n'a qu'un peu
d'éclat, ils vous apercevraient et vous attribueraient folle-
ment la puissance de leur donner quelque plaisir ; mais
parce que vous êtes au dedans d'eux-mêmes, où ils ne
rentrent jamais, vous leur êtes un Dieu caché. L'ordre
et la beauté que vous répandez sur la face de vos créatures sont comme un voile qui vous dérobe à leurs yeux
malades. Quoi donc ! la lumière qui devrait les éclairer
les aveugle ! et les rayons du soleil même empêchent
qu'ils ne l'aperçoivent ! Enfin, parce que vous êtes une
vérité trop haute et trop pure pour passer par les sens
grossiers, les Hommes, rendus semblables aux bêtes, ne
peuvent vous concevoir. O misère ! ô nuit affreuse qui
enveloppe les enfants d'Adam ! L'Homme n'a des yeux
que pour voir des ombres, et la vérité lui paraît un fan-
tôme : ce qui n'est rien est tout pour lui ; ce qui est tout
ne lui semble rien. Que vois-je dans toute la nature ?
Dieu, Dieu partout, et encore Dieu seul. Quand je pense,
Seigneur, que tout l'être est en vous, vous épuisez et vous
engloutissez, ô abîme de vérité, toute ma pensée. Qui ne
vous voit point n'a rien vu ; qui ne vous goûte point
n'a jamais rien senti. Levez-vous, Seigneur, levez-vous ;
qu'à votre face vos ennemis se fondent comme la cire
et s'évanouissent comme la fumée. Malheur à l'âme
impie qui, loin de vous, est sans Dieu, sans espérance,
sans éternelle consolation ! Déjà heureuse celle qui vous
cherche, qui soupire après vous, qui a soif de vous ! Mais

pleinement heureuse celle sur qui rejaillit la lumière de votre face, dont votre main a essuyé les larmes et dont votre amour a déjà comblé les désirs ! Quand sera-ce, Seigneur ? O beau jour sans nuage et sans fin, dont vous serez vous-même le soleil, et où vous coulerez à travers mon cœur comme un torrent de volupté ! A cette douce espérance, mes os tressaillent et s'écrient : Qui est semblable à vous ? Mon cœur se fond, et ma chair tombe en défaillance, ô Dieu de mon cœur et mon éterne le portion[1] !

[1] FÉNELON.

FIN DU SECOND VOLUME

TABLE

DES CHAPITRES ET DES PARAGRAPHES

TROISIÈME PARTIE

RÈGNE ANIMAL

QUATRIÈME PARTIE

L'HOMME

TABLE

ALPHABÉTIQUE ET ANALYTIQUE DU TOME SECOND

1832. — Tours, impr. MAME

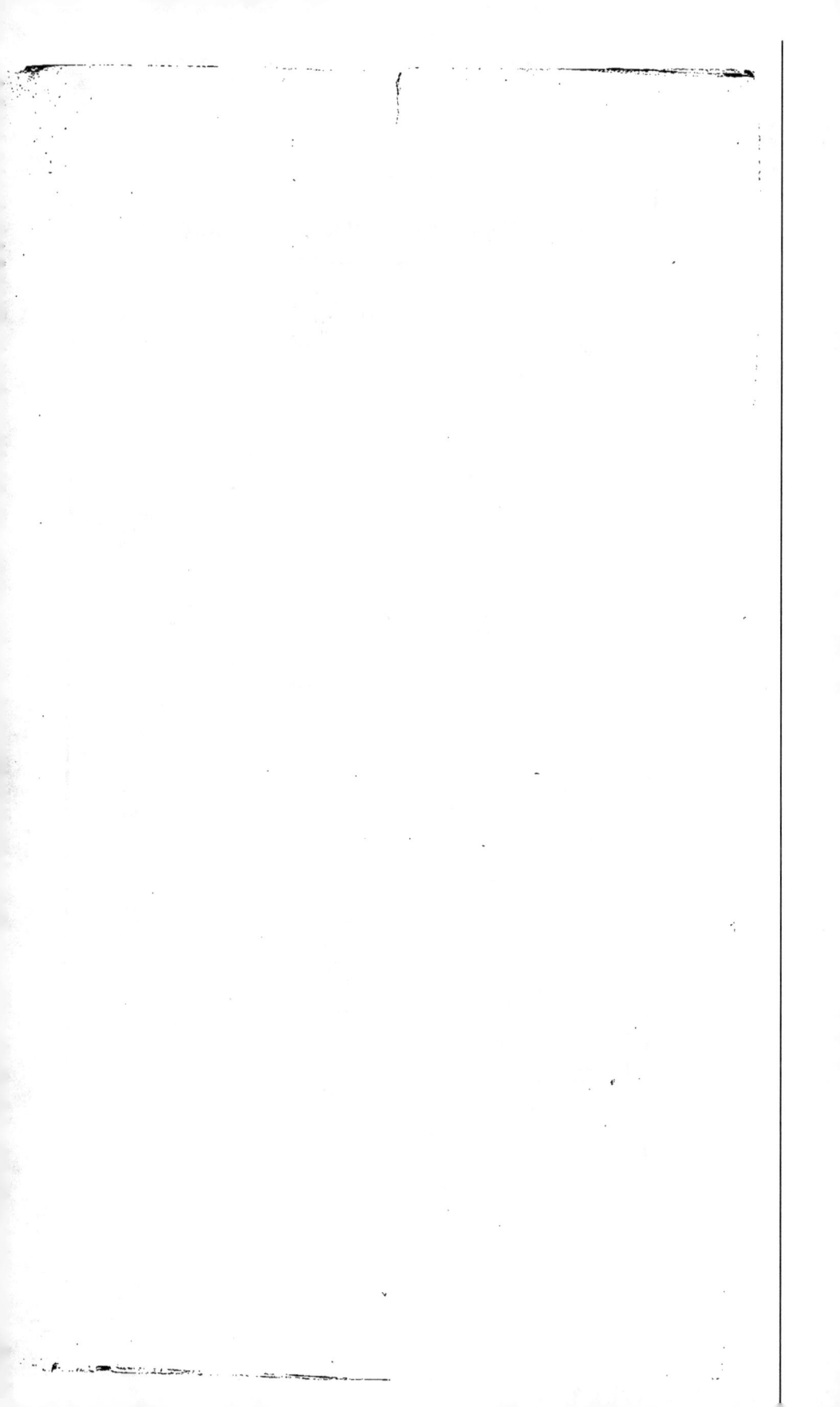

BIBLIOTHÈQUE DE LA JEUNESSE CHRÉTIENNE

FORMAT IN-8° — 1re SÉRIE

RELIGION — MORALE

BIENFAITS DU CATHOLICISME dans la société, par M. l'abbé Pinard.
GÉNIE DU CATHOLICISME (le), par M. l'abbé Pinard.

LES APOLOGISTES DU CHRISTIANISME AU XVIIe SIÈCLE

Volumes publiés sous la direction de Mgr Dupanloup, évêque d'Orléans, par M. l'abbé V. Rocher, chanoine honoraire d'Orléans.

PENSÉES DE LEIBNITZ sur la religion et la morale, par M. Émery.
PENSÉES DE BACON, KEPLER, NEWTON ET EULER sur la religion et la morale.
PENSÉES DE DESCARTES sur la religion et la morale, recueillies p. M. Émery.
EXPOSITION DES PRINCIPALES VÉRITÉS DE LA FOI, traduit des ouvrages de Fénelon, par M. l'abbé Dupanloup.

Ce dernier volume n'est que la première partie du *Christianisme présenté aux hommes du monde* par Fénelon, ouvrage recueilli et mis en ordre par M. l'abbé Dupanloup, aujourd'hui évêque d'Orléans. (Rocher, éditeur à Paris.)

ŒUVRES LITTÉRAIRES

BOSSUET DE LA JEUNESSE, par M. D. Saucié.
BUFFON (œuvres choisies).
P. CORNEILLE (chefs-d'œuvre).
FÉNELON (œuvres choisies).
FLEURS DE LA POÉSIE FRANÇAISE.
FLEURS DE L'ÉLOQUENCE.
LITTÉRATURE FRANÇAISE (histoire de la), par M. Saucié.
SÉVIGNÉ (nouveau choix de lettres de Mme de).
PIERRE SAINTIVE, par Louis Veuillot.
RACINE (œuvres choisies).
SILVIO PELLICO (œuvres choisies); traduct. nouvelle, par Mme Woillez.
TABLEAU DE LA LITTÉRATURE ALLEMANDE, par Mme Amable Tastu.
TABLEAU DE LA LITTÉRATURE ITALIENNE, par Mme Amable Tastu.
TRÉSOR LITTÉRAIRE des jeunes personnes.

HISTOIRE ET BIOGRAPHIE DE PERSONNAGES ILLUSTRES

ANGLETERRE SOUS LES TROIS ÉDOUARD, PREMIERS DU NOM (l').
BRETAGNE ANCIENNE ET MODERNE (hist. de la), par Ch. Barthélemy.
CHARLES VI, LES ARMAGNACS ET LES BOURGUIGNONS, par M. Todière.
CHINOIS (les), par M. de Chavannes.
CROISADES (histoire des), par MM. Michaud et Poujoulat.
DUCS DE BOURGOGNE (les).
FRANÇAIS EN ALGÉRIE (les), par Louis Veuillot.

FRANÇOIS Ier ET LA RENAISSANCE, par M. de la Gournerie.
FRONDE (la) ET MAZARIN, p. M. Todière.
GUERRE DES DEUX ROSES (la), par M. Todière.
HENRI IV (hist. de), par J.-J.-E. Roy.
HISTOIRE DE L'ALGÉRIE, par Roy.
IRLANDE (l'). par MM. H. de Chavannes et Buillard-Bréholles.
LOUIS XIV (hist. de), par A. Gabourd.
NAPOLÉON Ier, EMPEREUR DES FRANÇAIS (histoire de), par A. Gabourd.
PHILIPPE-AUGUSTE, par M. Todière.
QUATRE DERNIERS VALOIS (hist. des), par M. F. C.
RÉVOLUTION FRANÇAISE (histoire de la), par M. Poujoulat; 2 volumes.
ROME ET LORETTE, par L. Veuillot.
RUSSIE (hist. de), par Ch. Barthélemy.
SAINT AUGUSTIN (histoire de), par M. Poujoulat: 2 volumes.
THOMAS MORUS ET SON ÉPOQUE.
TURQUIE (histoire de), par Barthélemy.

VOYAGES

PÈLERINAGES DE SUISSE (les), par L. Veuillot.
SOUVENIRS ET IMPRESSIONS DE VOYAGE, par le vicomte Walsh.

OUVRAGES DE SCIENCE VULGARISÉE

ANIMAUX A MÉTAMORPHOSES (les), par Victor Meunier.
ANIMAUX D'AUTREFOIS (les), par Victor Meunier.
ARCHÉOLOGIE CHRÉTIENNE, par M. l'abbé J.-J. Bourassé.
BOTANIQUE ET PHYSIOLOGIE VÉGÉTALE, par M. Jéhan.
CHASSES DANS L'AMÉRIQUE DU NORD (les), par Bénédict-Henry Révoil.
CULTURE DE L'EAU (la), par C. Millet.
ENTRETIENS SUR LA CHIMIE, par M. Ducoin-Girardin.
ENTRETIENS SUR LA PHYSIQUE, par M. Ducoin-Girardin.
ESPRIT DES OISEAUX (l'), par Berthoud.
ESPRIT DES PLANTES (l'), par Grimard.
FERME-MODÈLE (une), par M. de Chavannes.
GÉOLOGIE CONTEMPORAINE (la), par M. l'abbé C. Chevalier.
LEÇONS D'ASTRONOMIE, par M. Desdouits.
PÊCHES DANS L'AMÉRIQUE DU NORD, par Bénédict-Henry Révoil.
PLANTES UTILES (les), par A. Mangin.
POISONS (les), par A. Mangin.
SCIENCE ET LES SAVANTS AU XVIe SIÈCLE (la), par Paul-Antoine Cap.
SERVITEURS ET COMMENSAUX DE L'HOMME, par Saint-Germain Leduc.
TABLEAU DE LA CRÉATION, par M. Jéhan; 2 volumes.

Tours, Impr. Mame.

www.ingramcontent.com/pod-product-compliance
Lightning Source LLC
Chambersburg PA
CBHW060543220326
41599CB00022B/3588